Roger Saavedra Salas
Iván Pétrovich Gursky

Funciones y construcción de gráficas

Roger Saavedra Salas
Iván Pétrovich Gursky

Funciones y construcción de gráficas

Construcción de gráfica de funciones mediante métodos de matemática elemental

Editorial Académica Española

Imprint
Any brand names and product names mentioned in this book are subject to trademark, brand or patent protection and are trademarks or registered trademarks of their respective holders. The use of brand names, product names, common names, trade names, product descriptions etc. even without a particular marking in this work is in no way to be construed to mean that such names may be regarded as unrestricted in respect of trademark and brand protection legislation and could thus be used by anyone.

Cover image: www.ingimage.com

Publisher:
Editorial Académica Española
is a trademark of
Dodo Books Indian Ocean Ltd. and OmniScriptum S.R.L publishing group

120 High Road, East Finchley, London, N2 9ED, United Kingdom
Str. Armeneasca 28/1, office 1, Chisinau MD-2012, Republic of Moldova, Europe
Printed at: see last page
ISBN: 978-613-9-06476-2

ÍNDICE

Presentación	1
Introducción	4
Capítulo I	
Investigación de la función y orden de construcción de la gráfica	
A. Propiedades generales de la función	
§1. Región de existencia de la función	7
§2. Fronteras de variación de la función. Región del plano en la cual se ubica la gráfica	20
§3. Funciones pares e impares, simetría, periodicidad	24
B. Determinación de los puntos característicos de la gráfica	
§4. Puntos de intersección de la gráfica con los ejes coordenados. Intervalos de signos constantes.	31
§5. Valores límites de la función	32
§6. Máximo y mínimo de la función	33
C. Investigación de la forma de la función en distintos tramos de la gráfica	
§7. Determinación de las asíntotas horizontales y verticales	34
§8. Crecimiento y decrecimiento de la función. Concavidad y convexidad de las curvas. Puntos de inflexión.	37
§9. Orden de investigación de la función y construcción de su gráfica.	39
Ejercicios	43
Capítulo II	
Construcción de gráficas simples	
§10. Gráficas de funciones lineales	49
§11. Gráficas de funciones potenciales simples	53
§12. Gráficas de funciones potenciales simples con exponente negativo	56
§13. Gráficas de funciones logarítmicas simples	58
§14. Gráficas de funciones exponenciales simples	63
§15. Construcción de la gráfica de funciones trigonométricas simples	65
§16. Construcción de la gráfica de funciones trigonométricas inversas simples	75
Ejercicios	80
Capítulo III	
Métodos auxiliares para la construcción de gráficas complejas	
§17. Traslación paralela al eje x	81

§18. Traslación paralela al eje y	83
§19. Expansión y comprensión de la gráfica por el eje x	87
§20. Expansión y comprensión de la gráfica por el eje y	89
Capítulo IV	
Construcción de gráficas complejas	
§21. Gráfica de funciones lineales	91
§22. Gráfica de funciones cuadráticas	93
§23. Gráfica de funciones potenciales de exponente mayor a dos	110
§24. Gráfica de funciones algebraicas con exponentes fraccionarios	113
§25. Gráfica de funciones fraccionarias lineales	117
§26. Gráfica de funciones logarítmicas	123
§27. Gráfica de funciones exponenciales	129
§28. Gráfica de funciones trigonométricas	133
§29. Gráfica de funciones trigonométricas inversas	145
Ejercicios	153
Capítulo V	
Construcción de gráficas muy complejas	
§30. Gráfica de funciones compuestas	154
Capítulo VI	
Gráfica de operaciones con funciones	
§31. Gráfica de la adición y sustracción de dos funciones	194
§32. Gráfica del producto y cociente de dos funciones	213
§33. Gráfica de funciones fraccionarias racionales	221
Capítulo VII	
Gráfica de funciones implícitas	
§34. Gráfica de funciones dadas en forma implícita	232
§33. Gráficas diversas de dificultad elevada	238
Ejercicios	251
Respuestas e indicaciones de los ejercicios	252
Bibliografía	266

Presentación

Este manual es para docentes de matemática de educación básica, estudiantes de los últimos grados de secundaria y estudiantes de colegios que desarrollan programas de bachillerato internacional. También puede ser útil para aquellos estudiantes que inician sus estudios universitarios en los programas de formación básica, previo al estudio del análisis matemático o cálculo diferencial e integral y para docentes de matemática de universidades o institutos pedagógicos.

La construcción de las gráficas se realiza haciendo uso exclusivamente de conocimientos y procedimientos de la matemática elemental desarrollados en primaria y secundaria y en base al análisis de funciones a un nivel permitido por estos recursos. Es conocido que mediante métodos de la matemática superior se puede construir la gráfica de cualquier función. Sin embargo, se han omitido intencionalmente su uso en este manual porque no se desarrollan en educación básica y no forman parte del programa curricular de matemática y los estándares de aprendizaje de educación secundaria.

Por otro lado, la mayor cantidad de gráficas, algunas muy interesantes, pueden construirse recurriendo sólo a conocimientos de la matemática elemental. Las gráficas más difíciles requieren para su construcción del dominio y el uso creativo de conocimientos y procedimientos estudiados en primaria y secundaria.

La construcción de gráficas utilizando recursos de la matemática elemental puede servir para la consolidación y profundización de conocimientos de estudiantes y docentes de muchos aspectos de la matemática desarrollados en educación básica. Asimismo, permite la adquisición de la idea intuitiva de los conceptos de límite y continuidad de la función en el proceso de construcción de las propias gráficas, por ello estos conocimientos de la matemática superior no constituyen un prerrequisito para la lectura del manual.

Las formulaciones matemáticas se han realizado con rigurosidad, a veces, en detrimento de la facilidad de la comprensión de algunos tópicos para los estudiantes. A pesar de ello, el estudio y el análisis de las funciones y la construcción de las gráficas, evidentemente, será una buena base para el estudio y la comprensión de fenómenos físicos, químicos y biológicos y otros fenómenos de las ciencias sociales que son modelados mediante funciones y, por supuesto, sirven de base para el estudio de matemática superior como el análisis matemático y del cálculo diferencial e integral.

El manual se ha elaborado en orden creciente de dificultad de construcción de gráficas determinada por el tipo de función y por los procedimientos implicados. Cada función tiene elementos comunes con la siguiente de manera que la construcción de cualquier función implica el uso de procedimientos y estrategias aplicadas en la construcción de la función previa.

La construcción de gráficas es un saber hacer, por lo que la sola lectura del manual es insuficiente para garantizar el aprendizaje. Por ello, se sugiere a los usuarios del manual construir gráficas de las funciones propuestas siguiendo estrategias aplicadas en cada uno de los ejemplos. La construcción de las gráficas se realiza mediante dos métodos, cuya elección depende del tipo de función a graficar y de las preferencias del usuario del manual.

El manual puede ser útil también para el desarrollo de sesiones del primero al tercer grado de secundaria, siempre que se garantice el acompañamiento y la mediación del docente. En estos grados se abordan desde funciones lineales a funciones cuadráticas y en algunas instituciones educativas, funciones exponenciales y logarítmicas. Tal como se dijo previamente, la propia construcción de las gráficas de estas funciones, permite el aprendizaje de las mismas, y no constituyen un prerrequisito para el desarrollo de las actividades.

Para la construcción de las gráficas se recomienda utilizar lápiz, borrador, papel milimétrico y calculadora científica. Estos materiales siempre están al alcance de los estudiantes. Por ejemplo, todos los modelos de celulares ya tienen incorporadas calculadoras científicas, cuyo uso es imprescindible para realizar cálculos con precisión. No es recomendable utilizar calculadoras gráficas por dos motivos: primero porque no muestran los procesos intermedios de la construcción de gráficas y segundo, la gran mayoría de las funciones propuestas no pueden graficarse utilizando estas calculadoras.

A fin de optimizar recursos, como evitar el uso de papel y realizar el reajuste iterativo de las gráficas en menor tiempo, se recomienda utilizar paquetes informáticos que sean sencillos y cuyo dominio sea en simultáneo a la construcción de las gráficas, como por ejemplo el Paint. Por otro lado, se recomienda el uso de softwares específicos de grafica funciones, luego de la consolidación de las habilidades de la construcción “manual” de gráficas y con fines de verificación de las gráficas obtenidas, cuando esto sea posible.

El manual está organizado en siete capítulos mutuamente relacionados y dispuestos en orden creciente de dificultad. Asimismo, las actividades dentro de cada capítulo también están ordenados en progresión por grado de dificultad. En el primer capítulo se desarrolla las propiedades generales de la función, se determina los puntos característicos y se investiga la forma de las curvas en cada tramo de la gráfica. Estos procedimientos se aplican para la construcción de las funciones propuestas en los capítulos del segundo al séptimo. Las actividades propuestas en los capítulos del segundo al cuarto son problemas abiertos de construcción. Los problemas propuestos del quinto al séptimo capítulos son de alta complejidad, porque implican el dominio de los conocimientos y procedimientos desarrollados previamente y demandan mayor tiempo para su construcción. Para la consolidación y la profundización de los aprendizajes se proponen ejercicios y problemas al finalizar cada capítulo y al final del manual se dan respuestas a los ejercicios y problemas.

Introducción

Al estudiar diferentes aspectos de la matemática, física y química, se observa, que algunas de las magnitudes consideradas mantienen un mismo valor, mientras que otras cambian. Así, por ejemplo, al observar la caída libre de los cuerpos en el vacío, se comprueba, que la distancia recorrida por el cuerpo y su velocidad cambia, mientras que la aceleración se mantiene constante (9,8 m/s^2).

La magnitud, que en una determinada situación mantiene un mismo valor numérico, se llama *constante*; mientras que la magnitud que en esa misma situación toma distintos valores numéricos, se llama *variable*. En el ejemplo anterior, la aceleración es una magnitud constante, la distancia y la velocidad son magnitudes variables.

Las magnitudes variables frecuentemente cambian no del todo de manera arbitraria, sino en forma dependiente una de la otra. Si a una de ellas le damos valores a nuestra discreción, entonces la segunda no toma valores arbitrarios, sino de acuerdo con los valores de la primera magnitud.

Por ejemplo, si definimos la distancia recorrida por el cuerpo en caída libre hasta un momento determinado, entonces la velocidad del cuerpo en este instante de tiempo tiene un valor completamente determinado, correspondiente a la distancia recorrida por el cuerpo.

Aquellas variables, cuyos valores se eligen de manera arbitraria, se llaman *variables independientes o argumentos*. En cambio, las variables cuyos valores se determinan por los valores de la variable independiente, se llaman *variables dependientes o funciones*.

En nuestro ejemplo, la distancia recorrida por el cuerpo y su velocidad se encuentran en una dependencia funcional una de la otra. Si asumimos la distancia como variable independiente, entonces la velocidad será la variable dependiente. Se puede considerar, al contrario: si asumimos la velocidad como variable independiente, entonces la distancia recorrida será la variable dependiente. Con la variación de la distancia recorrida cambia la velocidad del cuerpo, de tal manera que, para cada valor de la distancia le corresponde un valor de la función estrictamente definido.

Si dos magnitudes, que caracterizan cualquier proceso, cambian en el transcurso del mismo de tal manera que entre las variaciones de una y otra de estas magnitudes hay una determinada dependencia, entonces se dice, que entre estas magnitudes hay una relación funcional o una dependencia funcional.

La magnitud variable, que en un proceso dado cambia independientemente de la otra magnitud, se llama argumento. La otra magnitud variable, cuyo valor se determina con los valores del argumento, se llama función.

Definición. Se llama función a la magnitud variable, que cambia en dependencia de la variación de otra magnitud variable, llamada variable independiente o argumento; además, este cambio ocurre de tal manera que, a cada valor de la variable independiente le corresponde un valor estrictamente definido de la función.

La dependencia funcional simbólicamente se escribe,

$$\boldsymbol{y = f(x)}$$

Se lee: $\boldsymbol{y}$ es función de $\boldsymbol{x}$ (ye igual a efe de equis). Aquí,
$\boldsymbol{x}$ - es el argumento; es decir, la variable independiente,
$\boldsymbol{y}$ - es la función; vale decir, la variable dependiente y cuyo valor depende de $\boldsymbol{x}$.
Utilizando la simbología previamente descrita podemos definir la función de la siguiente manera:

La magnitud variable $\boldsymbol{y}$ *se llama función de la magnitud variable* $\boldsymbol{x}$ *(argumento), si a cada valor dado de* $\boldsymbol{x}$ *le corresponde un valor definido de* $\boldsymbol{y}$.

Cualquier dependencia funcional entre dos magnitudes puede ser representada mediante una gráfica en el plano cartesiano. Para ello, en este plano se disponen los ejes coordenados: el eje horizontal- eje de las abscisas y el eje vertical- eje de las ordenadas. En el eje de las abscisas de ubican, en una determinada escala, diferentes valores del argumento $\boldsymbol{x}$ – que son las “abscisas” de diferentes puntos de la gráfica. En el eje de las ordenadas se ubican los valores correspondientes de la función $\boldsymbol{y}$ – que son las “ordenadas” de los mismos puntos de la gráfica. Cada par de coordenadas, abscisa y ordenada, forman un punto de la gráfica.

En la figura 1 se ubica el punto $\boldsymbol{M}$ con coordenadas x_1 y y_1. Estas coordenadas usualmente se escriben entre paréntesis dividido por un punto y coma. El punto se representa como: $\boldsymbol{M(x_1; y_1)}$.

Nota. *Para ubicar el punto M se recomienda proceder así: Trazar la abscisa Om, luego, del punto m trazar la ordenada mM. En la figura 1, las flechas rojas muestran la ruta de ubicación del punto M. No se recomienda ubicar el punto M en la intersección de las rectas mM y m'M.*

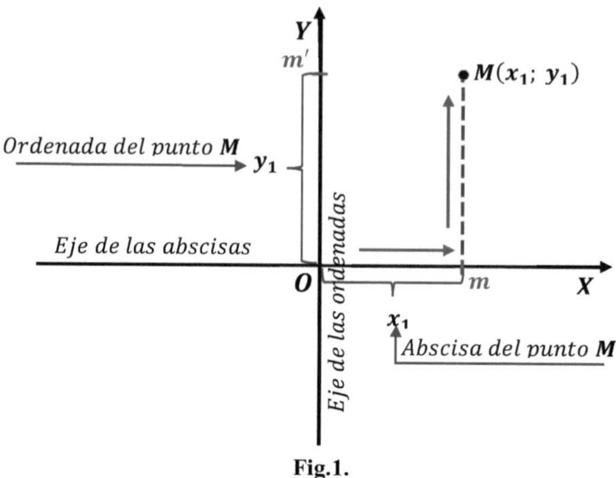

Fig.1.

En este manual no se considerará la construcción de las gráficas por puntos, por cuanto este método es muy engorroso, a pesar a su aparente facilidad. Además de ello, no siempre conduce al objetivo, debido a que, sin una investigación previa de la función, pueden omitirse los puntos más interesantes como los *puntos característicos*: los vértices de la curva, algunos puntos de intersección de la curva con los ejes coordenados, etc. Asimismo, el mismo carácter de la curva puede ser distorsionada, tanto más fuerte, cuando menos puntos sean tomados, de manera que no se evidencie, por ejemplo, la simetría de la curva.

A fin de evitar tales imprecisiones y para que la principal atención se preste a la explicitación del *carácter* de la dependencia funcional estudiada, la construcción de la gráfica debe ser precedida por la investigación de las propiedades generales de la función dada, la determinación mediante el cálculo de los *puntos característicos* fundamentales de la gráfica y de la indagación del comportamiento de las curvas de la gráfica en diferentes tramos entre estos puntos.

La gráfica se construye por los puntos *característicos* determinados con la consideración de la explicitación de las propiedades generales de la función y el comportamiento de las curvas de la gráfica en distintos tramos. Para la verificación de la corrección de la construcción de la gráfica se calculan las coordenadas de uno o de varios *puntos de control* y se ubican éstos en la gráfica. Los puntos de control sirven también para la precisión de las curvas de la gráfica en diferentes tramos. No se dará por concluida la gráfica, si no se han determinado y señalado en la gráfica la ubicación de estos puntos.

Capítulo 1

INVESTIGACIÓN DE LAS PROPIEDADES DE LA FUNCIÓN Y ORDEN DE CONSTRUCCIÓN DE LA GRÁFICA

A. PROPIEDADES GENERALES DE LA FUNCIÓN

§1. REGIÓN DE EXISTENCIA DE LA FUNCIÓN

Región de existencia de la función o región de definición de la función se llama al conjunto de todos los valores del argumento, para los cuales la función queda definida; es decir, la función existe y tiene valores reales. Por ejemplo:

1) $y = \operatorname{arcsen} x$ – la función existe para

$$-1 \leq x \leq 1; \tag{1}$$

2) $y = \lg x$ - la función existe para

$$0 < x < \infty; \tag{2}$$

3) $y = \sqrt{x^2 - 9}$ - la función está definida y tiene solución real para

$$\left\{ \begin{array}{c} -\infty < x \leq -3 \\ y \\ 3 \leq x < \infty \end{array} \right\} \tag{3}$$

El conjunto de todos los puntos de la recta numérica, encerrados entre dos puntos cualesquiera de esta recta, se llama intervalo o segmento.

Por ejemplo, la región de definición de la función $y = \operatorname{arcsen} x$ es un intervalo cerrado de -1 a +1. Junto con la representación (1) para el intervalo cerrado se utiliza también la siguiente representación:

$$[-1,1] \tag{1a}$$

El intervalo sin considerar sus extremos se denomina *intervalo abierto*.
Para la función $y = \lg x$ (ejemplo 2) la región de definición de la función es el intervalo abierto de 0 hasta ∞. Para el intervalo abierto junto con la representación (2) se usa la representación:

$$(0, \infty) \tag{2a}$$

Si uno de los extremos se une al intervalo, y el otro no, entonces este intervalo, abierto de un extremo y cerrado del otro extremo, se llama intervalo semiabierto.

Para la función $y = \sqrt{x^2 - 9}$ (ejemplo 3) la región de definición de la función-son dos intervalos semiabiertos:

$$\left. \begin{array}{c} (-\infty, -3] \\ [3, \infty) \end{array} \right\} \tag{3a}$$

En la gráfica el intervalo de definición de la función se representa con una línea gruesa en el eje de las abscisas (fig. 2), además el extremo cerrado del intervalo se representa con un punto (fig. 2a y 2c), y el extremo abierto (que no está en el intervalo de existencia) con una circunferencia (fig. 2b), con una flecha (fig. 2b y 2c) o simplemente no se representa.

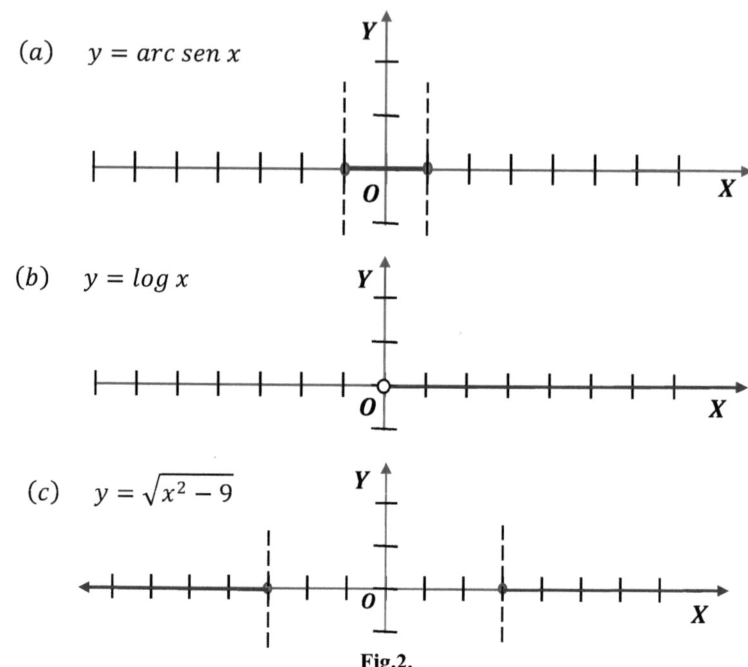

Fig.2.

Si la determinación de la región de definición de la función no es una tarea aislada, y sirve para la construcción de la gráfica de esta función, entonces se recomienda establecer límites del intervalo de definición en el gráfico con líneas punteadas verticales, como se muestra en las gráficas 2a y 2c.

Ejemplos

1. $y = \frac{x}{x^2-1}$

La función no existe cuando el denominador es igual a cero. Consecuentemente, en la región de definición de la función deberá cumplirse la condición: $x^2 - 1 \neq 0$, de donde $x^2 \neq 1$, o $x \neq \pm 1$.

De esta manera, la región de definición de la función consiste de tres intervalos: $(-\infty, -1)$; $(-1, 1)$; $(1, +\infty)$

2. $\boldsymbol{y = \sqrt{1 - x^2}}$ **.**

La función no existe cuando la expresión subradical es negativa. Por consiguiente, tenemos $1 - x^2 \geq 0$, de donde $x^2 \leq 1$;es decir, $-1 \leq x \leq 1$. La región de definición de la función es el intervalo $[-1,1]$

3. $\boldsymbol{y = \sqrt{x - 1}}$**.**

Tenemos que: $x - 1 \geq 0$, de donde $x \geq 1$. La región de definición de la función es el intervalo semiabierto $[1; \infty)$.

4. $\boldsymbol{y = \frac{1}{\sqrt{x-1}}}$.

A diferencia del ejemplo anterior, la expresión subradical no puede ser igual a cero. Se tiene: $x - 1 > 0$, done $x > 1$. La región de definición de la función es el intervalo abierto $(1, \infty)$.

5. $\boldsymbol{y = \frac{1}{\sqrt{x+1} - \sqrt{x-1}}}$.

En este caso deben ser consideradas las siguientes restricciones:

$$\begin{cases} 1) \quad x + 1 \geq 0, & \text{de donde } x \geq -1; \\ 2) \quad x - 1 \geq 0, & \text{de donde } x \geq 1; \\ 3) \ \sqrt{x + 1} \neq \sqrt{x - 1}, & \text{de donde } x + 1 \pm x - 1; \text{ es decir, } 1 \neq -1 \end{cases}$$

Esta última condición se cumple siempre. Por consiguiente $x \geq 1$. La región de definición de la función es el intervalo semiabierto $[1, \infty)$.

6. $\boldsymbol{y = \frac{\sqrt{x}}{\sqrt{x+1} - \sqrt{x-2}}}$

Se tiene el siguiente sistema de restricciones:

$$\begin{cases} 1) \ x + 1 \geq 0, & \text{de donde } x \geq -1; \\ 2) \ x - 2 \geq 0, & de\ donde\ x \geq 2; \\ 3) \ \sqrt{x + 1} \neq \sqrt{x - 2}\,, & de\ donde \quad x + 1 \neq x - 2, es\ decir\ 1 \neq -2\,. \end{cases}$$

Se obtiene $x \geq 2$.
La región de definición de la función es el intervalo semiabierto $[2;\ \infty)$.

7. $\boldsymbol{y = \sqrt{\frac{x-1}{x+1}}}$.

Es preciso que se cumpla las restricciones: $\frac{x-1}{x+1} \geq 0 \ \ y \quad x + 1 \neq 0$.
Se obtiene el siguiente sistema, que incluye 2 inecuaciones y 1 ecuación;

$$\begin{cases} \dfrac{x-1}{x+1} > 0, & (1) \\ \dfrac{x-1}{x+1} = 0, & (2) \\ x+1 \neq 0. & (3) \end{cases}$$

La primera desigualdad se cumple en los casos:

$$1a \begin{Bmatrix} x-1>0 \\ x+1>0 \end{Bmatrix}, \text{de donde} \begin{Bmatrix} x>1 \\ x>-1 \end{Bmatrix}, \text{es decir}, x>1;$$

$$1b \begin{Bmatrix} x-1<0 \\ x+1<0 \end{Bmatrix}, \text{de donde} \begin{Bmatrix} x<1 \\ x<-1 \end{Bmatrix}, \text{es decir}, x<-1;$$

De la condición (3) se obtiene $x + 1 \neq 0, es\ decir\ x \neq -1$
De la condición (2) se obtiene $x - 1 = 0; es\ decir, x = 1$.

De esta manera, de las condiciones (1a) y (2) da $x \geq 1$, y de las condiciones (1b) y (3) dan $x < -1$.
La región de definición de la función dada consta de un intervalo abierto y de un intervalo semiabierto:

$$(-\infty, -1); [1, \infty)$$

8. $\boldsymbol{y = \sqrt{-x^2 + 5x - 6}}$.

Tenemos que $-x^2 + 5x - 6 \geq 0$.
Resolvamos la ecuación $-x^2 + 5x - 6 = 0$, o la ecuación equivalente $x^2 - 5x + 6 = 0$. Las raíces de la ecuación son: $x_1 = 2$, $x_2 = 3$.
Debido a que el coeficiente del primer miembro del trinomio cuadrado (que está debajo del signo radical) es negativo, entonces la región de los valores positivos del trinomio serán los intervalos entre las raíces $x_1\ y\ x_2$ de la ecuación. A la región de definición se relaciona también y las raíces $x_1\ y\ x_2$, que corresponden a los valores nulos del trinomio. En consecuencia, la región de definición de la función es el intervalo cerrado [2; 3].

9. $\boldsymbol{y = \lg(-x^2 + 5x - 6)}$.

La región de definición de esta función se diferencia de la región de definición de la función anterior solamente en que en ella no ingresa los extremos del intervalo, por cuando $-x^2 + 5x - 6 > 0$. Por ello, la región de definición de la función dada es el intervalo (2, 3).

10. $\boldsymbol{y = \lg\frac{(x-2)(x-3)}{x^2}}$.

En este caso deberán cumplirse las siguientes condiciones:

1) El denominador no puede ser igual a cero; es decir, $x^2 \neq 0$, de donde $x \neq 0$;

2) $\frac{(x-2)(x-3)}{x^2} > 0$; por cuanto el denominador tiene un valor positivo en cualquier caso, entonces de esto se deduce que, $(x-2)(x-3) > 0$.

La solución de esta desigualdad implica la resolución de dos sistemas:

$$1) \begin{cases} x-2>0; \\ x-3>0. \end{cases} \quad \text{y,} \quad 2) \begin{cases} x-2<0, \\ x-3<0. \end{cases}$$

De donde; $x_1 > 3$ y $x_2 < 2$.

De esta manera tenemos: $-\infty < x < 0$; $0 < x < 2$; $3 < x < +\infty$.

La región de definición de la función consiste de tres intervalos:

$$(-\infty, 0); (0, 2); (3, +\infty).$$

11. $\boldsymbol{y = \lg[x(x-3)(x+5)]}$.

La expresión entre corchetes debe ser positivo; es decir,

$$x(x-3)(x+5) > 0.$$

Mostremos dos formas de resolución de este problema.

Primer método

La desigualdad se cumple si,

1) $\begin{cases} x>0 \\ x-3>0 \\ x+5>0 \end{cases}$ de donde se obtiene $x > 3$ ó 2) $\begin{cases} x>0, \\ x-3>0 \\ x+5>0 \end{cases}$, es un sistema contradictorio.

3) $\begin{cases} x-3>0, \\ x<0 \\ x+5<0 \end{cases}$ sistema contradictorio. 4) $\begin{cases} x+5>0. \\ x<0, \\ x-3<0. \end{cases}$

Del sistema (4) se obtenemos: $-5 < x < 0$

Considerando las condiciones (1) y (4), hallamos, que la región de definición de la función dada consiste de dos intervalos:

$$(-5; 0) \; y \; (3; \infty)$$

Segundo_método

Las raíces (0; 3; -5) del polinomio, que se encuentra en la parte izquierda de la desigualdad $x(x-3)(x+5) > 0$, se dispone en orden creciente: -5; 0; 3.

Construimos los intervalos $(-\infty; -5)$; $(-5; 0)$; $(0; 3)$; $(3; \infty)$. Estos son los intervalos de signo constante del polinomio $x(x-3)(x+5)$, debido a que los valores de los extremos de los intervalos son las raíces del polinomio. En el tránsito de un intervalo al intervalo contiguo, cambia de signo.

En el intervalo extremo izquierdo, por ejemplo, para $x = -10$, el polinomio $-10(-10-3)(-10+5) < 0$. En consecuencia, la expresión de factores tendrá valores positivos en el segundo y cuarto intervalos.

De ello podemos concluir, que la región de definición de la función dada – son dos intervalos: $(-5; 0)$ y $(3;\ \infty)$.

Comparando los dos métodos de solución de la inecuación, cuya parte izquierda consiste de un producto de factores de algunos binomios; es fácil notar que, incluso para tres factores, el segundo método es más ventajoso. Este método se llama método de los intervalos.

12. $\boldsymbol{y = \sqrt{16 - x^2} + 2^{\frac{\sqrt{x}}{x-3}}}$.

Se tiene el sistema:

$$\begin{cases} 16 - x^2 \geq 0, & (1) \\ x \geq 0 & (2) \\ x \neq 3 & (3) \end{cases}$$

De la inecuación (1) se tiene: $x^2 \leq 16$, de donde

$$|x| \leq 4, \text{ es decir, } -4 \leq x \leq 4.$$

Se obtiene el siguiente sistema:

$$\begin{cases} x \geq -4, \\ x \geq 0, \\ x \leq 4, \\ x \neq 3. \end{cases} \quad \left.\begin{matrix} x \geq -4, \\ x \geq 0, \end{matrix}\right\} \ x \geq 0,$$

La región de definición de la función- son dos intervalos semiabiertos:

$$[0; 3) \ y \ (3; 4]$$

13. $\boldsymbol{y = \sqrt{3^{2x-2} + 9^x - 10}}$.

Tenemos:

$$3^{2x-2} + 9^x - 10 \geq 0,$$
$$9^x \cdot \frac{1}{9} + 9^x - 10 \geq 0,$$
$$9^x \cdot \frac{10}{9} \geq 10,$$
$$9^x \geq 9,$$
$$x \geq 1.$$

La región de definición de la función es el intervalo semiabierto $[1;\ \infty)$.

14. $\boldsymbol{y = \dfrac{2x^2 - \log(x+5)}{\sqrt{8 - x^3}}}$.

Deben cumplirse al mismo tiempo las siguientes dos condiciones:

1) La expresión bajo el signo de logaritmo debe ser positiva:
   $x + 5 > 0$, de donde $x > -5$;
2) La cantidad subradical del denominador, debe ser mayor o igual a cero: $8 - x^3 \geq 0$; al mismo tiempo el denominador no puede ser igual a cero

$\left(\sqrt{8-x^3} \neq 0\right)$; entonces, ambas condiciones se expresan con la desigualdad $8 - x^3 > 0$, de donde se obtiene: $x^3 < 8$; es decir

$$x < 2.$$

Las condiciones (1) y (2) juntas dan

$$-5 < x < 2.$$

Por consiguiente, la región de definición de la función es el intervalo (-5; 2).

15. $\boldsymbol{y = \sqrt{\operatorname{sen} x + \cos x}}$

La expresión subradical debe ser mayor o igual a cero:

$$sen\, x + \cos x \geq 0\,.$$

Trasformando esta expresión se tiene:

$$sen\, x + \cos x = \cos\left(\frac{\pi}{2} - x\right) + \cos x = 2\cos\frac{\pi}{4}\cos\left(\frac{\pi}{4} - x\right) =$$

$$= \sqrt{2}\cos\left(\frac{\pi}{4} - x\right).$$

Por tanto,

$$\sqrt{2}\cos\left(\frac{\pi}{4} - x\right) \geq 0,$$

$$\cos\left(\frac{\pi}{4} - x\right) \geq 0\,,$$

De donde se tiene que:

$$2\pi k - \frac{\pi}{2} \leq \frac{\pi}{4} - x \leq 2\pi k + \frac{\pi}{2}$$

$$2\pi k - \frac{3\pi}{4} \leq -x \leq 2\pi k + \frac{\pi}{4}$$

$$-2\pi k - \frac{\pi}{4} \leq x \leq -2\pi k + \frac{3\pi}{4}$$

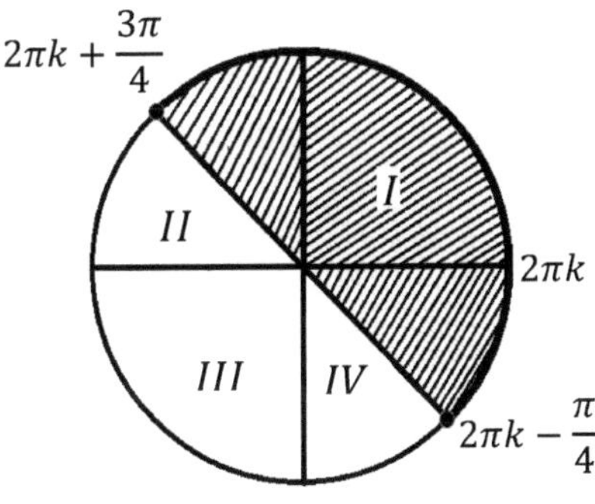

Fig. 3.

Por cuanto k es cualquier número entero (positivo o negativo), entonces se puede escribir:

$$2\pi k - \frac{\pi}{4} \leq x \leq 2\pi k + \frac{3\pi}{4}\,.$$

La región de definición de la función es un conjunto infinito de intervalos (fig.3):

$$\left[2\pi k - \frac{\pi}{4} \leq x \leq 2\pi + \frac{3\pi}{4}\right].$$

Donde k es cualquier número entero.

16. $\boldsymbol{y = \frac{\text{sen}\, x}{1-\cos x}}$.

En este caso, el denominador no puede ser igual a cero: $1 - \cos x \neq 0$, de donde $\cos x \neq 1$; es decir, $x \neq 2\pi k$.

La región de definición de la función es el conjunto de intervalos $(2\pi k; 2(k+1)\pi)$, donde k es cualquier número entero.

17. $\boldsymbol{y = \text{arcsen}\, \frac{2x}{1+x^2}}$

Antes de todo hay que advertir, que el denominador no puede ser igual a cero para ningún valor real de x.

A continuación, por cuanto $\frac{2x}{1+x^2}$ es la función $sen\ y$, entonces

$$-1 \leq \frac{2x}{1+x^2} \leq 1\,.$$

Por cuanto el denominador de la expresión anterior es positivo para cualquier valor de x, se puede multiplicar cada uno de los términos de desigualdad anterior por esta expresión, obteniendo la desigualdad: $-1 - x^2 \leq 2x \leq 1 + x^2$. Se obtiene el siguiente sistema y sus formas equivalentes

$$\begin{cases} 2x \geq -1 - x \\ 2x \leq 1 + x^2 \end{cases} \quad \text{o} \quad \begin{cases} x^2 + 2x + 1 \geq 0 \\ x^2 - 2x + 1 \geq 0 \end{cases} \quad \text{o} \quad \begin{cases} (x+1)^2 \geq 0, \\ (x-1)^2 \geq 0\,; \end{cases}$$

Estas condiciones se cumplen para cualquier valor de x. Por lo tanto, la región de definición de la función es toda la recta numérica; es decir, el intervalo $(-\infty;\ \infty)$.

18. $\boldsymbol{y = \tan x + \tan 2x}$.

Es necesario introducir restricciones, al mismo tiempo, a ambos sumandos:

1) Para el primer sumando: $x \neq \pi k + \frac{\pi}{2}$;
2) Para el segundo sumando: $2x \neq \pi k + \frac{\pi}{2}$; es decir, $x \neq \frac{\pi k}{2} + \frac{\pi}{4}$.

   La región de definición de la función se encuentra fácilmente ubicando los resultados de las restricciones introducidas en la recta numérica (fig.4).

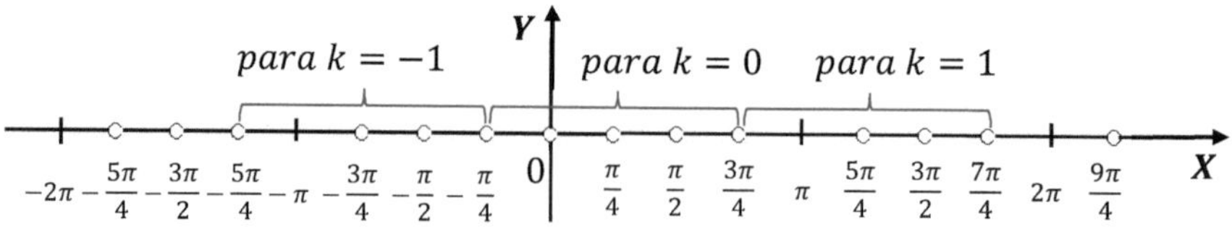

Y

$para\ k = -1$ $\quad para\ k = 0$ $\quad para\ k = 1$

$-2\pi\ \ -\frac{5\pi}{4}\ \ -\frac{3\pi}{2}\ \ -\frac{5\pi}{4}\ \ -\pi\ \ -\frac{3\pi}{4}\ \ -\frac{\pi}{2}\ \ -\frac{\pi}{4}\ \ 0\ \ \frac{\pi}{4}\ \ \frac{\pi}{2}\ \ \frac{3\pi}{4}\ \ \pi\ \ \frac{5\pi}{4}\ \ \frac{3\pi}{2}\ \ \frac{7\pi}{4}\ \ 2\pi\ \ \frac{9\pi}{4}$ $\quad X$

Fig. 4.

La región de definición de la función es un conjunto de intervalos, tres intervalos para cada periodo:

$$\left(k\pi - \frac{\pi}{4}; k\pi + \frac{\pi}{4}\right);\ \left(k\pi + \frac{\pi}{4}; k\pi + \frac{\pi}{2}\right);\ \left(k\pi + \frac{\pi}{2}; k\pi + \frac{3\pi}{4}\right)$$

Donde k es un cualquier número entero.

Si marcamos las restricciones en el círculo trigonométrico, entonces la representación de los tres intervalos obtenidos antes será más visible (fig.5).

19. $\boldsymbol{y = \dfrac{ctg\,x - ctg\,2x + ctg\,3x}{tg\,4x}}$

Aquí deben ser consideradas las siguientes restricciones:

1) Para el primer sumando del numerador: $x \neq \pi k$;
2) Para el segundo sumando del numerador: $2x \neq \pi k, x \neq \frac{\pi k}{2}$;
3) Para el tercer sumando del numerador: $3x \neq \pi k, x \neq \frac{\pi k}{3}$;
4) Para el denominador:
   a) $4x \neq \frac{\pi}{2} + \pi k;\ \ x \neq \frac{\pi}{8} + \frac{\pi k}{4}$;
   b) $\operatorname{tg} x \neq 0; 4x \neq \pi k; x \neq \frac{\pi k}{4}$.

Es fácil notar que la primera y la segunda restricción contemplan la condición 4b.

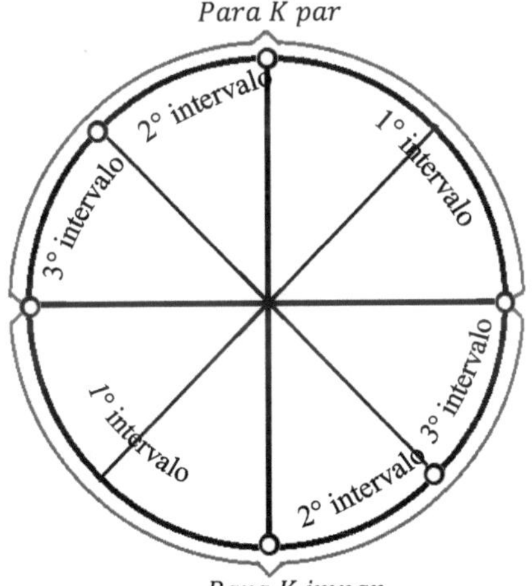

Fig. 5.

Queda el sistema:

$$\begin{cases} 3)\ x \neq \dfrac{\pi k}{3}; \\ 4a)\ x \neq \dfrac{\pi}{8} + \dfrac{\pi k}{4}; \\ 4b) x \neq \dfrac{\pi k}{4}. \end{cases}$$

Asignando valores concretos al número k, obtenemos:

- De la condición (3): $x \neq 0;\ \frac{\pi}{3};\ \frac{2\pi}{3};\ \pi; \ldots, etc.$

- De la condición (4a): $x \neq \frac{\pi}{8}; \frac{3\pi}{8}; \frac{5\pi}{8}; \frac{7\pi}{8}; \dots, etc.$
- De la condición (4b): $x \neq 0; \frac{\pi}{4}; \frac{\pi}{2}; \frac{3\pi}{4}; \pi; \dots, etc.$

Por consiguiente, la región de definición de la función dada es un conjunto infinito de intervalos:

$$1) \left(k\pi; \frac{\pi}{8} + k\pi\right); \quad 2) \left(\frac{\pi}{8} + k\pi; \frac{\pi}{4} + k\pi\right); \quad 3) \left(\frac{\pi}{4} + k\pi; \frac{\pi}{3} + k\pi\right);$$

$$4) \left(\frac{\pi}{3} + k\pi; \frac{3\pi}{8} + k\pi\right); \; 5) \left(\frac{3\pi}{8} + k\pi; \frac{\pi}{2} + k\pi\right); 6) \left(\frac{\pi}{2} + k\pi; \frac{5\pi}{8} + k\pi\right);$$

$$7) \left(\frac{5\pi}{8} + k\pi; \frac{2\pi}{3} + k\pi\right); \; 8) \left(\frac{2\pi}{3} + k\pi; \frac{3\pi}{4} + k\pi\right);$$

$$9) \left(\frac{3\pi}{4} + k\pi; \frac{7\pi}{8} + k\pi\right); 10) \left(\frac{7\pi}{8} + k\pi; (k+1)\pi\right);$$

Pueden ser agrupados algunos de estos intervalos:

$$(1) \; y \; (6): \left(\frac{k\pi}{2}; \frac{\pi}{8} + \frac{k\pi}{2}\right);$$

$$(5) \; y \; (10): \left(\frac{3\pi}{8} + k\pi; \frac{\pi}{2} + k\pi\right);$$

Además, quedan:

$$2) \left(\frac{\pi}{8} + k\pi; \frac{\pi}{4} + k\pi\right); \qquad 3) \left(\frac{\pi}{4} + k\pi; \frac{\pi}{3} + k\pi\right);$$

$$4) \left(\frac{\pi}{3} + k\pi; \frac{3\pi}{8} + k\pi\right); \qquad 7) \left(\frac{5\pi}{8} + k\pi; \frac{2\pi}{3} + k\pi\right);$$

$$8) \left(\frac{2\pi}{3} + k\pi; \frac{3\pi}{4} + k\pi\right); \qquad 9) \left(\frac{3\pi}{4} + k\pi; \frac{7\pi}{8} + k\pi\right);$$

Para evitar errores en la búsqueda de la región de existencia de las funciones trigonométricas se recomienda señalar las restricciones en el círculo trigonométrico, tal como se muestra en la figura 6.

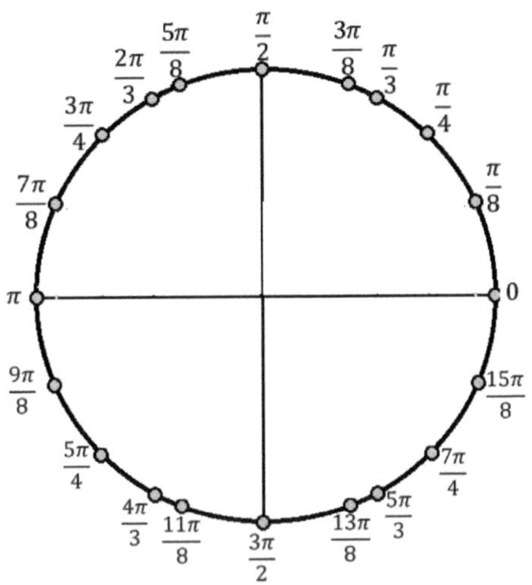

Fig. 6.

20. $y = \mathbf{arcsen}(x^2 - 6x + 4)$.

Por cuanto $x^2 - 6x + 4 = seny$, entonces se tiene la desigualdad doble:

$$-1 \leq x^2 - 6x + 4 \leq 1$$

Desigualdad de la izquierda:	*Desigualdad de la derecha*:
$x^2 - 6x + 4 \geq -1$, *de donde*	$x^2 - 6x + 4 \leq 1$, *de donde*
$x^2 - 6x + 5 \geq 0$.	$x^2 - 6x + 3 \leq 0$.

Hallemos las raíces de la ecuación:

$x^2 - 6x + 5 = 0$	$x^2 - 6x + 3 = 0$,
$x_1 = 1;\ x_2 = 5$.	$x_{1,2} = 3 \pm \sqrt{9-3} \approx 3 \pm 2{,}45$,
La desigualdad $x^2 - 6x + 4 \geq -1$	$x_1 \approx 0{,}55;\ x_2 \approx 5{,}45$.
se cumple cuando,	La desigualdad $x^2 - 6x + 4 \leq 1$
$x_1 \leq 1\ y\ x_2 \geq 5$.	se verifica para:
	$0{,}55 \leq x \leq 5{,}45$.

El sistema de ambas desigualdades da la solución:

$$0{,}55 \leq x_1 \leq 1;$$
$$5 \leq x_2 \leq 5{,}45.$$

La región de definición de esta función son dos intervalos cerrados: $[0{,}55; 1]$ y $[5; 5{,}45]$.

21. $y = \mathbf{arccos}(x^2 - 6x + 8)$.

De manera similar al caso anterior $-1 \leq x^2 - 6x + 8 \leq 1$.

Resolviendo la desigualdad de la Izquierda:	*Resolviendo la desigualdad de la derecha*:
$$x^2 - 6x + 9 \geq 0.$$ $$x_{1,2} = 3.$$ La desigualdad se verifica para cualquier valor de x.	$$x^2 - 6x + 7 \leq 0,$$ $$x_{1,2} = 3 \pm \sqrt{9-7} = 3 \pm \sqrt{2}$$ $$x_1 \approx 1{,}6;\ x_2 \approx 4{,}4.$$ $$1{,}6 \leq x \leq 4{,}4.$$

La región de definición de la función es el segmento: $[1{,}6; 4{,}4]$.

22. $\boldsymbol{y = \lg(1 - x^2)}$.

Se tiene que: $1 - x^2 > 0$, de donde $x^2 < 1$; $|x| < 1$.

Por consiguiente, $-1 < x < 1$. La región de definición es el intervalo $(-1; 1)$.

23. $\boldsymbol{y = \lg|1 - x^2|}$.

Por cuanto $|1 - x^2|$ es una expresión no negativa, es necesario que se cumpla sólo una condición:

$$|1 - x^2| \neq 0, \text{ó } 1 - x^2 \neq 0,$$

De donde $x^2 \neq 1$ y $x \neq \pm 1$. Por ende, la región de definición de la función son tres intervalos:

$$(-\infty; 1);\ (-1; 1);\ (1;\ \infty).$$

24. $\boldsymbol{y = \sqrt{|x| - 8}}$.

Se tiene: $|x| - 8 \geq 0$, de donde $|x| \geq 8$, es decir, $x \geq 8$, $x \leq -8$.

La región de definición de la función son dos intervalos:

$$(-\infty;\ -8]\ y\ [8;\ \infty).$$

25. $\boldsymbol{y = \lg(|x| - 8)}$.

A diferencia del ejemplo anterior, la expresión entre paréntesis no puede ser igual a cero.

Se tiene: $|x| - 8 > 0$; es decir, $x > 8\ y\, x < -8$.

La región de definición de la función son dos intervalos:

$$(-\infty;\ -8)\ y\ (8;\ \infty).$$

26. $\boldsymbol{y = \mathbf{arcsen}(x - 3)}$.

Se tiene: $-1 \leq x - 3 \leq 1$.

De donde, sumando a cada parte de la inecuación +3, obtenemos:

$$2 \leq x \leq 4\ .$$

La región de existencia de la función es el segmento: $[2; 4]$.

27. $\boldsymbol{y = \mathbf{arcsen}(|x| - 3)}$.

A diferencia del caso anterior, x puede asumir valores positivos o negativos, por lo que forma dos subsistemas:

a) Para $x \geq 0, -1 \leq x - 3 \leq 1$; es decir, como se ha mostrado en el caso anterior: $2 \leq x \leq 4$.
b) Para $x \leq 0,\ -1 \leq -x - 3 \leq 1$, de donde $2 \leq -x \leq 4$; es decir, $-4 \leq x \leq -2$.

Por tanto, la región de definición de la función- está formado por dos segmentos:

$$[-4;\ -2]\ y\ [2;4]$$

28. $\boldsymbol{y = \mathrm{arcsen}(x^2 - |x|)}$.

a) Para $x \geq 0$ tenemos la desigualdad doble: $-1 \leq x^2 - x \leq 1$,

Resolviendo la desigualdad de la izquierda: $x^2 - x + 1 \geq 0$.

$$x_{1,2} = \frac{1}{2} \pm \sqrt{\frac{1}{4} - 1}\,.$$

Por cuanto las raíces son imaginarias y el coeficiente de x^2 es positivo, entonces la inecuación se cumple para cualquier valor de la $x \geq 0$.

Resolviendo la desigualdad de la derecha: $x^2 - x - 1 \leq 0$,

$$x_{1,2} = \frac{1}{2} \pm \sqrt{\frac{1}{4} + 1} = \frac{1 \pm \sqrt{5}}{2},$$

$$x_1 \approx -0{,}62;\ x_2 \approx +1{,}12.$$

Es decir, $-0{,}62 \leq x \leq 1{,}12$.
Considerando la desigualdad $x \geq 0$, hallamos:

$$0 \leq x \leq 1{,}12\,.$$

Por consiguiente, de la condición (a)

$$0 \leq x \leq 1{,}12\,,$$

$$-1 \leq x^2 + x \leq 1$$

b) Para $x \leq 0$ se obtiene la siguiente desigualdad doble:

Resolviendo la desigualdad de la izquierda: $x^2 + x + 1 \geq 0$.

$$x_{1,2} = \frac{1}{2} \pm \sqrt{\frac{1}{2} - 1}\,.$$

La desigualdad se cumple para cualquier valor de x.

Resolviendo la desigualdad de la derecha: $x^2 + x - 1 \leq 0$,

$$x_{1,2} = \frac{-1 \pm \sqrt{5}}{2},$$

$$x_1 \approx -1{,}62;\ x_2 \approx +0{,}62.$$

Es decir, $-1{,}62 \leq x \leq 0{,}62$.
Considerando que, $x \leq 0$, hallamos:

$$-1{,}62 \leq x \leq 0\,.$$

Por la condición (b): $-1{,}62 \leq x \leq 0$.
Finalmente, en base a las condiciones (a) y (b) tenemos:

$$-1{,}62 \leq x \leq 1{,}12\,.$$

La región de definición de la función es el segmento $[-1{,}62; 1{,}12]$.

29. $\boldsymbol{|y| = 1 - x^2}$.

Por cuanto $|y|$- es un número no negativo, entonces debe ser $1 - x^2 \geq 0$. De donde, $x^2 \leq 1$; es decir, $|x| \leq 1$. Por lo tanto, $-1 \leq x \leq 1$.
La región de definición de la función es el segmento $[-1; 1]$.

30. $|\boldsymbol{y}| = \mathbf{log}\,\boldsymbol{x}$.

En cuanto, $|y| \geq 0$, entonces $lgx \geq 0$, de donde $x \geq 1$.
Además, para la parte derecha sería necesario introducir la restricción $x > 0$, pero ya está contemplado en la condición anterior.
Por consiguiente, $x \geq 1$. La región de definición de la función es el intervalo semiabierto $[1; +\infty)$.

31. $|\boldsymbol{y}| = \boldsymbol{lg}(\mathbf{3} - \boldsymbol{x})$.

Se tiene el sistema:

$$\begin{cases} \log(3 - x) \geq 0 & (1) \\ 3 - x > 0 & (2) \end{cases}$$

De la condición (1): $3 - x \geq 1$; $-x \geq -2$; $x \leq 2$.
De la condición (2): $3 - x > 0$; $-x > -3$; $x < 3$.
Por consiguiente, $x \leq 2$.
La región de definición de la función es el intervalo $(-\infty; 2]$.

§2. FRONTERAS DE VARIACIÓN DE LA FUNCIÓN. REGIÓN DEL PLANO EN LA CUAL SE UBICA LA GRÁFICA

La construcción de gráficas de algunas funciones se facilita, si además de la región de definición de la función, se determina las fronteras en las cuales varía la misma función (y); es decir, se introduce sus límites en el eje Y. A este tipo de gráficas se relaciona las gráficas de las funciones trigonométricas inversas (valores principales), fracciones algebraicas y muchas otras.

Junto a la región de definición de la función y las fronteras o los intervalos, de variación de la función determinan la *región del plano*, en la cual se ubica la gráfica de la función.

Ejemplos

1. $\boldsymbol{y} = \mathbf{arcsen}\,\boldsymbol{x}$.

Los límites de variación de la función son:

$$-\frac{\pi}{2} \leq y \leq \frac{\pi}{2}.$$

En consecuencia, la región del plano en la cual se ubica la gráfica, se determina con las desigualdades:

$$-1 \leq x \leq 1,$$

$$-\frac{\pi}{2} \leq y \leq \frac{\pi}{2}.$$

En la gráfica, la región de la superficie es conveniente limitar con líneas punteadas (fig. 7).

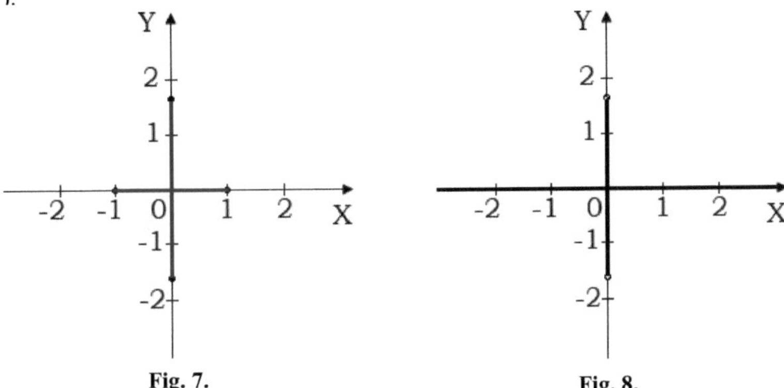

Fig. 7. Fig. 8.

2. $\boldsymbol{y = \mathrm{arctg}\, x}$.

Los límites de variación de la función son:

$$-\frac{\pi}{2} < y < \frac{\pi}{2}.$$

Con ellos se define la región del plano, en la cual se ubica el gráfico (fig.8), porque la región de definición de la función es todo el eje horizontal: $(-\infty < x < \infty)$.

3. $\boldsymbol{y = \frac{2}{x^2 - 1}}$. (1)

a) La región de definición de la función se encuentra de la condición: $x^2 - 1 \neq 0$.

$x^2 \neq 1$. Es decir, $x \neq \pm 1$.

La región de definición de la función son tres intervalos:

$$(-\infty;\ -1);\ (-1;\ +1);\ (1;\ \infty).$$

b) La región de variación de la función encontramos, estableciendo una nueva función en la cual el argumento (x) de la función dada, se considera como una función, y la función (y) como argumento; es decir, expresando en la dependencia funcional de x a través de y.

De la expresión (1), encontramos:

$$y(x^2 - 1) = 2,$$
$$yx^2 - y = 2,$$
$$yx^2 = y + 2,$$
$$x^2 = \frac{y + 2}{y},$$

Finalmente, $x = \pm\sqrt{\frac{y+2}{y}}$. (2)

Para que x tenga valores reales en la ecuación (2), es necesario y suficiente que se cumplan las siguientes condiciones:

1) $y \neq 0$,

2) $\frac{y+2}{y} \geq 0$

La segunda condición, mejor descomponer en dos:

2a) $\frac{y+2}{y} = 0$, de donde hallamos directamente: $y = -2$.

2b) $\frac{y+2}{y} > 0$, que tendrá lugar en dos situaciones:

$$1)\ \begin{cases} y+2>0; \\ y>0 \end{cases} \qquad 2)\ \begin{cases} y+2<0, \\ y<0, \end{cases}$$

$$\begin{cases} y>-2; \\ y>0 \end{cases} \qquad \begin{cases} y<-2, \\ y<0, \end{cases}$$

$$y>0 \qquad y<-2$$

Reuniendo ambos resultados, hallamos las fronteras de variación de la función:

$$y>0$$
$$y \leq -2$$

La región del plano en el cual se ubica la gráfica representada por la figura 9, se limita por las inecuaciones:

$$-\infty < x < 1, \qquad -1 < x < 1, 1 < x < \infty;$$
$$-\infty < y < -2,\ 0 < y < \infty .$$

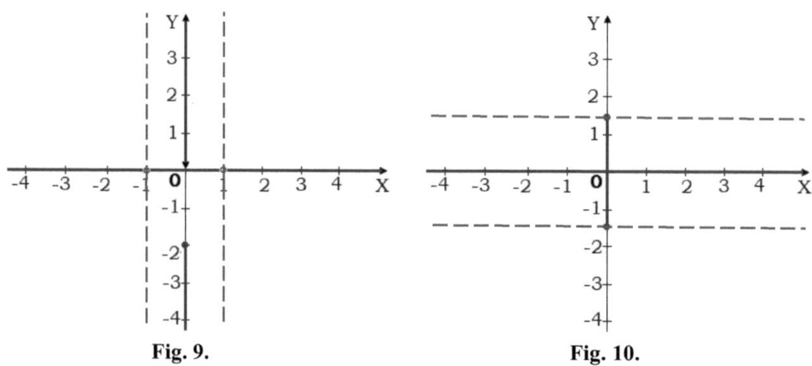

Fig. 9. Fig. 10.

4. $\boldsymbol{y = \frac{3x}{x^2+1}}$. (3)

a) Por cuanto $x^2 \geq 1$, el denominador $(x^2 + 1)$ no puede ser igual a cero para ningún valor de x; en consecuencia, la región de definición de la función es toda la recta numérica de las X.

b) Para la determinación de las fronteras de variación de la función encontremos la dependencia x de y.

De la igualdad (3) se obtiene: $yx^2 + y = 3x$,

$$yx^2 - 3x + y = 0. \qquad (4)$$

Antes que todo se observa que para $x = 0,\ y = 0$. Para el análisis de otros supuestos valores $(y \neq 0)$, hallamos la discriminante de la ecuación (4):

$$D = 3^2 - 4y^2 \geq 0 \text{. De donde,}$$

$$y^2 \leq \frac{9}{4},$$

$$|y| \leq \frac{3}{2}.$$

Los límites de variación de la función:

$$-1{,}5 \leq y \leq 1{,}5.$$

La región del plano, en la cual se dispone la gráfica, se muestra en la figura 10.

5. $\boldsymbol{y = \frac{x+2}{2x-3}}$. (5)

Esta es la llamada función fraccionaria lineal (ver. §25).

a) La región de definición de la función dada se encuentra de la condición que el denominador de la función no puede ser igual a cero: $2x - 3 \neq 0$. De donde $x \neq \frac{3}{2}$ y, consecuentemente, la región de definición de la función consiste de dos intervalos: $\left(-\infty; \frac{3}{2}\right)$ y $\left(\frac{3}{2}; \infty\right)$.

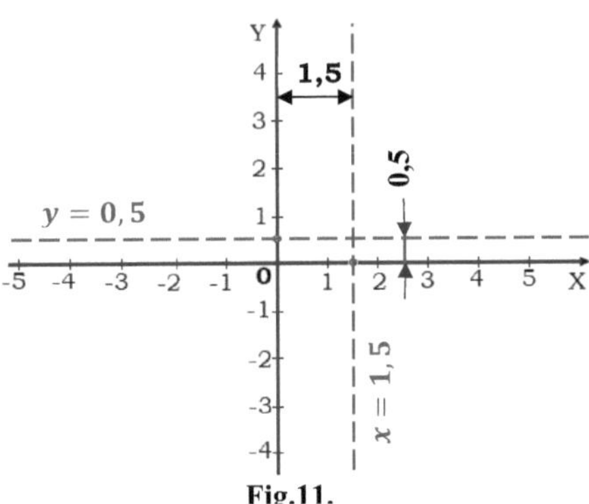

Fig.11.

b) Para la determinación de los límites de variación de la función hallamos la función, inversa a la función dada. De la ecuación (5) tenemos:

$$y(2x - 3) = x + 2,$$

$$2xy - 3y = x + 2\,,$$
$$x(2y - 1) = 3y + 2\,,$$
$$x = \frac{3y + 2}{2y - 1}.$$

Para que x tenga valores reales, es necesario y suficiente que,

$$2y - 1 \neq 0 \text{ ; es decir,}$$
$$y \neq \frac{1}{2}\,.$$

La región de definición de la función, en la cual se ubica el gráfico de esta función fraccionaria lineal se representa en la figura 11 y se define por las inecuaciones:

$$-\infty < x < 1{,}5; \quad 1{,}5 < x < \infty \;;$$
$$-\infty < y < 0{,}5; \quad 0{,}5 < x < \infty \,.$$

En este caso especial, cuando la función dada es fraccionaria lineal, junto con el método general de determinación de las fronteras de variación de la función, puede ser utilizado también el siguiente método:

Hallemos $\lim\limits_{x \to \pm\infty} y = \lim\limits_{x \to \pm\infty} \frac{x+2}{2x-3}$.

Dividamos el número y denominador de cada uno de los términos de la fracción entre x, luego llevemos al límite:

$$\lim_{x \to \pm\infty} y = \lim_{x \to \pm\infty} \frac{1 + \frac{2}{x}}{2 - \frac{3}{x}} = \frac{1}{2}.$$

El valor $y = \frac{1}{2}$ para $x \to \pm\infty$ debe ser excluido. Por tanto, las fronteras de variación de la función:

$-\infty < y < 0{,}5$ y $0{,}5 < y < \infty$, tal como se obtuvo antes.

Es necesario notar, que la determinación de las fronteras de variación de la función se requiere para un reducido número de tipos de funciones. Generalmente, es suficiente analizar solamente la región de definición de definición de la función.

§3. FUNCIONES PARES E IMPARES, SIMETRÍA, PERIODICIDAD.

Una función es **par**, si no cambia su valor cuando se cambia el signo del argumento.

$$f(-x) \equiv f(x)\,.$$

Una función es **impar**, si cambiando el signo del argumento, la función varía de signo, pero conserva su valor absoluto (módulo):

$$f(-x) = -f(x)\,.$$

A continuación ilustraremos algunos ejemplos de funciones pares e impares.

EJEMPLOS DE FUNCIONES PARES E IMPARES SENCILLAS

FUNCIONES ALGEBRAICAS

1) $y = kx^2$, donde k- es un número constante;
   $k(-x)^2 = kx^2$ – función par.
2) $y = kx^3$, donde k – es un número constante;
   $k(-x)^3 = -kx^3$ – función impar.

En general, las funciones potenciales; es decir, las funciones de la forma $y = kx^m$, son:

a) funciones pares, si el argumento está elevado a una potencia par:
$$y = kx^{2n} \;;$$
b) funciones impares, si el argumento está elevado a una potencia impar:
$$y = kx^{2n+1} \;;$$
(Particularmente la función lineal $y = kx$, es impar).

La función, en la cual el argumento se encuentra bajo el signo de valor absoluto ($|x|$), es una función par, por cuanto $|x| = |-x|$. El módulo o el valor absoluto de un número real es el mismo número, si es un número no negativo; y es un número con signo contrario, si el número es negativo: $|x| = x$, si $x \geq 0$; $|x| = -x$, si $x < 0$.

FUNCIONES TRIGONOMÉTRICAS

1) $y = \cos x$ es una función par, porque $\cos(-x) = \cos(x)$. Las demás funciones son impares.
2) $y = \operatorname{sen} x$, $\operatorname{sen}(-x) = -\operatorname{sen} x$;
3) $y = \operatorname{tg} x$, $\operatorname{tg}(-x) = -\operatorname{tg} x$;
4) $y = \operatorname{ctg} x$, $\operatorname{ctg}(-x)\, c = -\operatorname{ctg} x$.

La gráfica de la función par es simétrica en relación al eje de las Y. Por ejemplo, en la gráfica que representa la función $y = kx^2$ (fig.12), las ramas de la izquierda (con líneas punteadas) y derecha de la gráfica son simétricas en relación al eje de las Y .

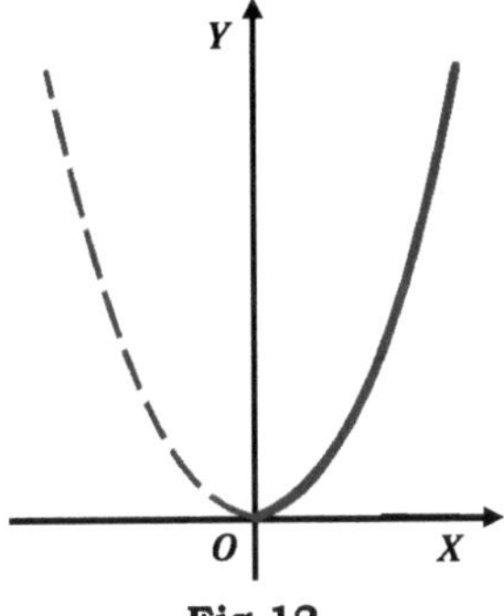

Fig.12

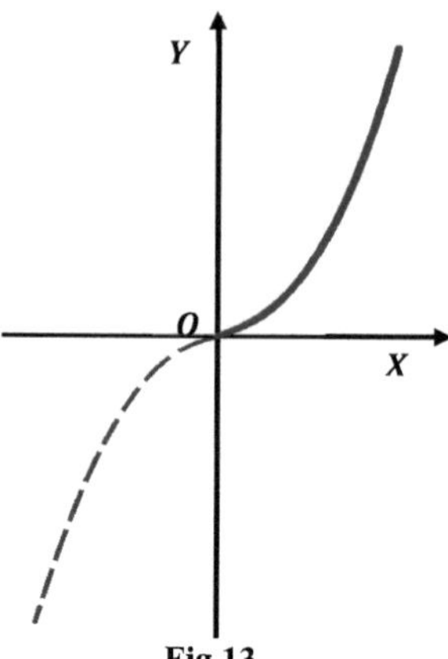

Fig.13.

La gráfica de la función impar es simétrica en relación al origen de coordenadas, por ejemplo, la gráfica de la función $y = kx^3$ (fig.13). La gráfica de la función impar, llamaremos coso simétrico.

De lo mencionado se ve, que para la construcción de las gráficas de las funciones pares o impares es suficiente construir la parte derecha de la gráfica - para los valores positivos del argumento. Mientras que la parte izquierda se obtiene en forma automática como forma simétrica en relación al eje de las Y, o al origen de coordenadas (coso simétrico).

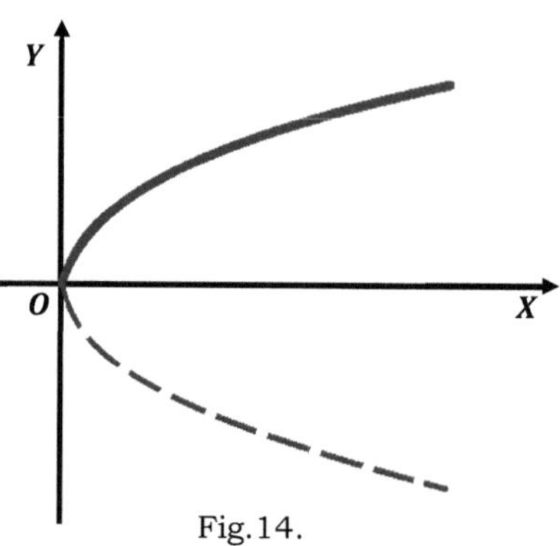

Fig.14.

De esta manera la paridad o la no paridad –es una *propiedad* singular de la función, que facilita la construcción de la gráfica.

La gráfica se obtiene simétrica en relación al *eje horizontal* en el caso de que la función y está elevada a la potencia par o bajo el signo de valor absoluto, por ejemplo $y^2 = kx$ (fig.14).

Una función se llama *periódica*, si existen números constantes diferentes de cero $(\omega, 2\omega, 3\omega, etc.)$, tales que si incrementamos al argumento x, los valores de la función no cambian:

$f(x + k\omega) = f(x)$, para $k \neq \pm 1;\ \pm 2;\ \pm 3; ...$

El número positivo más pequeño ω, de cuyo incremento al argumento no varía la función, se llama *periodo* de la función.

EJEMPLOS DE FUNCIONES PERIÓDICAS SIMPLES

1) $y = \operatorname{sen} x$ – periodo 2π.
2) $y = \cos x$ – periodo 2π.
3) $y = \tan x$ – periodo π.
4) $y = \operatorname{ctg} x$ – periodo π.

El periodo de la suma de funciones periódicas es igual a mínimo múltiplo de los periodos de todos los sumandos. Para ello, no se consideran los periodos de los términos semejantes, la suma de las cuales después de la reducción se transforma en cero. Por ejemplo, la función

$$y = \operatorname{sen} 4x + 3\ \operatorname{sen} x + \operatorname{sen}(x - \pi) + 2\operatorname{sen}(x + \pi)$$

Después de la reducción toma la siguiente forma:

$$y = 2\operatorname{sen} 4x,$$

Por cuanto

$$3\ \operatorname{sen} x + \operatorname{sen}(x - \pi) + 2\operatorname{sen}(x + \pi) = 0\,.$$

El periodo de la función dada

$$\omega = \frac{2\pi}{4} = \frac{\pi}{2},$$

Es decir, tiene el mismo periodo que la función

$$y = 2\operatorname{sen} 4x.$$

Los periodos del resto de los sumandos de la función dada no se consideran, porque la adición de estos sumandos es idénticamente igual a cero.

A las funciones que no tienen las propiedades de funciones pares, impares o periódicas, llamaremos funciones con *forma general.*

Ejemplos

1. $\boldsymbol{y = 2x^4 - x^2}$.

   $f(-x) = 2(-x)^4 - (-x)^2 = 2x^4 - x^2 = f(x)$ –función par.

2. $\boldsymbol{y = 2x + x^3 - 0{,}5x^5}$.

$f(-x) = 2(-x) + (-x)^3 - 0{,}5(-x)^5 = -2x - x^3 + 0{,}5x^5 =$
$-(2x + x^3 - 0{,}5x^5) = -f(x)$, es una función impar.

3. $\boldsymbol{y = x + 2x^2}$.

   $f(-x) = -x + 2(-x)^2 = -x + 2x^2 \neq \pm f(x)$ – es una función de tipo (forma) general.

4. $\boldsymbol{y = x^3 + 7}$. Es una función que no tiene la propiedad par o impar, porque:

   $f(-x) = (-x)^3 + 7 = -x^3 + 7 \neq (x^3 + 7)$.

5. $\boldsymbol{y = x^3 - x^2 + 7}$.

   $f(-x) = (-x)^3 - (-x)^2 + 7 = -x^3 - x^2 + 7 \neq \pm f(x)$. Es una función de tipo general.

6. $\boldsymbol{y = 1 + 2x^2}$. Es una función par, porque

   $f(-x) = 1 + 2(-x)^2 = 1 + 2x^2 = f(x)$.

7. $\boldsymbol{y = 2^x}$. La función no tiene la propiedad de función par o impar, porque,

$$f(-x) = 2^{-x} = \frac{1}{2^x} \neq \pm y.$$

8. $\boldsymbol{y = 2^{-x^2}}$. La función es par, porque

$$f(-x) = 2^{-(-x)^2} = 2^{-x^2} = f(x).$$

9. $\boldsymbol{y = 2^{x^2+x}}$. La función no es par ni impar, porque

$$f(-x) = 2^{(-x)^2+(-x)} = 2^{-x^2-x} \neq \pm y.$$

10. $y = \frac{a^x+a^{-x}}{2}$. La función es par, porque

$$f(-x) = \frac{a^{-x} + a^{-(-x)}}{2} = \frac{a^{-x} + a^x}{2} = y.$$

11. $y = \frac{a^x-a^{-x}}{2}$. La función es impar, porque

$$f(-x) = \frac{a^{-x} - a^{-(-x)}}{2} = \frac{a^{-x} - a^x}{2} = -y.$$

12. $y = \frac{a^x}{x+2}$. La función es de la forma general, porque

$$f(-x) = \frac{a^{-x}}{-x + 2} = \frac{1}{a^x(2 - x)} \neq \pm y.$$

13. $\boldsymbol{y = \frac{a^x + 1}{a^x - 1}}$. *Donde* $a > 1$.

$$f(-x)=\frac{a^{-x}+1}{a^{-x}-1}=\frac{\frac{1}{a^x}+1}{\frac{1}{a^x}-1}=\frac{\frac{1+a^x}{a^x}}{\frac{1-a^x}{a^x}}=\frac{(1+a^x)a^x}{a^x(1-a^x)}=\frac{1+a^x}{1-a^x}$$

$$=-\frac{a^x+1}{a^x-1}=-y$$

La función es impar.

14. $y=x\frac{a^x+1}{a^x-1}$. La función es par, porque

$$f(-x)=-x\frac{a^{-x}+1}{a^{-x}-1}=-x\frac{\frac{1}{a^x}+1}{\frac{1}{a^x}-1}=-x\frac{\frac{1+a^x}{a^x}}{\frac{1-a^x}{a^x}}=-x\frac{1+a^x}{1-a^x}$$

$$=-x\frac{a^x+1}{-(a^x-1)}=x\frac{a^x+1}{a^x-1}=y.$$

15. $y=x^2-|x|$.

$f(-x)=(-x)^2-|-x|=x^2-|x|=y$. La función es par.

16. $y=3^{|x|}$.

$f(-x)=3^{|-x|}=3^{|x|}=y$. La función es par.

17. $y^2=3x^2-x+1$. La función es simétrica en relación al eje de las X, porque

$$(-y)^2=y^2.$$

18. $|y|=2x-3$. La función es simétrica en relación al eje de las X, por cuanto

$$|y|=|-y|$$

19. $\cos y=x$. La función es simétrica en relación al eje de las X, porque

$$\cos(-y)=\cos y.$$

20. $y=\operatorname{sen}x+\cos x$.

a) La función no tiene de propiedad de función par o impar, por cuanto

$$f(-x)=\operatorname{sen}(-x)+\cos(-x)=-\operatorname{sen}x+\cos x\neq\pm y.$$

b) La función es periódica, con periodo 2π, por cuanto:

$\operatorname{sen}(x+2\pi)+\cos(x+2\pi)=\operatorname{sen}x+\cos x.$

21. $y=2\operatorname{tg}x-\cos x$.

La función no tiene la propiedad de la paridad o no paridad; el periodo de la función es $\omega=2\pi$, por cuanto

$$2\operatorname{tg}(2\pi+x)-\cos(2\pi+x)=2\operatorname{tg}x-\cos x.$$

22. $y=2\operatorname{tg}x+\operatorname{sen}2x$.

a) La función es impar, porque

$$f(-x)=2\operatorname{tg}(-x)+\operatorname{sen}2(-x)=-2\operatorname{tg}x-\operatorname{sen}2x=-y.$$

b) Función es periódica, con periodo π, por cuanto

$$2\ \text{tg}\,x+\text{sen}\,2x=2\ \text{tg}(x+\pi)+\text{sen}(2x+2\pi)$$
$$=2\ \text{tg}(x+\pi)+\text{sen}[2(x+\pi)]\,.$$

23. $\boldsymbol{y=1-\text{tg}\frac{x}{2}}$. Función periódica, con periodo 2π por cuanto

$$1-\text{tg}\frac{x}{2}=1-\text{tg}\left(\frac{x}{2}+\pi\right)=1-\text{tg}\left(\frac{x+2\pi}{2}\right).$$

24. Encontrar el periodo de la función $\boldsymbol{y=\text{sen}\,2x+\text{tg}\frac{x}{2}}$.

a) Por cuanto $\text{sen}\,2x=\text{sen}(2x+2\pi)=\text{sen}[2(x+\pi)]$, entonces el periodo del primer sumando de la función es π .

b) $\text{tg}\frac{x}{2}=\text{tg}\left(\frac{x}{2}+\pi\right)=\text{tg}\left(\frac{x+2\pi}{2}\right)$. En consecuencia, el periodo del segundo sumando es 2π.

El periodo de la función será el mínimo producto de los factores de los periodos de los sumandos; es decir, $\omega=2\pi$.

25. Encontrar el periodo de la función $y=\cos\frac{x}{3}+\text{tg}\frac{x}{5}$.

a) $\cos\frac{x}{3}=\cos\left(\frac{x}{3}+2\pi\right)=\cos\left(\frac{x+6\pi}{3}\right)$; el periodo es 6π;

b) $\text{tg}\frac{x}{5}=\text{tg}\left(\frac{x}{5}+\pi\right)=\tan\left(\frac{x+5\pi}{5}\right)$; el periodo es 5π;

El periodo de la función- es el menor producto de los múltiplos de los números 6π y 5π; es decir, $\omega=30\pi$.

26. Encontrar el periodo de la función $y=\text{sen}\frac{3}{4}x+5\cos\frac{2}{3}\,x$.

a) $\text{sen}\frac{3}{4}x=\text{sen}\left(\frac{3}{4}x+2\pi\right)=\text{sen}\frac{3}{4}\left(x+\frac{8}{3}\pi\right)$; el periodo es $\frac{8}{3}\pi=2\frac{2}{3}\pi$;

b) $\cos\frac{2}{3}\,x=\cos\left(\frac{2}{3}x+2\pi\right)=\cos\frac{2}{3}(x+3\pi)$; el periodo es 3π;

El periodo de la función es el menor producto de los múltiplos de los números $\frac{8}{3}\pi$ y 3π; es decir, el periodo de la función es $\omega=24\pi$.

B. DETERMINACIÓN DE LOS PUNTOS CARACTERÍSTICOS DE LA GRÁFICA

Los puntos característicos de la gráfica son:

a) Los puntos de intersección de la gráfica con el eje de las X; es decir, los valores de x, cuando $y=0$;

b) Los puntos de intersección con el eje de las Y; es decir, los valores de la función y, cuando $x=0$;

c) Las fronteras de la función; es decir, los valores de la función en los límites de los intervalos de definición;

d) Los puntos, en los cuales la función asume valores máximo o mínimo; es decir, y_{max}, y_{min} y los valores correspondientes de x.

§4. PUNTOS DE INTERSECCIÓN DE LA GRÁFICA CON LOS EJES COORDENADOS. INTERVALOS DE SIGNOS CONSTANTES.

Es mejor encontrar las coordenadas de los puntos de intersección de las curvas de la gráfica con el eje Y; es decir, $y = f(0)$, porque es muy simple y evidente de la condición $x = 0$.

Luego se determinan las abscisas de los puntos de intersección de las curvas de la gráfica con el eje X, para ello hay que igualar a cero la función y.

$$y = f(x) = 0$$

De la ecuación resultante se determina x.

Ejemplos

1. $\boldsymbol{y = \log_2(x+4) - 1}$

Hallamos los puntos de intersección de la función con eje Y:

$$y(0) = \log_2(0+4) - 1 = \log_2 4 - 1 = 2 - 1 = 1.$$

Tenemos un solo punto de intersección de la gráfica con el eje Y: $(0; 1)$.

Los puntos de intersección con el eje X:

$$\log_2(x+4) - 1 = 0, \qquad \log_2(x+4) = 1,$$
$$x + 4 = 2; \ \ x = -2.$$

Entonces, la gráfica se interseca con el eje horizontal en el punto $(-2; 0)$.

2. $\boldsymbol{y = \operatorname{sen} x + 0,5}$.

Puntos de intersección con el eje vertical:

$y(0) = \operatorname{sen} 0 + 0{,}5 = 0{,}5$. Un punto de intersección $(0; 0{,}5)$.

Puntos de intersección con el eje horizontal:

$$\sin x + 0{,}5 = 0, \quad \operatorname{sen} x = -0{,}5,$$
$$x = -\frac{\pi}{6}(-1)^k + k\pi.$$

Por cuanto esta función es periódica, con periodo 2π, entonces es suficiente determinar los puntos de intersección para un periodo (2π).

Para $k = 0$, $x_1 = -\frac{\pi}{6}$; la función se interseca en el punto $\left(-\frac{\pi}{6}; 0\right)$.

Para $k = 1$, $x_1 = \frac{\pi}{6} + \pi = 1\frac{1}{6}\pi$; ; la función se intersecta en el punto $\left(1\frac{1}{6}\pi; 0\right)$.

Para $k = 2$, $x_3 = -\frac{\pi}{6} + 2\pi = 1\frac{5}{6}\pi$; este punto también se relaciona también al siguiente periodo, debido a que $1\frac{5}{6}\pi = -\frac{\pi}{6} + 2\pi$.

Las partes de la curva de la gráfica entre puntos sucesivos que se intersectan con el eje X tienen signo constante; es decir, son *intervalos de signo constante* de la función. Es útil determinar y señalar en la gráfica el signo de los intervalos de signo constante.

Para la función $y = \log_2(x+4) - 1$:

Para $x < -2$, $y < 0$;

Para $x > -2$, $y > 0$.

Para la función $y = \operatorname{sen} x + 0{,}5$:

Para $-\frac{\pi}{6} + 2\pi k < x < 1\frac{1}{6}\pi + 2\pi k$, por ejemplo, para $x = 0$ $y > 0$;

Para $1\frac{1}{6}\pi + 2\pi k < x < 1\frac{5}{6}\pi + 2\pi k$, por ejemplo, para $x = \frac{3\pi}{2}$ $y < 0$;

§5. VALORES LÍMITES DE LA FUNCIÓN

Los valores de la función en los límites de la región de definición, si es un intervalo cerrado, se encuentra simplemente por sustitución en la ecuación de la función de los valores frontera del argumento.

Si la frontera del intervalo de la región de definición de la función es abierta, entonces se encuentra el límite de la función, cuando el argumento se aproxima al valor extremo.

$$\lim_{x \to a} y\,,$$

Donde a es la abscisa del extremo abierto del intervalo.

A veces, la función tiene diferentes límites cuando el argumento se aproxima a los valores frontera por la izquierda y por la derecha:

$$\lim_{x \to a-0} y \quad \text{y} \quad \lim_{x \to a+0} y\,,$$

Donde $a - 0$,condicionalmente, significa aproximación por la izquierda; $a + 0$, aproximación por la derecha.

Nota. Si el intervalo de variación de la función es abierto, entonces es útil encontrar los valores límites del argumento, cuando la función se aproxima a la frontera del intervalo abierto:

$$\lim_{y \to b} x\,,$$

Donde b es la ordenada del extremo abierto del intervalo de variación de la función.

A veces, es necesario hallar dos límites:

$$\lim_{y \to b-0} x \text{ y } \lim_{y \to b+0} x ,$$

Es decir, cuando se aproxima a las fronteras por abajo y por arriba, respectivamente.

§6. MÁXIMO Y MÍNIMO DE LA FUNCIÓN[1]

El *máximo* de la función- es su valor en el punto, en el cual este valor es el más grande para cualquier intervalo suficientemente pequeño en la vecindad de este punto.

El *mínimo*-es el valor de la función en el punto, en el cual este valor es el más pequeño, para cualquier intervalo suficientemente pequeño en la vecindad de este punto.

En la figura 15, la función tiene máximo en los puntos $M_1, M_{2,} M_3$ y mínimo en los puntos $N_1, N_{2,} N_3$.

En el punto A la función no tiene máximo, a pesar de que en este punto llega a tener al valor más grane del intervalo $[x_1; x_2]$. Asimismo, precisamente, en el punto B la función, no obstante, teniendo el valor más pequeño para este mismo intervalo, su valor no es el mínimo.

El máximo o el mínimo de la función significa, que la función tiene el valor más grande o el más pequeño en comparación con sus valores en los puntos de su vecindad suficientemente *cercanos por ambos lados.*

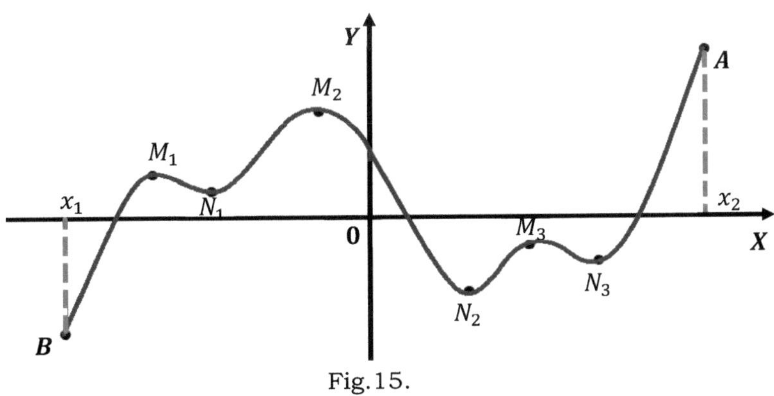

Fig.15.

[1] La definición rigurosa del máximo y mínimo de la función se encuentra en los libros de matemática superior.

El máximo y el mínimo de la función, tal como se entiende de la definición, son los extremos de la curva, que representa la función.

En los cursos de matemática básica se estudian el máximo y el mínimo de algunas funciones trigonométricas (seno y coseno) y de las funciones parabólicas; es decir, las funciones expresadas con trinomios cuadrados $y = ax^2 + bx + c$, y en caso particular, binomios cuadrados $y = ax^2 + c$ y monomios $y = ax^2$.

La determinación de los valores extremos de las funciones trigonométricas y parabólicas se desarrollará en el capítulo II.

En otros casos, la determinación de los valores máximo y mínimo de la función exige transformaciones de la función más o menos complejas. La construcción de las gráficas de estas funciones está en el último capítulo; allí mismo se muestran y algunos métodos de determinación del máximo y mínimo de la función.

C. *INVESTIGACIÓN DE LA FORMA DE LAS CURVAS QUE REPRESENTAN LA FUNCIÓN EN DISTINTOS TRAMOS DE LA GRÁFICA*

Aquí se tiene en cuenta las partes de las curvas de la gráfica entre dos puntos característicos vecinos (puntos fronterizos de la región de existencia, puntos de intersección de la gráfica con los ejes coordenados, puntos máximo y mínimo). La forma de la gráfica en las partes intermedias entre dos puntos de intersección vecinos con los ejes coordenados, generalmente se evidencia en forma clara, si es conocida la forma de las gráficas en los tramos finales; es decir, en las partes entre los extremos de la gráfica con el punto característico contiguo, que frecuentemente es el punto de intersección con uno de los ejes coordenados.

Por ello, en primer lugar, se recomienda investigar la forma de las figuras en las partes extremas de la gráfica. Adicionalmente, se determinan los intervalos de crecimiento y decrecimiento de la función en distintas partes, es decir, la dirección de la concavidad de las curvas en distintos tramos de la gráfica.

§7. DETERMINACIÓN DE LAS ASÍNTOTAS HORIZONTALES Y VERTICALES

Se llama *asíntota* a la recta a la cual se aproxima ilimitadamente la gráfica, que tiene ramas infinitamente grandes, lo más cerca posible cuando estas ramas se alejan infinitamente. Las asíntotas pueden se horizontales, verticales y oblicuas (fig. 16).

Nosotros veremos principalmente, asíntotas y horizontales verticales. Con las asíntotas oblicuas nos encontraremos cuando estudiemos gráficas de mayor dificultad en el capítulo V, donde nos referiremos a ellas.

Las asíntotas verticales generalmente pasan a través del extremo abierto de la región de definición de la función. Mientras que las asíntotas horizontales generalmente pasan a través del extremo abierto del intervalo de variación de la función.

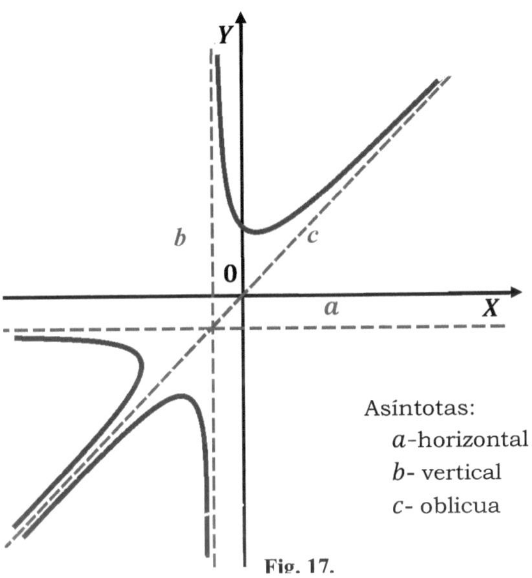

Fig. 17.

Por ejemplo, para la función fraccionaria lineal $y = \frac{x+2}{2x-3}$, que se vio en §2 (ejemplo 5, fig. 11), la recta $x = 1{,}5$, que pasa a través del extremo abierto del intervalo de existencia de la función, es la asíntota vertical, porque cuando $x \to 1{,}5 \quad y \to \pm\infty$. Mientras que la recta $y = 0{,}5$ es la asíntota horizontal, porque y→ 0,5 cuando $x \to \pm\infty$.

Por ello, después que haya sido encontrado el intervalo de existencia de la función y el intervalo de variación de la función en el gráfico, a través de los puntos que corresponden a los extremos del intervalo, corresponde trazar líneas punteadas horizontales y verticales.

Construida las asíntotas, se puede analizar de qué manera las curvas, que representan la gráfica de la función, se aproximan a las asíntotas (Fig.17).

La asíntota vertical tiene abscisa $x = 1{,}5$. Es necesario conocer de qué manera la curva de la gráfica se aproxima a la asíntota por la derecha y por la izquierda, es decir, encontrar los valores de y para x, un poco menores que 1,5, y para x un poco mayores que 1,5. Se escribe esto en forma simbólica de la siguiente manera: para $x \to 1{,}5 - 0$ y para $x \to 1{,}5 + 0$ (ver §5).

Para la función dada, tendremos:

a) $\lim\limits_{x \to 1{,}5-0} y = \frac{(1{,}5-0)+2}{2(1{,}5-0)-3} = -\infty$;

b) $\lim\limits_{x \to 1{,}5+0} y = \frac{(1{,}5+0)+2}{2(1{,}5+0)-3} = +\infty$.

Aquí condicionalmente se asume, que $2(1{,}5 - 0) < 3$ y $2(1{,}5 + 0) > 3$ en una magnitud infinitamente pequeña.

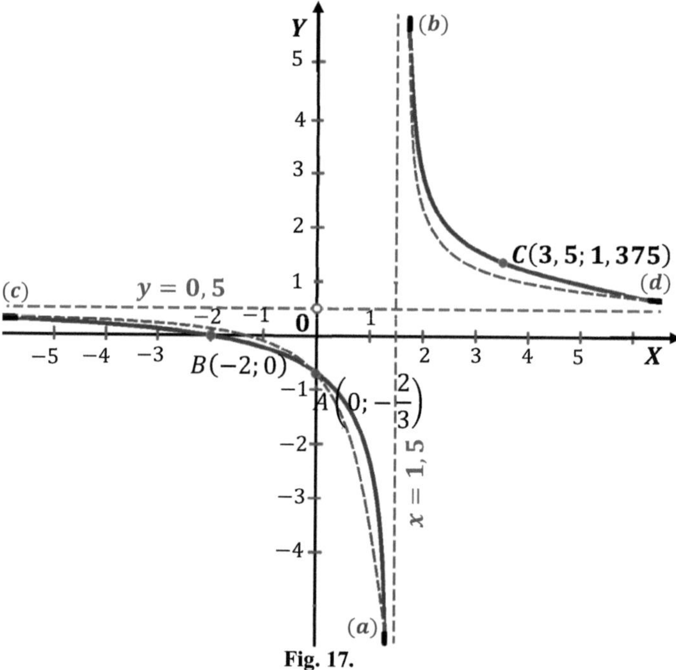

Fig. 17.

En consecuencia, la curva a la izquierda de la asíntota vertical sale a $(-\infty)$, que se representa en la gráfica 17 con el segmento grueso (a); la curva por la derecha de la asíntota sale al $(+\infty)$, con el segmento (b).

La asíntota horizontal tiene ordenadas $y = 0{,}5$. Es necesario encontrar los valores de la abscisa de los puntos de la gráfica, que representan la función dada para y, un poco mayor a 0,5 (por arriba), es decir, el valor de x para $y = 0{,}5 - 0$ y para $y = 0{,}5 + 0$.

Para esto, primero despejemos x de la ecuación dada como función de y.

$$y = \frac{x+2}{2x-3}, \text{ de donde } x = \frac{2+3y}{2y-1};$$

c) $\lim\limits_{y \to 0,5-0} x = \frac{2+3(0,5-0)}{2(0,5-0)-1} = -\infty$, por cuanto $2(0,5-0) < 1$;

d) $\lim\limits_{y \to 0,5-0} x = \frac{2+3(0,5+0)}{2(0,5+0)-1} = -\infty$, por cuanto $2(0,5+0) > 1$.

La curva debajo de la asíntota sale al $(-\infty)$, y por arriba al $(+\infty)$, que está señalado en la figura 17 con los segmentos gruesos (c) y (d).

Es evidente que las curvas, que representan a la función $y = \frac{x+2}{2x-3}$ se van aproximando, como se muestra en la figura 17 con las líneas punteadas.

Si previamente se hubieran hallado los puntos de intersección con los ejes coordenados, entonces la rama izquierda se pudo haber trazado con mayor exactitud. Desarrollemos estos pasos.

Para $x = 0$ $\quad y = \frac{0+2}{0-3} = -\frac{2}{3}$; se tiene el punto $A\left(0;\ -\frac{2}{3}\right)$.

Para y= 0 $\quad x + 2 = 0;\quad x = -2$; se tiene el punto $B(-2;\ 0)$.

Estos puntos están señalados en la figura 17; a través de ellos se construye con línea continua la parte izquierda de gráfica en forma más precisa.

Para precisar la parte derecha de la gráfica, que no interseca los ejes coordenados, encontremos un punto de control, por ejemplo, para $x = 3,5$ $\ y = \frac{3,5+2}{7-3} = 1,375$; se tiene el punto $C(3,5; 1,375)$. A través de este punto se traza con línea continua la rama derecha de la gráfica.

§8. CRECIMIENTO Y DECRECIMIENTO DE LA FUNCIÓN. CONCAVIDAD Y CONVEXIDAD DE LAS CURVAS. PUNTOS DE INFLEXIÓN.

La función $f(x)$ se llama creciente en un intervalo, si en este intervalo a mayores valores del argumento, corresponde mayores valores de la función.

El crecimiento y decrecimiento de la función se establece generalmente en forma muy simple por la forma de la función.

La curva se llama *cóncava* en un intervalo, si en este intervalo está dirigida con *concavidad hacia arriba*; es decir, la curva está dispuesta debajo de la tangente a ella en cualquier punto de este intervalo (parte I en la figura 18).

La curva se llama *convexa* en un intervalo, si en este intervalo está dirigida *convexa hacia arriba*, es decir, la curva está dispuesta sobre su tangente a ella en cualquier punto del intervalo (la región II de la figura 18).

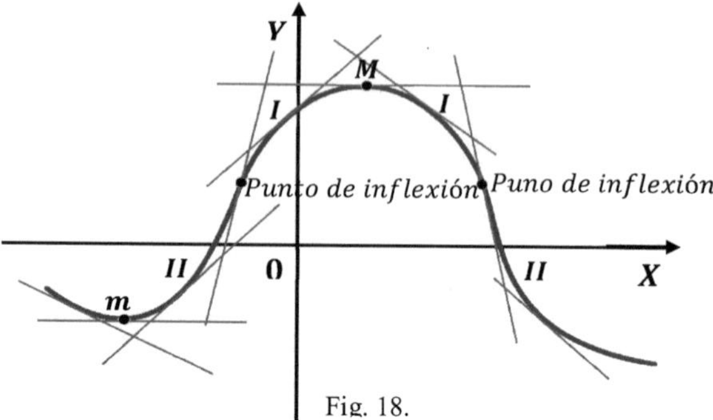

Fig. 18.

El punto de la gráfica, en la cual cambia la dirección de la concavidad se llama *punto de inflexión*. La tangente a la curva en el punto de inflexión interseca la gráfica.

La determinación de la dirección de la concavidad se basa en que, si para cualquier par de valores del argumento x_1 y x_2 en cualquier intervalo se cumple la desigualdad:

a) $f\left(\frac{x_1+x_2}{2}\right) > \frac{f(x_1)+f(x_2)}{2}$,

Entonces, la curva es cóncava en este intervalo (fig.19);

b) $f\left(\frac{x_1+x_2}{2}\right) < \frac{f(x_1)+f(x_2)}{2}$,

Entonces, la curva es convexa en este intervalo (fig.20).

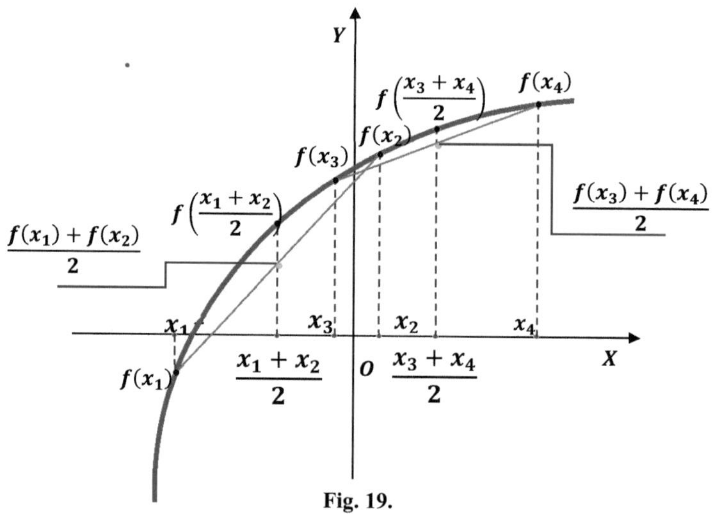

Fig. 19.

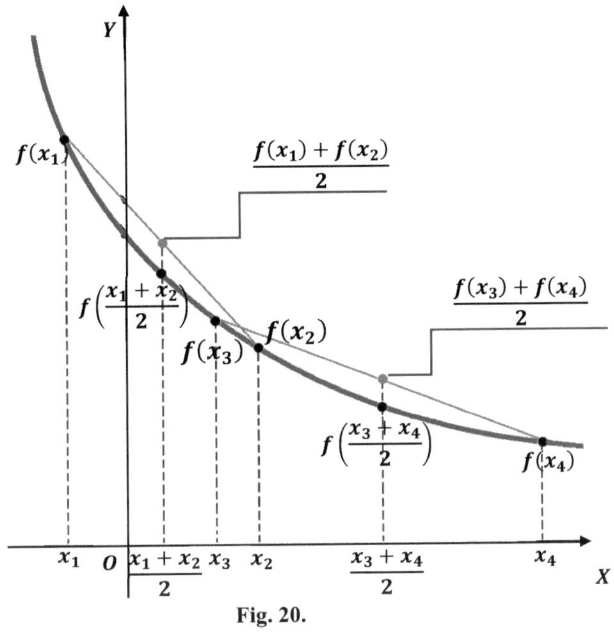

Fig. 20.

§9. ORDEN DE INVESTIGACIÓN DE LA FUNCIÓN Y CONSTRUCCIÓN DE LA GRÁFICA.

A fin de economizar el tiempo en la construcción de la gráfica es necesario elaborar, más o menos, un orden definido de indagación de la función. Se supone, en casos particulares, que es posible variar el orden asumido; asimismo, frecuentemente uno u otro punto, y a veces varios puntos de análisis se pueden omitir.

La elaboración y el orden asumido de la investigación de la función y la construcción de su gráfica – es una *secuencia de pasos*, que se recomienda considerar, especialmente en la construcción de nuevas y poco conocidas gráficas.

Se puede recomendar, en caso general, el siguiente orden de investigación de la función y la construcción de su gráfica, que se deduce de lo dicho anteriormente, no es obligatorio, sólo es una recomendación.

A. INVESTIGACION DE LAS PROPIEDADES GENERALES DE LA FUNCIÓN

1. Región de definición de la función.

(1ª). Intervalos de variación de la función y región del plano, en la cual se ubica la gráfica.

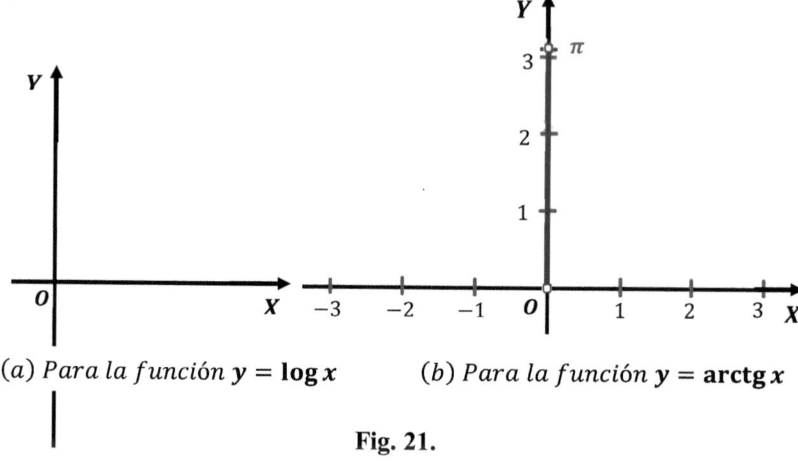

(*a*) *Para la función* $\mathbf{y = \log x}$ (*b*) *Para la función* $\mathbf{y = \operatorname{arctg} x}$

Fig. 21.

Después de que se haya encontrado la región de existencia y, si es necesario, el intervalo de variación de la función, es deseable trazar los ejes coordenados y marcar las regiones con las simbologías adecuadas y las líneas punteadas. Para ello, es preciso considerar las siguientes recomendaciones prácticas.

a) Si la región de definición es un semiplano, entonces hay que trazar los ejes coordenados sólo para este semiplano; por ejemplo, para la función $y = \log x$ la región de definición de la función $x > 0$. Para ello, es necesario trazar sólo el semiplano de la derecha (fig.21a); para la función $y = \operatorname{arctg} x > 0$, para la cual $y > 0$, hay que trazar solamente el semiplano superior (fig. 21b);

b) Si la gráfica se dispone en una parte del plano, entonces es necesario trazar los ejes coordenados sólo en los límites, un poco salientes de la frontera de esta parte del plano, como se hizo, para la función $y = arctg\ x$ (ver fig.7). En este caso es mejor aumentar en algo la escala.

c) En todos los casos, hay que tener en cuenta, que la escala para los ejes horizontal y vertical deberán ser las mismas y que π, $\frac{\pi}{2}$ son cantidades constantes y se expresan mediante números aproximados: $\pi \approx 3{,}14 \approx 3$ y $\frac{\pi}{2} \approx 1{,}57 \approx 1{,}5$; de manera que, si tomamos la escala, por ejemplo, 2 cuadraditos (1 cm) por 1 unidad, entonces para $\frac{\pi}{2}$ hay que tomar aproximadamente 1,5 cm – 3 cuadraditos o un poco más, etc.

2. Paridad y no paridad de la función; simetría relativa a los ejes al horizontal y vertical. Periodicidad.

Para la paridad y no paridad de la función no es necesario analizar toda la gráfica, es suficiente observar solamente la parte derecha de la gráfica (para $x \geq 0$), debido a que la parte izquierda será simétrica o coso simétrico (simétrica respecto al origen) a la parte izquierda.

En presencia de la simetría relativa al eje horizontal es necesario analizar solamente la parte superior de la gráfica para $y \geq 0$, y la parte inferior puede ser fácilmente esquematizada como simétrica.

Si la función es periódica, entonces es suficiente realizar la indagación solamente para un periodo; y si, como ocurre frecuentemente, a la periodicidad acompaña la paridad o la no paridad de la función, entonces solamente para la mitad del periodo. La función de forma general se investiga en toda la región de definición.

De esta manera se concluye la indagación general de la curva y el trabajo preparatorio para la construcción de la gráfica. Luego se procede a la construcción de la gráfica, empezando con la señalización de los puntos característicos.

B. DETERMINACIÓN Y UBICACIÓN EN LA GRÁFICA DE LOS PUNTOS CARACTERÍSTICOS DE LA FUNCIÓN

3. Se ubica en la gráfica los puntos de intersección con el eje Y. Asimismo, se ubican los puntos de intersección de la gráfica con el eje X.
4. Se determinan los valores de frontera de la función; es decir, los valores en los límites de la región de definición y los intervalos de variación de la función, o los límites a los cuales se aproxima la función cuando se aproxima a estas fronteras.
5. Se halla el máximo y mínimo de la función (valores extremos de la función).

   Como se dijo antes, este punto se cumple generalmente en la construcción de gráficos de trinomios cuadrados, de algunas funciones trigonométricas y en la construcción de algunos gráficos de mayor dificultad, que se desarrollarán en el último capítulo.
6. Otros puntos característicos.

Todos los puntos hallados de 4 – 6 se ubican en la gráfica.

C. *INVESTIGACIÓN DEL COMPORTAMIENTO DE LAS CURVAS DE LA GRÁFICA EN DIFERENTES TRAMOS (ENTRE PUNTOS CARACTERÍSTICOS)*

7. Indagación de la función en los tramos finales.

   a) Asíntotas horizontal y vertical.
   b) Carácter de aproximación de las curvas a las asíntotas por diferentes lados (las partes "finales" de las curvas marcar en la gráfica, tal como se muestra en la figura 17).
   c) Crecimiento y decrecimiento de la función.
   d) Concavidad y convexidad de las curvas de la gráfica; puntos de inflexión.

8. Indagación de las curvas en los tramos intermedios. Crecimiento y decrecimiento, concavidad y convexidad.

9. Determinación de las coordenadas de una, dos, y muy esporádicamente, mayor cantidad de puntos de control.

Es preciso subrayar, que el cumplimiento del último punto es imprescindible: primero, para la precisión de la figura; segundo, para, hasta cierto grado, estar seguros de la corrección de la construcción. Sin los puntos de control de ninguna manera se puede dar por concluida la construcción de la gráfica.

En conclusión, es preciso notar que para construir, no necesariamente todas las gráficas, hay la necesidad de la indagación completa o casi completa de la función, por el esquema dado. En muchos casos, algunos puntos del esquema se pueden omitir. Esto se relaciona principalmente a la gráfica de las funciones, las propiedades de las cuales se ha analizado en un curso teórico de matemática básica, por ejemplo, las gráficas de trinomios cuadrados, funciones lineales, y similares. En particular, nos referimos a las gráficas de funciones sencillas, como la gráfica de las funciones lineales, para las cuales conocemos las propiedades fundamentales, suficientes para la construcción (la recta se define con dos de sus puntos), y otras gráficas simples, cuyas propiedades son bastante conocidas.

Damos la relación del orden recomendado de análisis de la función para la construcción de las gráficas, además algunos puntos que son necesarios cumplir muy raramente, están listados un poco a la derecha.

1. Región de existencia (definición) de la función.
   (1.a) Región de variación de la función.
2. Paridad, no paridad, simetría en relación al eje horizontal. Periodicidad. Después de esto se traza los ejes coordenados.
3. Puntos de intersección con el eje Y.

4. Puntos de intersección con el eje X.
5. Valores de la función en la frontera de la región de definición.
6. Otros puntos característicos.
7. Asíntotas horizontales y verticales. (Este punto generalmente coincide con los puntos 1, 1.a y 4).
8. Investigación del comportamiento de la función en distintos tramos.
9. Puntos de control.

Ejercicios

Encontrar la región de definición de las funciones:

1. $y = \log\sqrt{x-3}$

2. $y = \frac{1}{\sqrt{x^2-4}}$

3. $y = \sqrt[3]{4x-5}$

4. $y = \sqrt{\frac{|x|}{4-x^2}}$

5. $y = \frac{1}{|x|} + \frac{1}{|x|+1} - \frac{1}{|x|+2}$

6. $y = \log(x^2-1)$

7. $y = \operatorname{sen}\frac{1}{\log x}$

8. $y = \log_2 \log_3 \log_4 |x|$

9. $y = \operatorname{arcsen}\frac{x+1}{x-1}$

10. $|y| = 4 - x^2$

11. $y = \sqrt[4]{x^4 - 16x^2 + 48}$

12. $y = \sqrt{-x} + \lg x$

13. $y = \arccos(x^2 + 2|x|)$

14. $y = \sqrt[3]{\log[\operatorname{sen}(\log x)]}$

15. $y = \sqrt{\operatorname{tg}^2 x - 4\operatorname{tg} x + 3}$

16. $y = \operatorname{arcsen}\frac{2x}{1+x^2}$

17. $y = \left(\frac{\operatorname{arcctg} x}{\operatorname{arctg} x}\right)^{\frac{1}{x+1}}$

18. $y = \operatorname{ctg}\pi x + \arccos 5^x$

19. $y = \log_{\operatorname{sen} x} \cos x$

20. $y = \log_{\arccos x} \log(x^2-1)$

Encontrar la región de variación de las funciones:

21. $y = \operatorname{arcsen}\sqrt{4-x^2}$

22. $y = \operatorname{arcctg}\frac{2}{x}$

23. $y = \frac{5+x}{2x-1}$

24. $y = 10^{\frac{1}{x+2}}$

25*. $y = \log\frac{x+1}{x}$

Determinar la paridad o no paridad y simetría en relación al eje horizontal de las siguientes funciones:

26. $y = \operatorname{sen} x - \operatorname{ctg} x$

27. $y = \frac{\operatorname{tg} x}{\cos x}$

28. $y = \frac{9^x+1}{2^x}$

29. $y = 2x^2 + \operatorname{sen} x$

30. $y = x\ \operatorname{arcctg} x$

31. $y = \sqrt{x^2 - \frac{1}{x^2}}$

32. $y = x^{-4} + \cos x$

33. $y^2 = 3x^2 - 2$

34. $|y| + y = \operatorname{sen} x$

35. $|y| = \cos x$

Encontrar el periodo de la función:

36. $y = 7 \operatorname{sen} 3x - 0{,}5 \operatorname{ctg} \frac{x}{3}$

37. $y = \operatorname{sen}\left(2x + \frac{\pi}{4}\right) - \operatorname{ctg}\left(x - \frac{\pi}{3}\right)$

38. $y = |\cos x|$

39. $y = \sin^4 x + \cos^4 x$

40. y^{*}[i] $= \operatorname{sen} x \operatorname{tg} x$

[i] De aquí y en adelante con un asterisco se señalará los ejercicios difíciles y con dos asteriscos los ejercicios muy difíciles.

Capítulo II

CONSTRUCCIÓN DE GRÁFICAS SIMPLES

§10. GRÁFICA DE FUNCIONES LINEALES

La función lineal tiene la forma:

$$y = kx + b \qquad (1)$$

Donde b- es el segmento, que intersecta la recta dada en el eje de las Y, debido a que para $x = 0 \quad y = k \cdot 0 + b$; k-es la tangente del ángulo de inclinación de la recta con el eje X, debido a que $k = \frac{y-b}{x} = tg\ \varphi$ (fig.22).

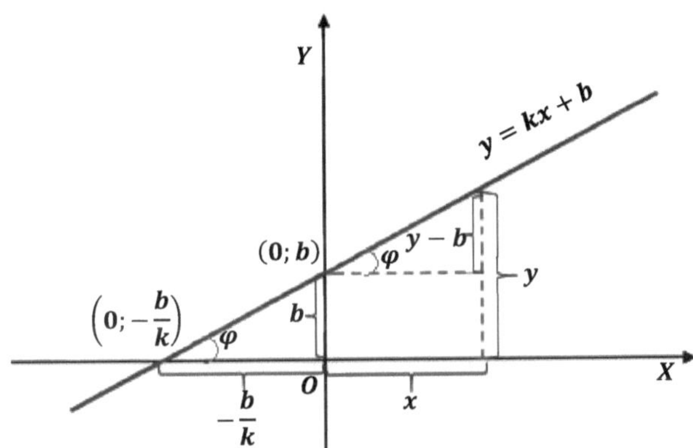

Fig. 22.

De esta manera, la recta, que representa cualquier función lineal se puede construir así: en el eje Y se dibuja el segmento b y a través de este punto se traza la recta con ángulo $\varphi = arctgk$ respecto al eje X .

Sin embargo, es más fácil trazar la recta por dos puntos, una de las cuales es el punto de intersección de la recta con el eje Y; el otro punto puede ser determinada para cualquier valor de x, en particular, se puede encontrar el punto de intersección de la recta con el eje X calculando el valor de x para $y = 0$:

$0 = kx + b$, de donde $x = -\frac{b}{k}$.

Ejemplos

1. $\boldsymbol{y = -0,5x - 2}$.

Para $x = 0, \quad y = -2$; se tiene el punto $M(0;\ -2)$;

Para $y = 0 \quad -0,5x - 2 = 0$, de donde $x = -4$; se tiene el punto $N(-4; 0)$. A través de estos puntos se traza la recta (fig.23).

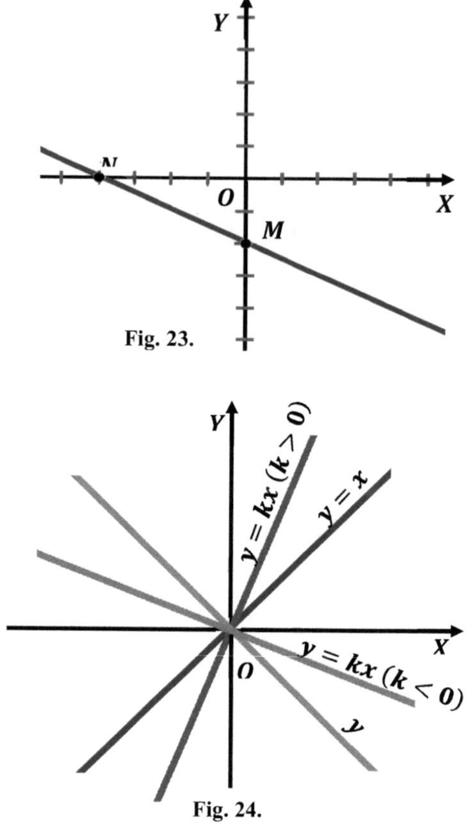

Fig. 23.

Fig. 24.

CASOS PARTICULARES DE FUNCIONES LINEALES

a) En ausencia del término independiente, la función lineal tiene la forma: $y = kx$; la gráfica de esta función es una recta, que pasa por el origen de coordenadas (fig.24). Si $k > 0$, la recta se ubica en el I y III cuadrantes, en particular para $k = 1$; es decir, para $y = x$, la recta está inclinada hacia el eje de las X bajo un ángulo de 45°; si $k < 0$, la recta se ubica en el II y IV cuadrantes, en particular para $k = -1$, es decir, para $y = -x$, la recta está inclinada al eje de las X bajo un ángulo $(-45°)$.

b) Para $k = 0$ la ecuación (1) toma la forma: $y = b$; la gráfica de la función es una recta, paralela al eje de las X y alejada de ella a una distancia b (fig.25). Esto se puede ver, en primer lugar, debido a que $k = tg\ \varphi = 0$; es decir, que el ángulo φ, formado por esta recta con el eje X es igual a cero. En segundo lugar, por cuanto en la expresión $y = b$ no está la coordenada x, esta igualdad tiene sentido para cualquier valor de x, vale decir, $y = b$ para cualquier x, y esto implica una recta paralela al eje X.

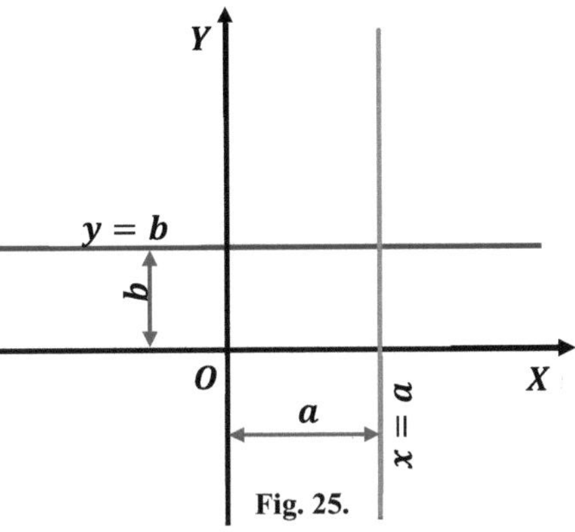

Fig. 25.

c) La ecuación $x = a$ representa una recta, paralela al eje de las Y (fig.25), por cuanto esta igualdad tiene lugar para cualquier valor de y.

d) La ecuación $y = 0$ representa el eje X, por cuanto se verifica para cualquier punto del eje X. La ecuación $x = 0$ representa el eje de las Y.

2. $\boldsymbol{y = |x|}$ (fig.26)

La dependencia funcional dada se puede escribir en forma de dos ecuaciones más simples:

1) $y = x$ para $x \geq 0$;

2) $y = -x$ para $x \leq 0$.

La gráfica de la función consiste de dos semirectas, definidas con estas ecuaciones.

Para la construcción de la gráfica se puede realizar el análisis aplicando el esquema general (§ 9).

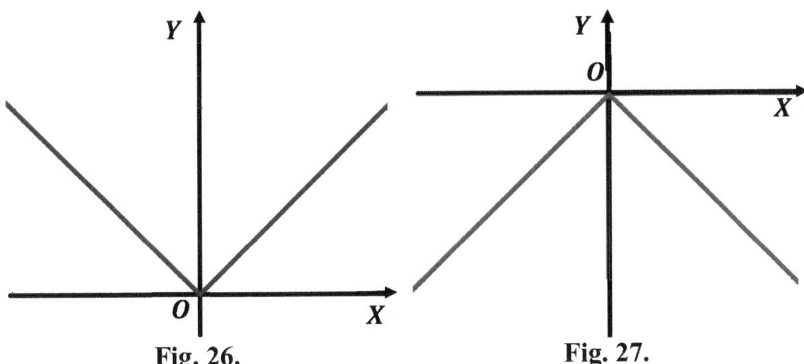

Fig. 26. Fig. 27.

Como $y \geq 0$, entonces se dibujan los ejes coordenados solamente para el semiplano superior.

$f(-x) = |-x| = |x| = f(x)$, entonces la función es par. Por ello, dibujamos solamente la rama derecha (para $x \geq 0$) que representa la línea $y = x$. La parte izquierda es simétrica a ella.

3. $\boldsymbol{y = |-x|}$

La gráfica es la misma, que la de la función $y = |x|$ (fig. 26), por cuanto $|-x| = |x|$.

4. $\boldsymbol{y = -|x|}$ (fig.27)

Aquí $y \leq 0$; por ello se esquematiza los ejes coordenados sólo de la parte inferior (fig. 27).

La función es par; la rama derecha de la gráfica- es la recta $y = -x$, la parte izquierda, es simétrica a ella.

De la misma manera se representa la función $y = -\sqrt{x^2}$.

5. $\boldsymbol{y = \frac{-x}{|x|}}$ (fig.28)

La región de definición de la función- está limitado por dos intervalos: $(-\infty; 0)$ y $(0; \infty)$, porque para $x = 0$ se obtiene la indeterminación y= $\frac{0}{0}$. Por ello, en la figura 28 el punto nulo se señala con una circunferencia.

La función es impar, por cuanto $f(-x) = \frac{-(-x)}{|-x|} = \frac{x}{|x|} = f(x)$.

La rama derecha (para $x > 0$) es una semirecta, la ecuación de la cual es $y = \frac{-x}{x}$, o $y = -1$. Mientras que la rama izquierda (para $x < 0$) – es coso simétrica a la derecha.

Así son las funciones $y = \frac{x}{-|x|}$ se esquematiza también con dos semirectas, pero ubicado dos veces más allá del eje de las X.

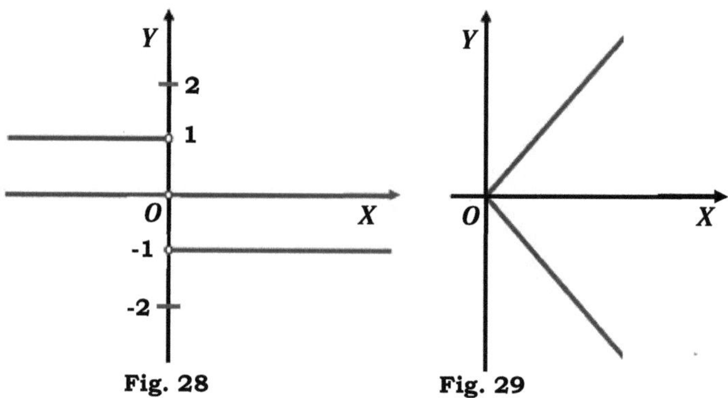

Fig. 28 Fig. 29

6. $\boldsymbol{|y| = x}$ (fig.29)

La región de definición de la función: $x \geq 0$, por cuanto $|y|$-es una número no negativo.

La gráfica de esta función es simétrica relativa al de las x, porque $|y| = |-y|$ (fig.29).
Para $y \geq 0$ tenemos una semirecta $y = x$; para $y \leq 0$ – una semirecta, simétrica a ella relativa al eje horizontal.

§11. GRÁFICAS DE FUNCIONES POTENCIALES SIMPLES

La función potencial elemental tiene la siguiente forma:

$$y = x^n \qquad (2)$$

Donde, n - es cualquier número positivo.
Para $n = 1$ la expresión (2) se transforma en la ecuación de una recta $(y = x)$, que pasa por el origen de coordenadas formando un ángulo de 45° con el eje de las x.
Veamos solamente la rama derecha de la gráfica de la función potencial dispuesta en el primer cuadrante (fig.30)
Para $n > 1$ la *rama derecha* de la gráfica está orientada con concavidad hacia abajo. Para $n < 1$ la *rama* derecha se orienta con concavidad hacia arriba. Todas las curvas (para todo n) se intersectan en el punto (1; 1), debido a que para $x = 1$ $y = 1^n = 1$. A la derecha de este punto las curvas pasan tanto más arriba, cuanto mayor es el exponente n.

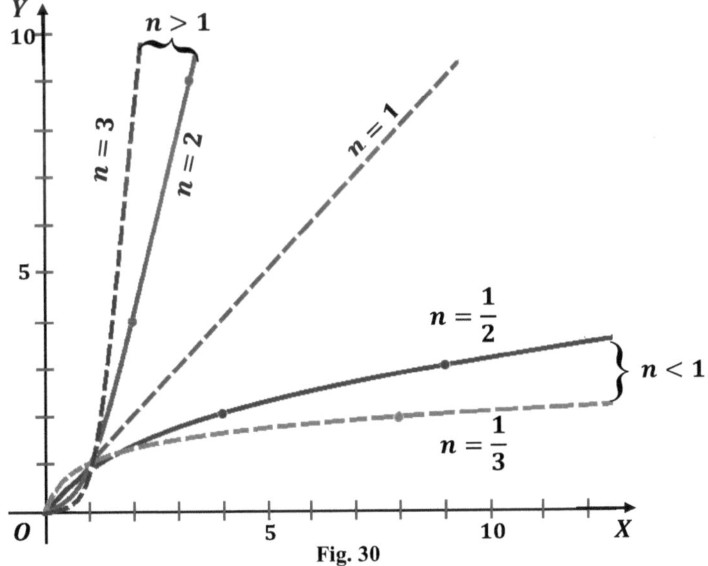

Fig. 30

Para la construcción de la gráfica *completa* de la función potencial $y = x^n$ es preciso tener en cuenta las siguientes recomendaciones:

a) Si el exponente es par $(n = 2k)$, entonces la función $y = x^{2k}$ es par, porque $x^{2k} = (-x)^{2k}$, la gráfica de la función es simétrica en relación al eje Y, y existe solamente en el semiplano superior, por ejemplo $y = x^2$ (fig. 31, a);

b) Si el exponente es impar $(n = 2k + 1)$, entonces la función $y = x^{2k+1}$ es impar, la gráfica de la función es coso simétrica y está ubicada en el I y III cuadrantes, por ejemplo $y = x^3$ (fig. 31, b);

c) Si el exponente es una fracción impropia y puede ser convertido a una fracción propia $\frac{m}{k}$ (m y k son números simples), entonces pueden darse los siguientes tres casos:

   1) El denominador es un número par (entre tanto el numerador es siempre un número impar); la función existe para $x \geq 0$, debido a que, el exponente par puede ser extraído solamente cuando la cantidad subradical es un número positivo. Su gráfica se ubica en el primer cuadrante, por ejemplo, la gráfica de la función $y = x^{\frac{1}{2}}$ (fig. 31,c);

   2) El denominador es un número impar (cuando el numerador es un número par), por ejemplo, $y = x^{\frac{2}{3}}$; es una función par, por cuanto $f(-x) = (-x)^{\frac{2}{3}} = \sqrt[3]{(-x)^2} = \sqrt[3]{x^2} = x^{\frac{2}{3}} = f(x)$; la gráfica de esta función se ubica en el I y II cuadrantes (fig. 31,d);

   3) El denominador y el numerador – son números impares (ambos simples), por ejemplo, $y = x^{\frac{1}{3}}$; la función es impar, por cuanto $f(-x) = (-x)^{\frac{1}{3}} = \sqrt[2]{-x} = -\sqrt[3]{x} = -x^{\frac{1}{3}} = -f(x)$; la gráfica de esta función se ubica en el I y III cuadrantes (fig. 31, e).

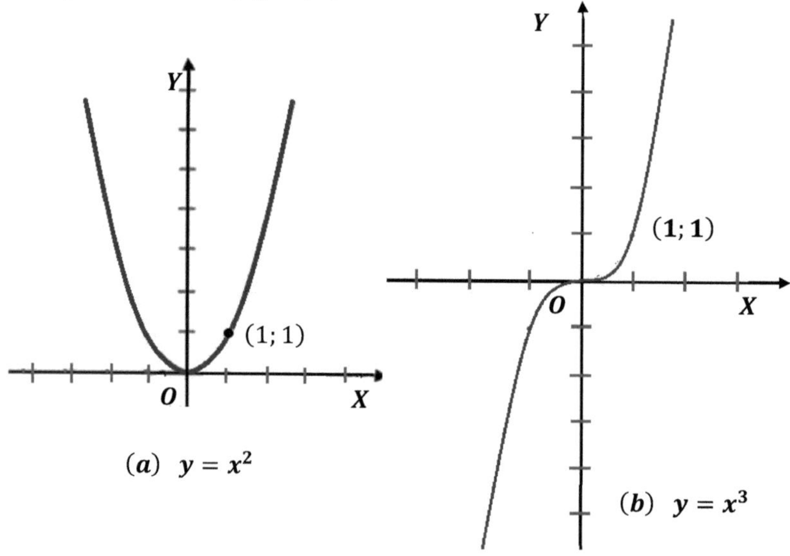

(a) $y = x^2$

(b) $y = x^3$

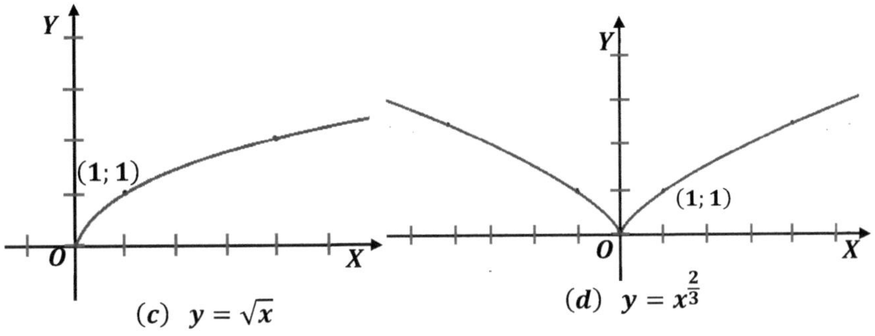

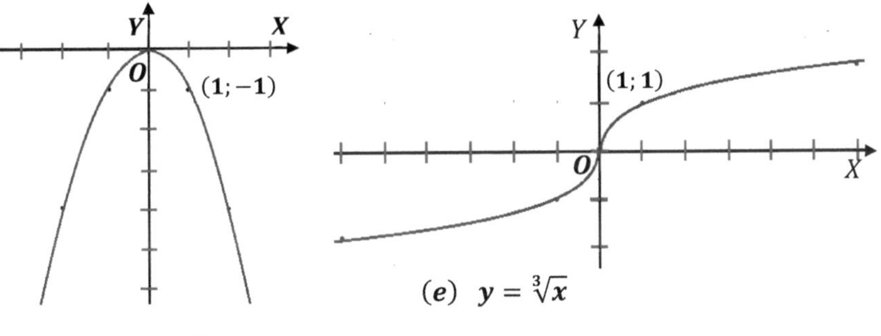

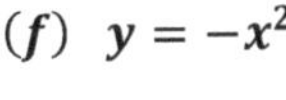

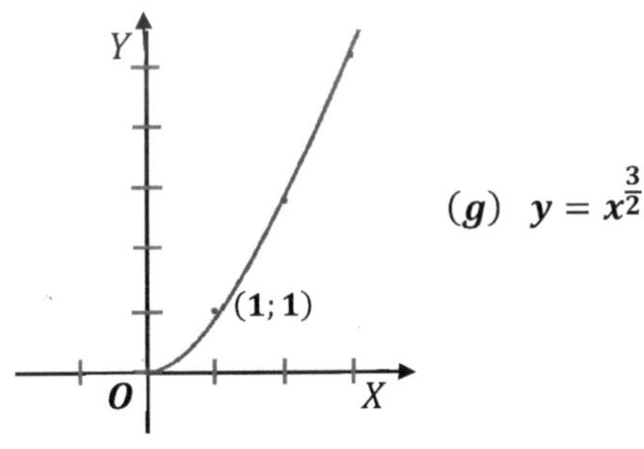

Fig. 31

Ejemplos

1. $y = x^{\frac{3}{4}}$

Escribamos esta función así: $y = \sqrt[4]{x^3}$

La región de definición de la función $[0; \infty)$, debido a que $x \geq 0$, asimismo $y \geq 0$.

La curva se ubica en el primer cuadrante semejante a la gráfica, que se esquematiza en la figura 31, c.

2. $\boldsymbol{y = -x^2}$

Por cuanto $x^2 \geq 0$, entonces $y \leq 0$. La gráfica (fig. 31,f) se ubica en la semiplano inferior y constituye la reflexión de espejo de la curva $y = x^2$ (fig.31, a) relativo al eje horizontal.

3. $\boldsymbol{y = -x^3}$

La gráfica es una reflexión de espejo relativa al eje horizontal de la gráfica de la función $y = x^3$, mostrado en la figura 31, b.

4. $\boldsymbol{y = x^{\frac{3}{2}}}$

Esta es la llamada parábola semicubica. Su ecuación se puede escribir en la forma: $y = \sqrt{x^3}$, de donde es visible, que la región de definición de esta función es $[0; \infty)$, debido a que $x \geq 0$ y también $y \geq 0$.

La gráfica consta de una rama, ubicada en el primer cuadrante y tiene también la forma, como la rama derecha de la parábola cuadrada (fig. 31, a), solamente un poco más abierta (fig. 31, g).

5. $\boldsymbol{y = x|x|}$

Función impar, porque $f(-x) = -x|-x| = -x|x| = -f(x)$.

Para $x \geq 0$ $\;y = x^2$. La rama derecha es la gráfica de rama derecha de la parábola cuadrada (fig. 31, a). La rama izquierda es coso simétrico a la primera. Toda la curva tiene la forma de una curva, que se muestra en el gráfico 31, solamente que es un poco más ensanchado.

6. $\boldsymbol{y = -x|x|}$

La gráfica de esta función es el reflejo de espejo de la gráfica anterior respecto al eje horizontal.

§12. GRÁFICAS DE FUNCIONES POTENCIALES SIMPLES CON EXPONENTE NEGATIVO

La función tiene la forma general:

$$y = x^{-n}, \text{ o } y = \frac{1}{x^n} \qquad (3)$$

Donde n es cualquier número positivo.

Determinemos las propiedades de la función:

1) Para función con exponente negativo $x \neq 0$ y $y \neq 0$, es decir la gráfica no intersecta los ejes coordenados.
2) La gráfica pasa por el punto: $(1; 1)$.
3) Los ejes coordenados son las asíntotas, porque:
   a) cuando $x \to \infty$, $y \to 0$ por arriba (cuando $x > 0$ y $y > 0$);
   b) cuando $y \to \infty$, $x \to 0$ por derecha (por la misma razón).

En consecuencia, la rama derecha de las gráficas, que representan la función con exponentes negativos, se ubican en el primer cuadrante, tal como se muestra en la figura 32. En dependencia de la magnitud del exponente n la curva será ajustada o extendida.

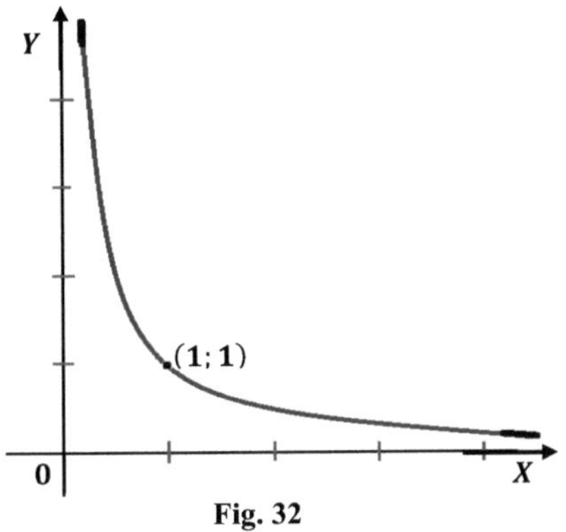

Fig. 32

4) Para n par (n=2k) la función es par y existe en la semiplano superior; la rama izquierda es simétrica a la derecha, por ejemplo, $y = \frac{1}{x^2}$ (fig.33, a).

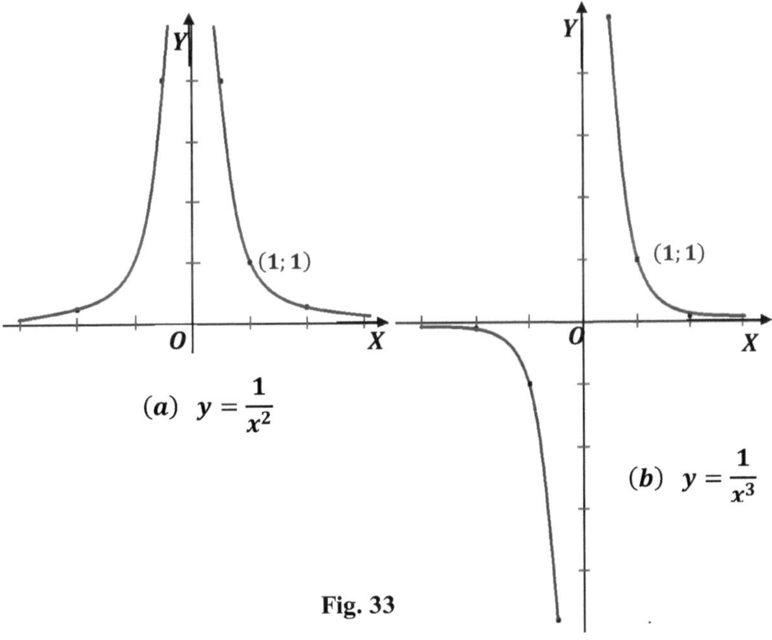

Fig. 33

5) Para n impar ($n = 2k + 1$), la función es impar; la rama izquierda es coso simétrica a la derecha, por ejemplo, $y = \frac{1}{x^3}$ (fig. 33, b).

§13. GRÁFICAS DE FUNCIONES LOGARÍTMICAS SIMPLES

Las funciones logarítmicas simples tienen la siguiente forma:

$$y = \log_a x \qquad (a > 0) \qquad (4)$$

La región de definición de la función – es el intervalo $(0;\ \infty)$, puesto que $x > 0$. Por ello, en la figura 34 los ejes coordenados se han dibujado para el semiplano derecho. La función no es par ni impar, es una función de forma general.

La curva interseca al eje X en el punto $(1; 0)$, debido a que $y = 0$ cuando $x = 1$. Este punto se ubica en la figura 34.

La función es creciente en toda la región de existencia, porque si $a > 1$, entonces $\log_a x_2 > \log_a x_1$ para $x_2 > x_1$.

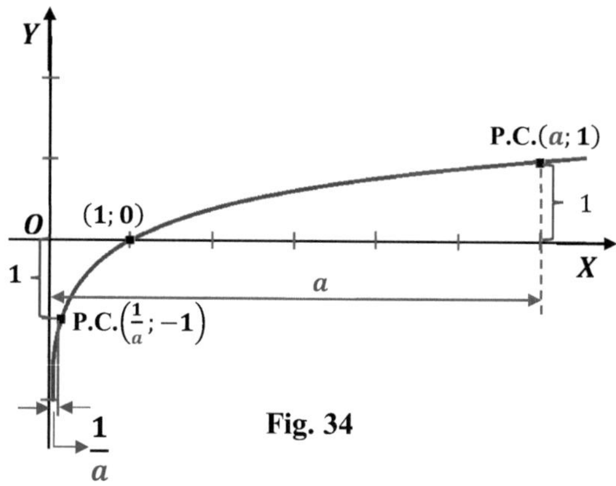

Fig. 34

El eje de las Y es la asíntota de la función, debido a que $y \to -\infty$ cuando $x \to 0$ (la "parte final" de la curva cuando se acerca a la asíntota se señala en la gráfica con una línea gruesa).

La curva es cóncava en toda su trayectoria, lo cual no es difícil cerciorarse comparando el logaritmo en cualquier punto con la semisuma de los logaritmos de sus puntos vecinos (el primero siempre es mayor).

En la gráfica se han señalado dos puntos de control:

1) Para $x = a$, $y = \log_a a = 1$; tenemos el punto $(a; 1)$;
2) Para $x = \frac{1}{a} = a^{-1}$, $y = -\log_a a = -1$; se tiene el punto $\left(\frac{1}{a};\ -1\right)$

La gráfica de la función

$$\boldsymbol{y = \log_{\frac{1}{a}} x} \quad \left(0 < \frac{1}{a} < 1\right). \qquad (4^a)$$

La indagación de esta función se puede realizar en la misma secuencia, como para la función (4), la diferencia está solo en lo siguiente:

a) La función es *decreciente*, porque para $x_2 > x_1$,

$$\log_{\frac{1}{a}} x_2 < \log_{\frac{1}{a}} x_1 ;$$

b) por la aproximación asintótica al eje de las Y; es decir, $x \to 0$, $y \to \infty$;

c) la curva es convexa en todo su recorrido.

Se puede construir más fácilmente la gráfica de la función, si se utiliza la siguiente igualdad:

$$\log_{\frac{1}{a}} x_2 = -\log_a x$$

Consecuentemente, la gráfica de la función (4ª) se puede obtener de la gráfica de la función (4), cambiando el signo de la ordenada por el inverso, es decir, trazando el reflejo de espejo relativo al eje horizontal de la gráfica, representada en la figura 34, realizado en la figura 35.

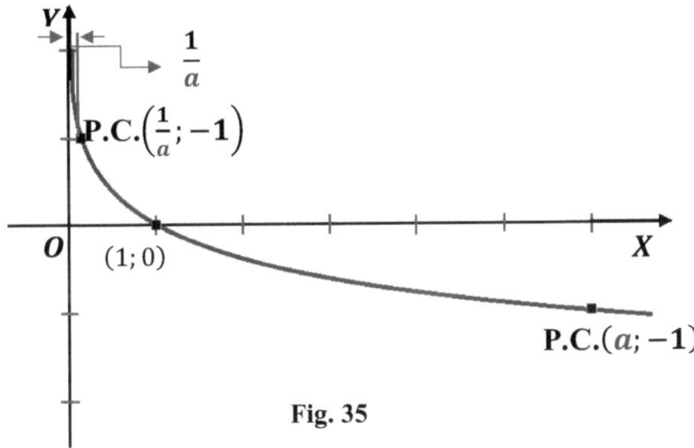

Fig. 35

Ejemplos

1. $y = \log x$

La región de definición de la función está limitado por dos intervalos $(-\infty; 0)$ y $(0; \infty)$, por cuanto $x \neq 0$. La función es par, porque $f(-x) = \log|-x| = \log|x| = f(x)$.

Primero se construye la rama derecha de la gráfica (para $x > 0$), y luego la rama izquierda se dibuja simétrica a la derecha relativa al eje de las Y (fig. 36).

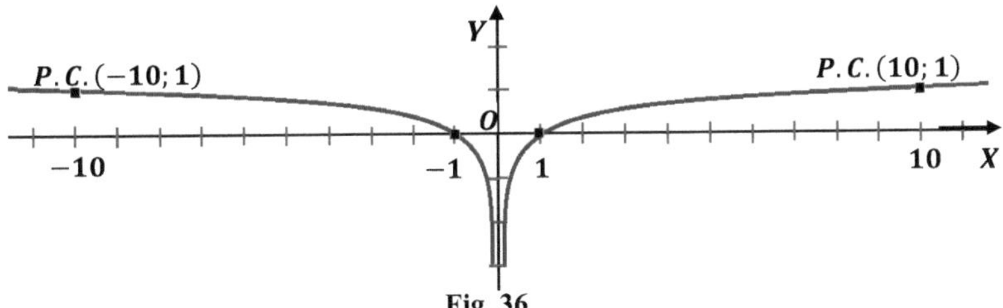

Fig. 36

La misma gráfica representa la función $y = \log|-x|$, por cuanto $|x| = |-x|$.

2. $y = \log_{\frac{1}{10}}|x|$

La gráfica de esta función (fig.37) es la reflexión de espejo relativo al eje de las X de la función $y = \log x$, debido a que $\log_{\frac{1}{10}}|x| = -\log|x|$.

Esta gráfica se puede obtener directamente con la ayuda del mismo razonamiento, que en el ejemplo 1.

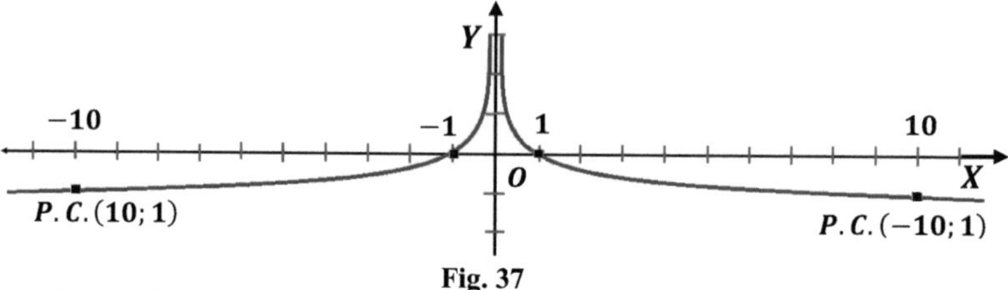

Fig. 37

3. $\boldsymbol{y = |\log_4 x|}$

Para $y \geq 0$, $|\log_4 x| = \log_4 x$

De donde, se obtiene un método simple de la representación gráfica de esta función (fig. 38).

Primero se representa la gráfica de la función $y = \log_4 x$, luego la rama inferior de esta gráfica (para $y < 0$) se lleva para arriba como un reflejo de espejo, y la parte de abajo se borra. En la figura 38 la rama inferior, que se lleva arriba, simbólicamente está tachado. El punto de control $\left(\frac{1}{4}; 1\right)$ se obtiene así: $\log_4 \frac{1}{4} = -1$; $\left|\log_4 \frac{1}{4}\right| = |-1| = 1$

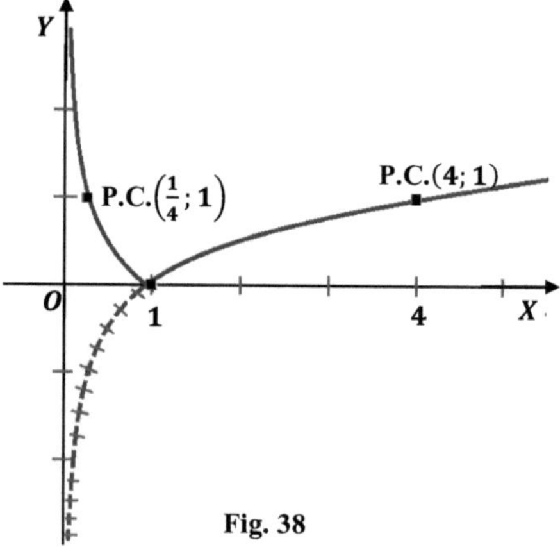

Fig. 38

4. $\boldsymbol{y = \left|\log_{\frac{1}{4}} x\right|}$

La gráfica de esta función se construye análogamente a la anterior y tiene la misma forma (fig.39).

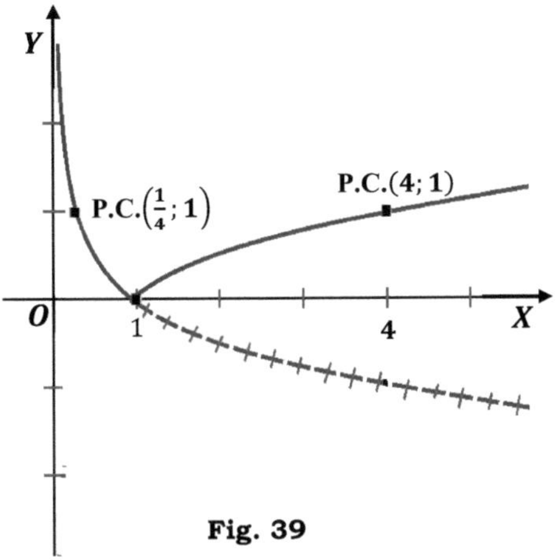

Fig. 39

5. $y = |\log_3|x||$

La función es par, debido a que $f(-x) = |\log_3|-x|| = |\log_3|x|| = f(x)$.
Por consiguiente, se puede dibujar primero solamente la rama derecha de la gráfica para $x \geq 0$; es decir, la gráfica de la función $y = |\log_3 x|$, porque para $x > 0$, $|\log_3|x|| = |\log_3 x|$; esta rama tendrá la misma forma que la gráfica de la figura 38. Luego, la rama izquierda se dibuja simétrica a la derecha (fig.40).

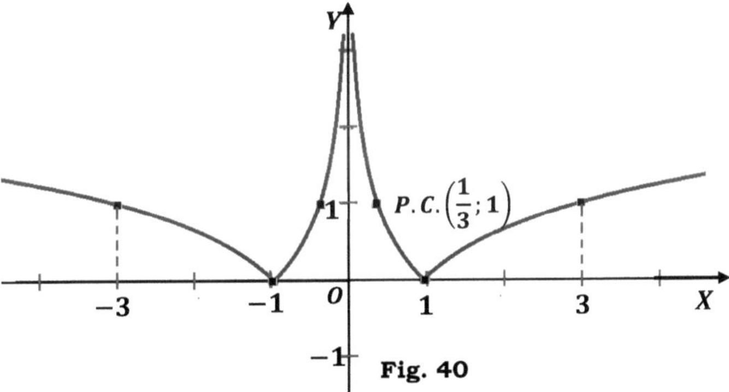

Fig. 40

6. $y = \left|\log_{\frac{1}{3}}|x|\right|$

La gráfica de esta función será como la anterior, porque la rama derecha de la gráfica se construye de igual manera, como de la figura 39, y la rama izquierda es simétrica a ella.

7. $y = \log(-x)$

La región de definición de la función es el intervalo $(-\infty; 0)$, debido a que $(-x) > 0$, de donde $x < 0$. Para $x = -1$, $y = \log[-(-1)] = \lg 1 = 1$; es decir, el eje de las x se interseca con la gráfica cuando $x = -1$.

El eje de las y es la asíntota, por cuanto

$$\lim_{x \to 0} y = -\infty$$

La función es decreciente en todo su recorrido, debido a que con el aumento de x, decrece $(-x)$ y consecuentemente, disminuye y $y = \log(-x)$.

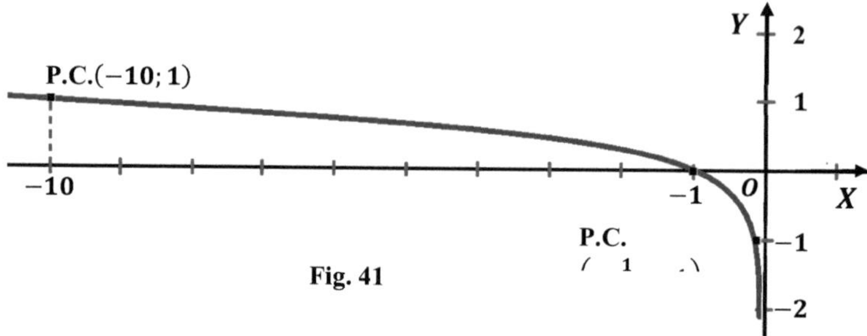

Fig. 41

El punto de control $(-10; 1)$, cuyas coordenadas se obtienen: para $x = -10$, $y = \log(-x) = \lg 10 = 1$. Con estos datos se construye la gráfica de la función (fig.41).

8. $|y| = \log x$

Por cuanto $|y| \geq 0$, entonces $\log x \geq 0$; de donde obtenemos, que $x \geq 1$. Por consiguiente, la región de definición de la función dada es el intervalo $[1; \infty)$.
La función es simétrica en relación al eje de las X, debido a que $|y| = |-y|$.
Para $y \geq 0$ esto será parte de la gráfica ya conocida por nosotros $y = \lg x$ para $x \geq 1$. Además de ello, se revela la rama simétrica a ella para $y \leq 0$ (fig. 42).

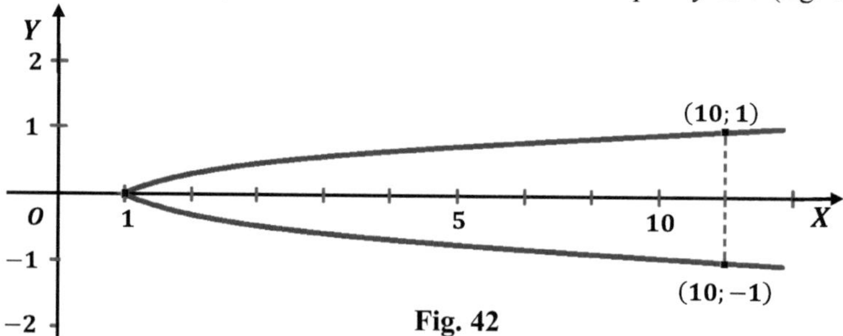

Fig. 42

$|y| = \log|x|$

Esta función es simétrica relativo a ambos ejes coordenados. La rama derecha de la gráfica es la misma que de la función $|y| = \log x$, representada en la figura 42. La rama izquierda es simétrica a la rama derecha (fig.43).

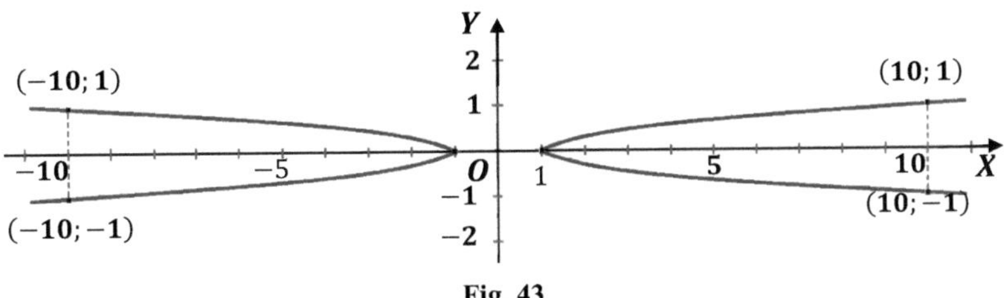

Fig. 43

§14. GRÁFICAS DE FUNCIONES EXPONENCIALES SIMPLES

La función exponencial simple tiene la siguiente forma:

$$y = a^x \qquad (5)$$

Donde: $a > 0$ y $a \neq 1$.

La región de existencia de la función- es todo el eje de las X: $(-\infty;\ \infty)$.

La región de variación de la función se limita por el intervalo: $0 < y < \infty$; la gráfica pasa por encima el eje de las X, sin intersecarle en ningún punto. Por ello, los ejes coordenados de la gráfica es suficiente dibujar solamente para el semiplano superior.

La gráfica intersecta el eje vertical cuando $x = 0$; es decir, para $y = a^0 = 1$, en el punto $(0; 1)$.

La siguiente indagación de la función $y = a^x$, lleva a diferentes resultados en dependencia de los valores de a.

1. Para $a > 1$ (fig. 44) la función es creciente, debido a que con el incremento del argumento x se incrementa también la función $y = a^x$ para todos los valores de x.

La rama derecha de la gráfica tiende al infinito ∞, porque

$$\lim_{x\to+\infty} y = \lim_{x\to+\infty} a^x = +\infty$$

El eje de las X es la asíntota horizontal de la gráfica, a la cual la gráfica se aproxima la gráfica cuando $x \to -\infty$, por cuanto

$$\lim_{x\to-\infty} y = \lim_{x\to-\infty} a^x = a^{-\infty} = \frac{1}{a^{\infty}} = 0$$

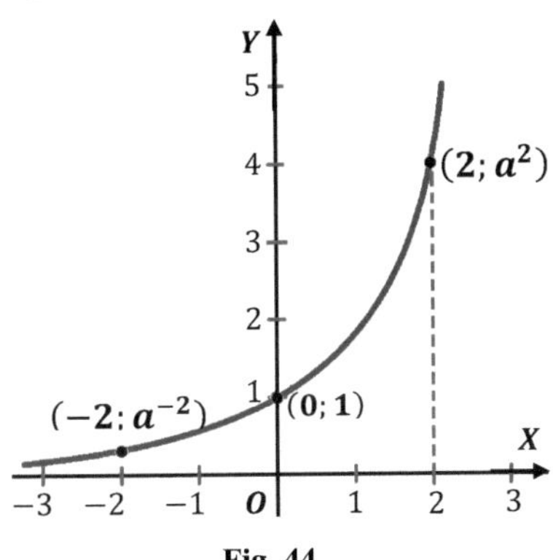

Fig. 44

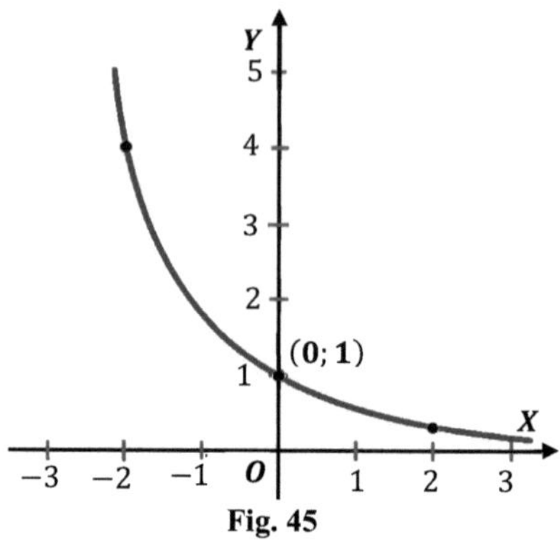

Fig. 45

2. Para $0 < a < 1$ (fig. 45) la función es decreciente, debido a que cuando crece el argumento x, la función $y = a^x$ decrece para todos los valores de x. Esto se puede constatar fácilmente, si se sustituye a por $\frac{1}{b}$, donde $b > 1$.

Se obtiene: $y = a^x = \left(\frac{1}{b}\right)^x = \frac{1}{b^x}$, donde b^x- es una función creciente como en el caso anterior.

La rama izquierda de la gráfica tiende al ∞, por cuanto

$$\lim_{x\to-\infty} y = \lim_{x\to-\infty} a^x = \lim_{x\to-\infty} \left(\frac{1}{b}\right)^x = \lim_{x\to-\infty} b^{-x} = b^{\infty} = \infty$$

El eje de las x es la asíntota horizontal de la gráfica, a la cual la curva se aproxima cuando $x \to \infty$, debido a que

$$\lim_{x\to\infty} y = \lim_{x\to\infty} a^x = \lim_{x\to\infty} \left(\frac{1}{b}\right)^x = \lim_{x\to\infty} b^{-x} = b^{-\infty} = \frac{1}{b^{\infty}} = 0$$

En la figura 44 se muestran dos puntos de control:

1) Para $x = 2$, $y = a^2$, se tiene el punto $(2;\ a^2)$;

2) Para $x = -2$, $y = a^{-2} = \frac{1}{a^2}$, se tiene el punto $\left(-2;\ \frac{1}{a^2}\right)$.

La gráfica de la función $y = |a^x|$ es la misma, que la gráfica de la función $y = a^x$, debido a que a^x- es una magnitud intrínsecamente positiva.

La gráfica de la función $y = a^{-x}$ se dibuja de manera similar, en vista de que $a^{-x} = \frac{1}{a^x} = \left(\frac{1}{a}\right)^x$. Por consiguiente, para $0 < a < 1$ la gráfica de la función $y = a^{-x}$ es la misma que la gráfica de la función $y = a^x$ cuando $a > 1$ (fig. 44).

Para $a > 1$, la gráfica de la función $y = a^{-x}$ es la misma, que la gráfica de la función $y = a^x$ cuando $0 < a < 1$ (fig. 45).

Ejemplos

1. $y = 2^{|x|}$

La función es par, porque $f(-x) = 2^{|-x|} = 2^{|x|} = f(x)$ (fig.46). Se dibuja primero sólo la parte derecha de la gráfica (para $x \geq 0$); la parte izquierda es simétrica a ella. El punto de control es $(2; 4)$, porque para $x = 2$, $y = 2^2 = 4$.

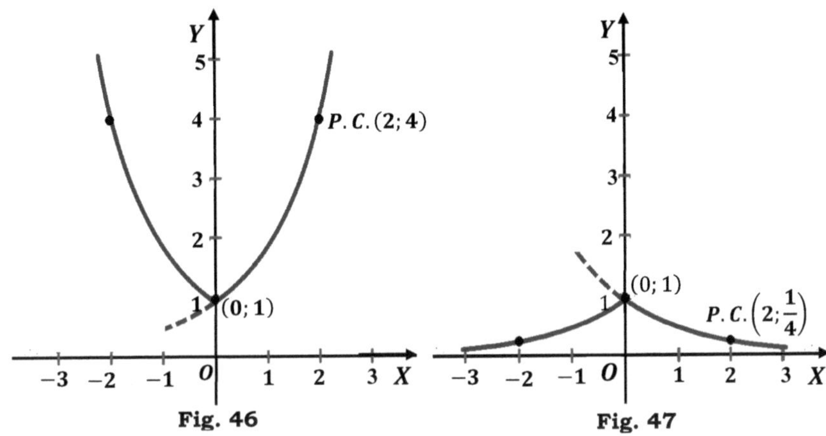

Fig. 46 **Fig. 47**

No hay que confundir la gráfica de esta función exponencial con la gráfica del binomio cuadrado $y = x^2 + 1$, que se representa como la gráfica de la función $y = x^2$ levantado en una unidad (fig. 31,a). La gráfica del binomio pasa en forma llana de la región de los valores negativos de x a la región de los valores positivos, y la curva en el punto más bajo tiene tangente horizontal. En cambio, la gráfica de la función exponencial $y = 2^{|x|}$ tiene en el punto más bajo dos diferentes tangentes inclinadas, por la derecha e izquierda; en este punto la curva tiene una punta.

Estas mismas gráficas tienen las funciones: $y = 2^{|-x|}$; $y = \left|-2^{|x|}\right|$; $y = \left(\frac{1}{2}\right)^{-|x|}$ y similares; debido a que $|-x| = |x|$; $|-2| = |2|$; $\left(\frac{1}{2}\right)^{-|x|} = 2^{|x|}$, etc.

2. $y = \left(\frac{1}{2}\right)^{|x|}$

Como en el ejemplo anterior, primero se dibuja solamente la rama derecha de la gráfica, que tiene la forma de la parte derecha de la gráfica representada en la figura 45; la rama izquierda es simétrica a la derecha (fig.47). El punto de control es el par $\left(2;\ \frac{1}{4}\right)$, porque para $x = 2$, $y = \frac{1}{4}$.

Esa misma forma tiene las gráficas de las funciones: $y = 2^{-|x|}$;
$y = \left(\frac{1}{2}\right)^{|-x|}$; $y = \left|-\frac{1}{2}\right|^{|x|}$, etc.

§15. CONSTRUCCIÓN DE LA GRÁFICA DE FUNCIONES TRIGONOMÉTRICAS SIMPLES

1. GRÁFICA DE LA FUNCIÓN SENO

La función seno de argumento real se representa por la igualdad:

$$\boldsymbol{y = \operatorname{sen} x} \qquad (6)$$

La región de definición de la función o el dominio de la función- es toda la recta numérica representada por el intervalo $(-\infty;\ \infty)$. La región de variación de la función queda definida por el sistema: $-1 \leq y \leq 1$.

La función es periódica, con periodo 2π, debido a que $sen\, x = sen\,(x + 2\pi)$. Por ello, es suficiente construir la gráfica solamente para el intervalo $0 \leq x \leq 2\pi$; para otros valores de x la gráfica se repite. Además de ello, esta función es par. Por tanto, es suficiente construir sólo para $\frac{1}{2}$ periodo; es decir, para $0 \leq x \leq \pi$, y luego construir la curva coso simétrica para el semiperiodo $-\pi \leq x \leq 0$; seguidamente la curva obtenida se repite para el periodo $-\pi \leq x \leq \pi$.

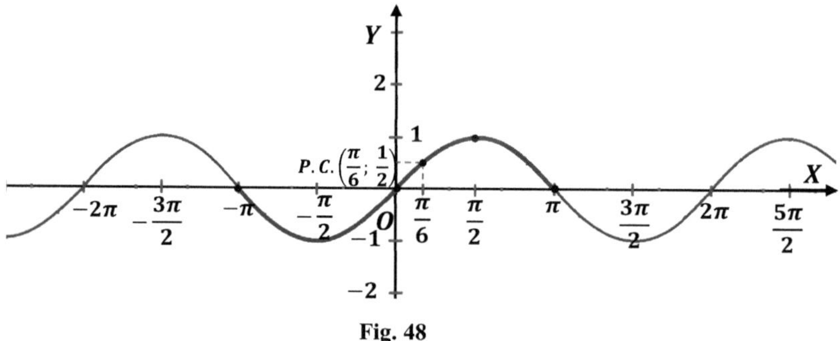

Fig. 48

Los puntos característicos en los límites del semiperiodo $0 \leq x \leq \pi$, son:

a) Puntos de intersección con el eje X: $y = 0$ para $x = 0$ y $x = \pi$;

b) Máximo de la función (picos de la curva): $y = 1$ para $x = \frac{\pi}{2}$.

Por estos puntos en la figura 48 se ha trazado la curva para el semiperiodo positivo (a la derecha del origen de coordenadas- curva gruesa con los puntos característicos señalados sobre ella); a continuación, se traza la curva coso simétrica para el semiperiodo negativo (a la izquierda del origen de coordenadas- curva gruesa). Luego con línea delgada se traza la curva para toda la recta numérica de las x.

En la figura se ha tomado el punto de control:

$x = \frac{\pi}{6} \approx 0{,}52;\ \ y = sen\ \frac{\pi}{6} = \frac{1}{2};\ \ P.C.\left(\frac{\pi}{6};\ \frac{1}{2}\right).$

2. GRÁFICA DE LA FUNCIÓN COSENO

La función coseno de argumento real se define por la siguiente ecuación

$$\boldsymbol{y = \cos x} \qquad (7)$$

La región de definición, en la cual está ubicada la gráfica de esta función, es la misma que para la función anterior. El periodo de la función es 2π.

La función es par. Por ello, se hallan los puntos característicos sólo para el semiperiodo positivo $0 \le x \le \pi$:

a) Los puntos de intersección con el eje de las x son: $y = 0$ para $x = \frac{\pi}{2}$

b) Los extremos de la curva: $y = +1$ para $x = 0$ y $y = -1$ para $x = \pi$.

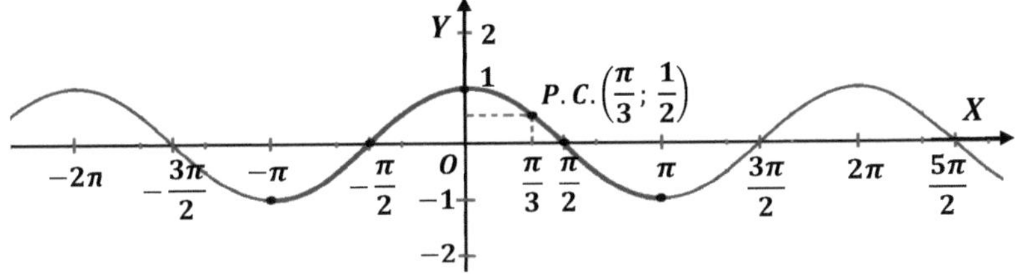

Fig. 49

El punto de control tiene las coordenadas: $x = \frac{\pi}{3} \approx 1{,}04$; $y = \cos\frac{\pi}{3} = \frac{1}{2}$; $P.C.\left(\frac{\pi}{3}; \frac{1}{2}\right)$. La gráfica de la función se muestra en la figura 49.

3. GRÁFICA DE LA FUNCIÓN TANGENTE

La función tangente de argumento real se representa mediante la ecuación:

$$y = \operatorname{tg} x \qquad (8)$$

La región de existencia de la función tangente – es un serie infinita de intervalos abiertos: $\left(\left(\pi n - \frac{\pi}{2}\right), \left(\pi n + \frac{\pi}{2}\right)\right)$, porque $x \ne \pi n \pm \frac{\pi}{2}$.

Los extremos de los intervalos en el eje de las x (fig.50) se han señalado con círculos blancos.

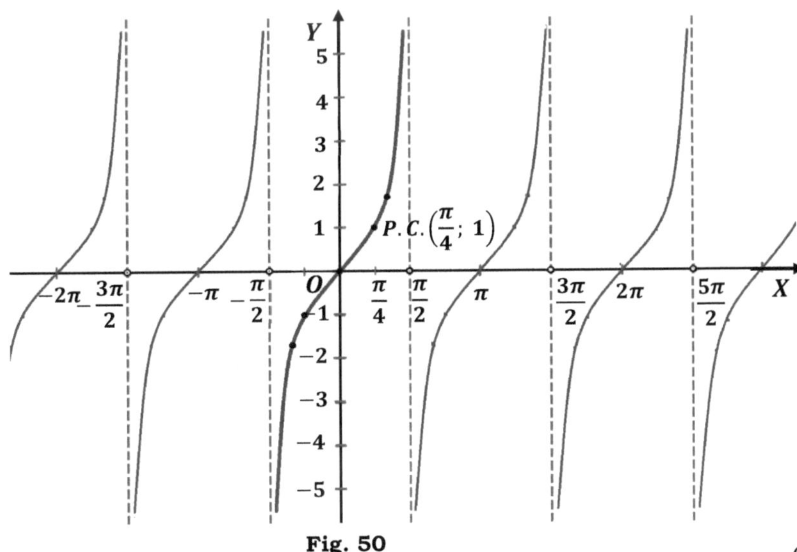

Fig. 50

La función tangente es periódica, con periodo π. Además, esta función es impar. Por ello, podemos limitarnos a la construcción de la gráfica para el semiperiodo positivo $\left[0; \frac{\pi}{2}\right)$. Para este semiperiodo hallamos los puntos de intersección de la gráfica con el eje de las X: $y = 0$, para $x = 0$; entonces, tenemos el punto $(0; 0)$. La función es creciente. La recta vertical, que pasa por el punto $\left(\frac{\pi}{2}; 0\right)$, es la asíntota, debido a que $\lim_{x\to\frac{\pi}{2}} y = \infty$ (en la figura 50 la asíntota se representa con líneas punteadas). Las coordenadas del punto de control son: para $x = \frac{\pi}{4}$ $y = tg\ \frac{\pi}{4} = 1; P.C.\left(\frac{\pi}{4}; 1\right)$.

Con estos datos en la figura 50 se representaron:

1) La curva del semiperiodo positivo $\left[0; \frac{\pi}{2}\right)$;
2) La curva para el semiperiodo negativo $\left(-\frac{\pi}{2}; 0\right]$- es coso simétrica a la primera;
3) Las curvas de los periodos restantes.

4. GRÁFICA DE LA FUNCIÓN COTANGENTE

La función cotangente de argumento real se representa por la ecuación:

$$\boldsymbol{y = \mathrm{ctg}\, x} \qquad (9)$$

Esta función se analiza en forma análoga a la anterior.

La región de definición de la función son los intervalos $(\pi n; \pi(n+1))$.El periodo de la función es π y la función es par.

El punto de intersección con el eje $\boldsymbol{X}$ de determina de la condicion: $y = 0$ para $x = \frac{\pi}{2}$ (para el primer semiperiodo), que son las coordenadas del punto $\left(0; \frac{\pi}{2}\right)$. La función es decreciente. El eje vertical, que pasa por el origen de coordenadas, es la asíntota. El punto de control se determina para $x =$, $y = \mathrm{ctg}\frac{\pi}{4} = 1$, estas son las coordenadas elegidas: $P.C.\left(\frac{\pi}{4}; 1\right)$.

En base a estos datos en la figura 51 se ha representado la curva para el primer semiperiodo positivo (con línea gruesa y los puntos característicos ubicados sobre ella).

A continuación, se trazó la curva coso simétrica a la anterior para el primer semiperiodo negativo (línea gruesa). Para los demás periodos se ha trazado curvas semejantes con líneas delgadas.

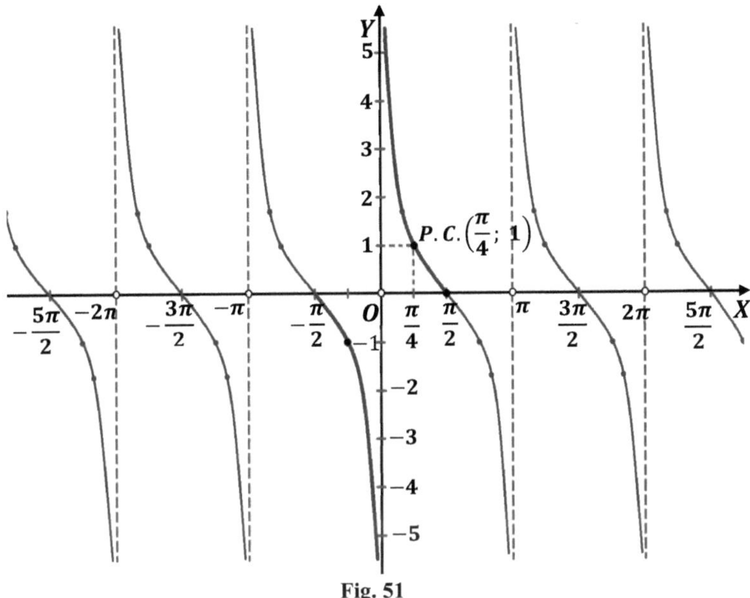

Fig. 51

5. GRÁFICA DE LA FUNCIÓN SECANTE

La función secante de argumento real se representa simbólicamente como:

$$\boldsymbol{y = \sec x} \qquad (10)$$

La función es par y periódica, con periodo 2π (porque $\sec x = \frac{1}{\cos x}$).

Los puntos característicos de la gráfica y su comportamiento en los límites de intervalos de existencia de la función, se determina de las relaciones:

Para $x = 2\pi n,\ \ y = 1$;

Para $x \to \frac{\pi}{2} + 2\pi n - 0$; es decir, cuando $x \to \frac{\pi}{2} + 2\pi n$ por la izquierda, y también para $x \to \frac{\pi}{2} + \pi(2n+1) + 0$; es decir, para $x \to \frac{\pi}{2} + \pi(2n+1)$ por la derecha; $y \to +\infty$.

Para $x \to \frac{\pi}{2} + 2\pi n + 0$, (aproximación por la derecha) y también cuando $x \to \frac{\pi}{2} + \pi(2n+1) - 0$ (aproximación por la izquierda); entonces, $\quad y \to -\infty$.

El punto de control tiene las coordenadas: $x = \frac{\pi}{3}$; $\ y = \sec\frac{\pi}{3} = 2$; es decir, $P.C.\left(\frac{\pi}{3}; 2\right)$.

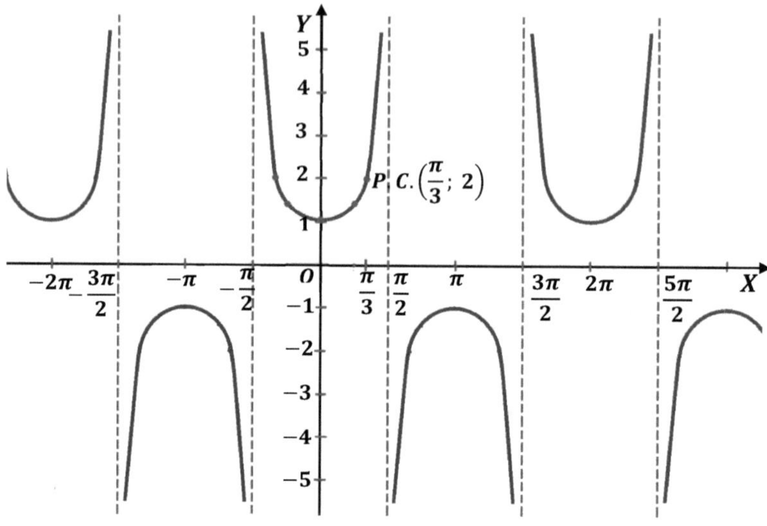

Fig. 52

6. GRÁFICA DE LA FUNCIÓN COSECANTE

La función cosecante de argumento real se representa simbólicamente:

$$y = \mathbf{cosec}\, x \qquad (11)$$

La gráfica de esta función (fig.53), se ha construido en forma análoga a la anterior, por la relación de dependencia: $\operatorname{cosec} x = \frac{1}{\operatorname{sen} x}$.

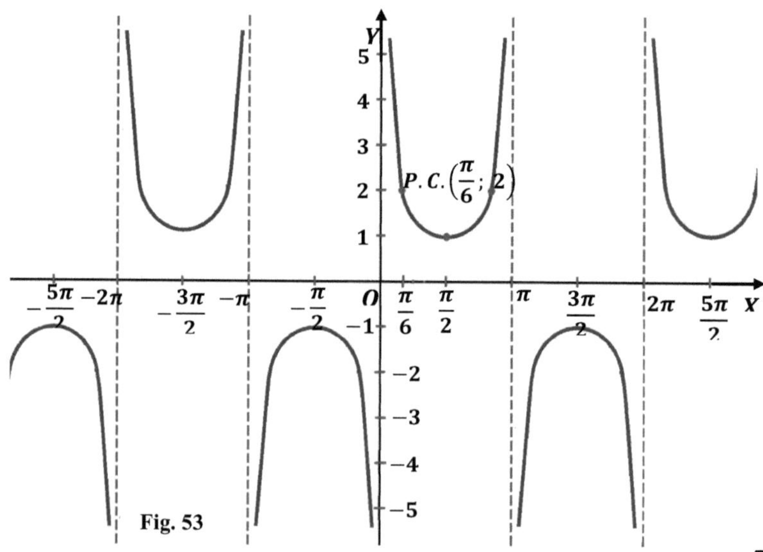

Fig. 53

La función es impar y periódica, con periodo 2π .Las rectas $x = n\pi$, son las asíntotas verticales de la gráfica, tal como se observa en la fig. 53.

Ejemplos

1. $\boldsymbol{y = \text{sen}|x|}$

Esta función es par, por cuanto $f(-x) = \text{sen}|-x| = \text{sen}|x| = f(x)$.

Para $x \geq 0$, $\text{sen}|x| = \text{sen}\, x$; es decir, en el semieje positivo de las x la curva será una sinusoide normal; mientras que en el semieje negativo (para $x \leq 0$) la curva será simétrica a la parte derecha (fig.54).

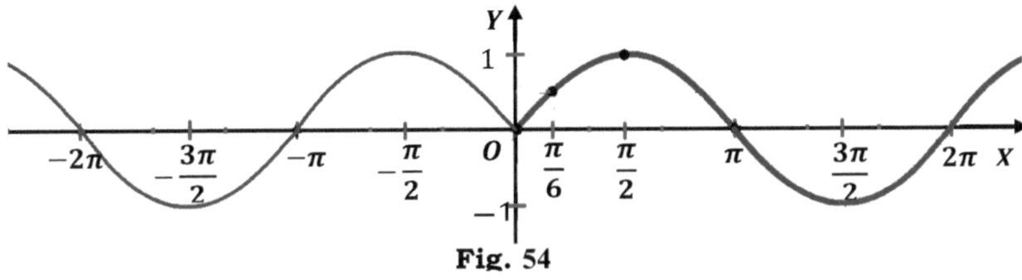

Fig. 54

2. $\boldsymbol{y = |\text{sen}\, x|}$

Para $\text{sen}\, x \geq 0$, $|\text{sen}\, x| = \text{sen}\, x$; es decir, $y = \text{sen}\, x$. Por tanto, en los tramos donde $\text{sen}\, x \geq 0$, la gráfica será la misma, que la gráfica de la función $y = \text{sen}\, x$ (en la figura 55 estos tramos se muestran con líneas gruesas o de color rosa).

En cambio, cuando $\text{sen}\, x \leq 0$, $|\text{sen}\, x| = -\text{sen}\, x$; es decir,$y = -\text{sen}\, x$; entonces, las partes de la gráfica de la función $y = \text{sen}\, x$, dispuestas debajo del eje de las x, se reflejan a través de un espejo y estarán dispuestas por encima del eje de las X (como se muestra en la figura 55 con líneas delgadas o de color violeta). De la gráfica se ve, que la función dada es par y periódica con periodo π.

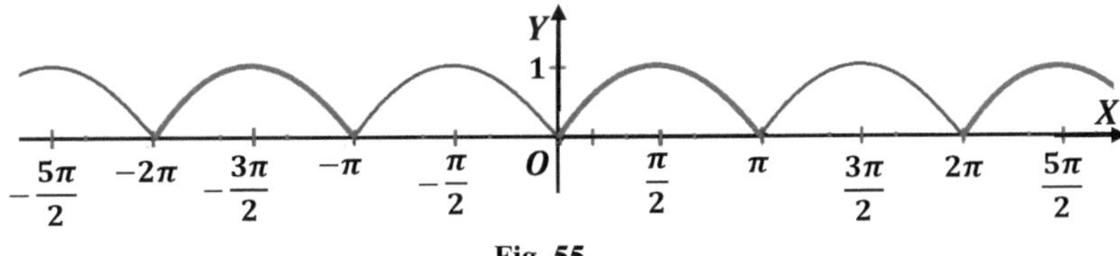

Fig. 55

3. $\boldsymbol{y = |\text{sen}|x||}$

Para $x \geq 0$, $|\text{sen}|x|| = |\text{sen}\, x|$; es decir, en el semieje derecho, la gráfica es la misma que para la función $y = |\text{sen}\, x|$. En vista de que la función es par, entonces la parte izquierda de la gráfica es simétrica a la parte derecha de la gráfica (fig.55).

4. $\boldsymbol{y = cos|x|}$

$\cos|x| = \cos x$, porque $\cos x = \cos(-x)$. Entonces, la gráfica de esta función es la misma que la gráfica de la función $y = \cos x$ (fig. 49).

5. $\boldsymbol{y = |\cos x|}$

La gráfica de esta función (fig. 56) se construye en base a los mismos razonamientos, que se realizaron para la función $y = |sen\ x|$ (ejemplo 2). Todas las ramas de la gráfica con ordenadas positivas para la función $y = cos\ x$ se queda en su lugar (en la gráfica 56 se ha representado con líneas gruesas o violetas), mientras que las ramas de la gráfica con ordenadas negativas se ha reflejado mediante un espejo en relación al eje de las x (en la figura 56 se muestra con líneas delgadas y rosadas).

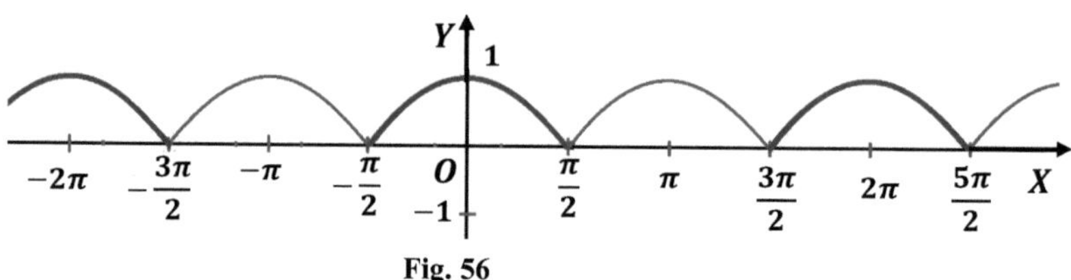

Fig. 56

6. $\boldsymbol{y = |\cos|x||}$

La gráfica de la función es la misma, que la gráfica de la función $y = |\cos x|$.

7. $\boldsymbol{y = \text{tg}|x|}$

La función es par, ya que $\text{tg}|-x| = \text{tg}\, x$.

Para $x \geq 0,\ y = \text{tg}\, x$, por tanto, en el semieje positivo de las x la gráfica es la misma, que la gráfica de la función $y = \text{tg}\, x$ (fig. 50). Sólo se grafica la rama a la derecha del eje Y, y la rama izquierda es el reflejo de espejo en relación a este eje.

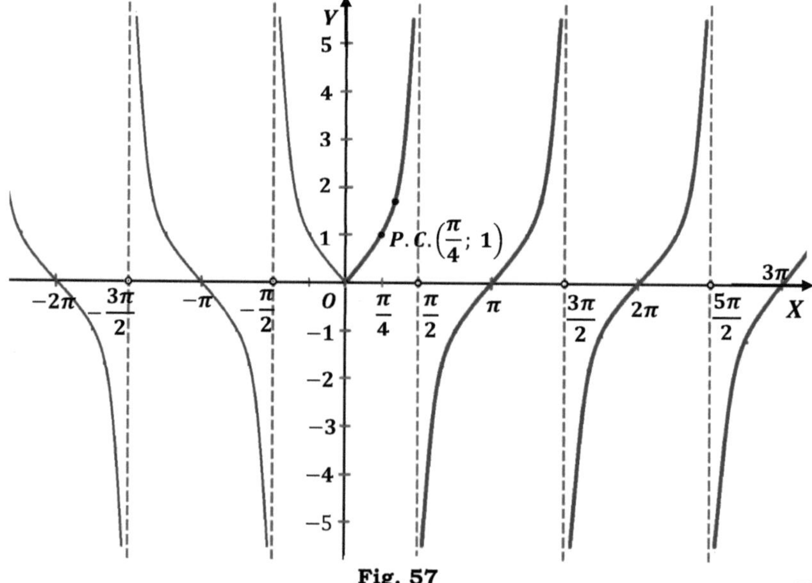

Fig. 57

En la figura 57, esta parte de la gráfica se muestra con líneas gruesas. La parte izquierda de la gráfica se dispone simétrica a la parte derecha y está representada con líneas delgadas.

8. $\boldsymbol{y = |\mathrm{tg}\,x|}$

La gráfica de esta función (fig.58) se obtiene de la gráfica de la función y = tg x (fig.50), si la parte de esta gráfica, dispuesta debajo del eje de las x, se realiza una reflexión de espejo relativo a este eje.

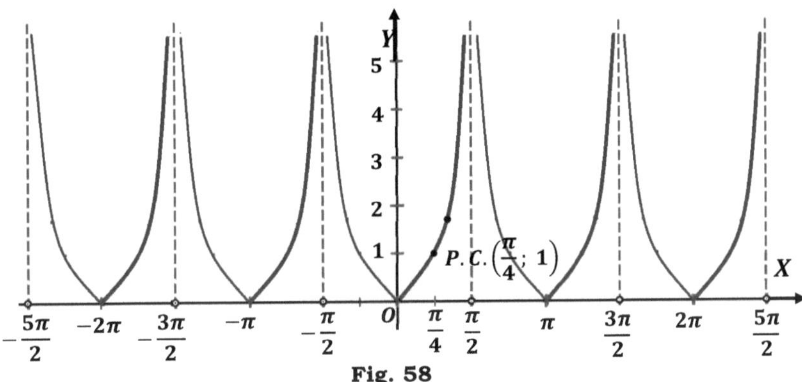

Fig. 58

9. $\boldsymbol{y = |\mathrm{tg}|x||}$

La gráfica de esta función es la misma, que la gráfica de la función anterior (fig.58), debido a que:

a) Cuando $x \geq 0$, $|\mathrm{tg}|x|| = |\mathrm{tg}\,x|$, porque $\mathrm{tg}|x| = \mathrm{tg}\,x$;

b) La función es par.

La gráfica de las funciones $y = \mathrm{ctg}|x|$, $y = |\mathrm{ctg}\,x|$ y $y = |\mathrm{ctg}|x||$ se pueden construir en base a los mismos razonamientos, que para las gráficas de los ejemplo 7 al 9.

10. $\boldsymbol{y = \sec|x|}$

Como $\sec x$ es una función par, es decir $\sec x = \sec(-x)$, entonces $\sec|x| = \sec x$; la gráfica de la función dada es la misma que la gráfica de la función $y = \sec x$ (fig. 52).

11. $\boldsymbol{y = \mathrm{cosec}|x|}$

La función es par. A la derecha del eje Y la gráfica es la misma que la gráfica de la función $y = \mathrm{cosec}\,x$ (fig. 53), porque para $x > 0$, $\mathrm{cosec}|x| = \mathrm{cosec}\,x$. La parte izquierda de la gráfica se construye simétrica a la derecha (fig.59).

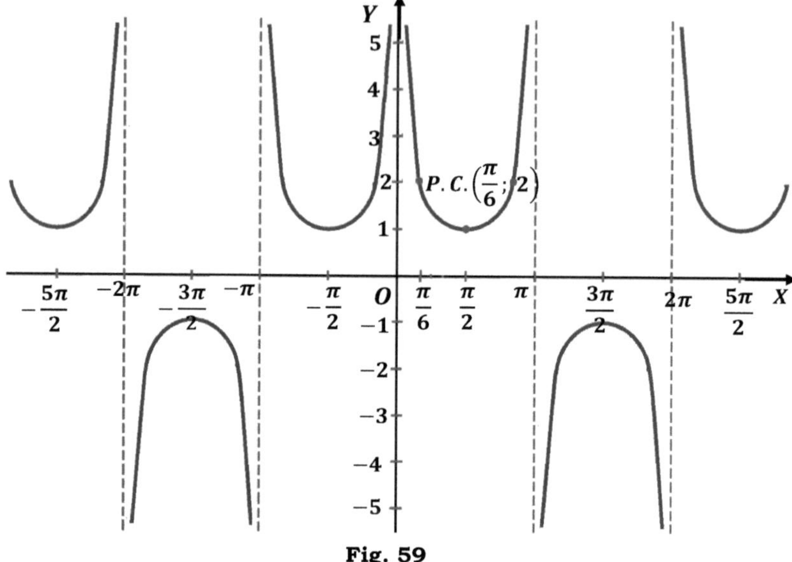

Fig. 59

12. $y = |\sec x|$

Se construye la gráfica de la función $y = \sec x$ (fig.52), luego toda la parte de la gráfica, que se ubica debajo del eje X, se realiza la reflexión de espejo en relación a este eje (fig. 60).

Es mejor construir la gráfica inicial con líneas punteadas, luego repasar con líneas continuas para la gráfica final, y las partes sobrantes de las líneas punteadas borrarlas o redibujarlas.

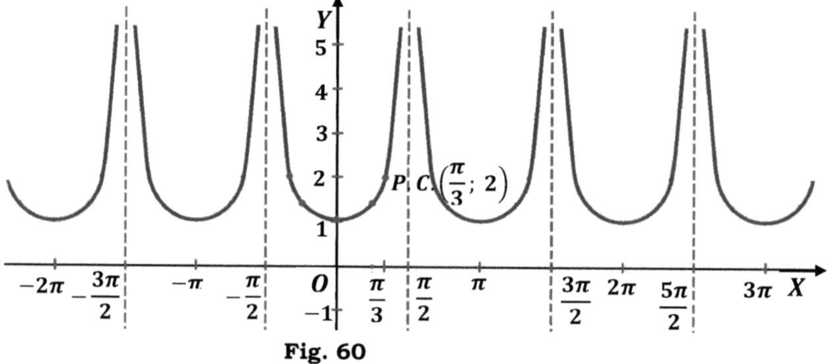

Fig. 60

13. $y = |\mathrm{cosec}|x||$

Se construye l gráfica de la función $y = \mathrm{cosec}|x|$ (fig.59), luego todas las ramas de la gráfica, dispuestas debajo del eje X, se realizan la reflexión de espejo en relación a este eje (fig.61).

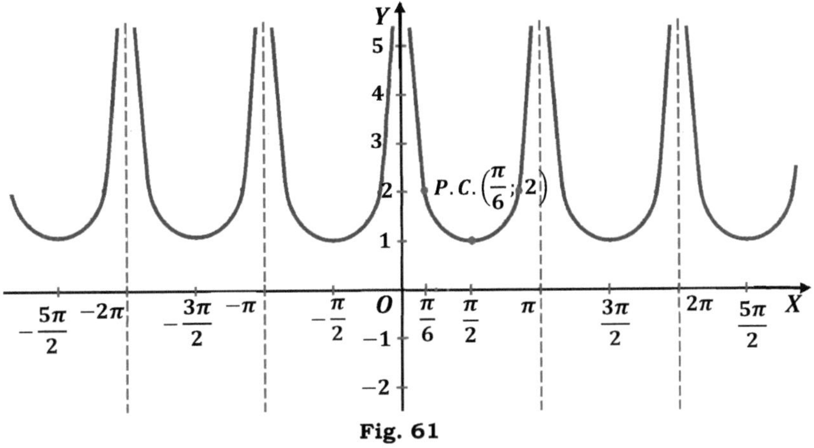

Fig. 61

§16. CONSTRUCCIÓN DE LA GRÁFICA DE FUNCIONES TRIGONOMÉTRICAS INVERSAS SIMPLES

1. GRÁFICA DE LA FUNCIÓN ARCO SENO

La función inversa del seno, denominada arco seno, se representa por la ecuación:

$$\mathbf{y = \text{arcsen}\, x} \qquad (12)$$

La región de definición de la función es el intervalo: $[-1; 1]$

La región de variación de la función- es el intervalo cerrado $-\frac{\pi}{2} \leq y \leq \frac{\pi}{2}$

En la figura 62, la región del plano en la cual se ubica la gráfica de la función dada, se limita con líneas punteadas horizontales y verticales.

La función es impar, por cuanto $f(-x) = \text{arcsen}(-x) = -\text{arcsen}\, x = -f(x)$. Por ello, es suficiente construir la curva solo para los valores positivos de x; es decir, para $0 \leq x \leq 1$. Para valores negativos de x la curva se construye, como coso simétrica.

Los puntos característicos son los siguientes:

a) Los puntos de intersección con el eje X:
   $y = 0$ cuando $x = 0$, por cuanto $\text{arcsen}(0) = 0$;
b) En el extremo derecho de la región de existencia de la función, es decir, para $x = 1$,

$$y = \text{arcsen}(1) = \frac{\pi}{2}; \text{ tenemos el punto } \left(1; \frac{\pi}{2}\right).$$

Seguidamente, hay que analizar la función en concavidad y convexidad, para explicitar la conformación de la gráfica en el intervalo entre los dos puntos encontrados. Sin embargo, aquí este análisis resulta muy trabajoso.

Por ello, en este caso es mejor utilizar la evidencia de que la gráfica de la función $y = \text{arcsen}\, x$, representa una parte de la gráfica de la función $y = \text{Arcsen}\, x$.

Esta gráfica se construye fácilmente teniendo en cuenta que, las funciones $y = \text{Arcsen}\, x$ y $y = \text{sen}\, x$, son mutuamente inversas.

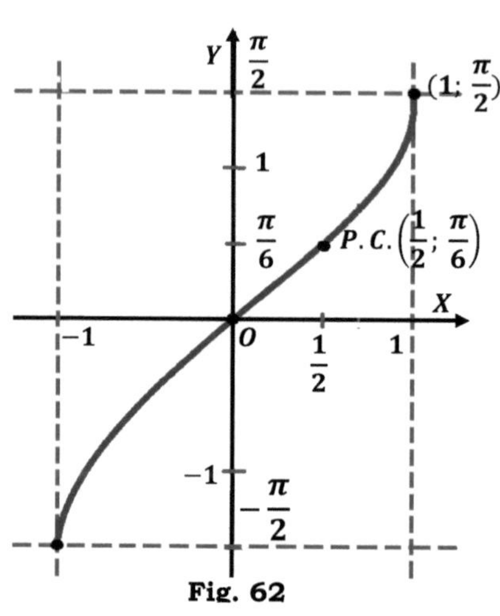

Fig. 62

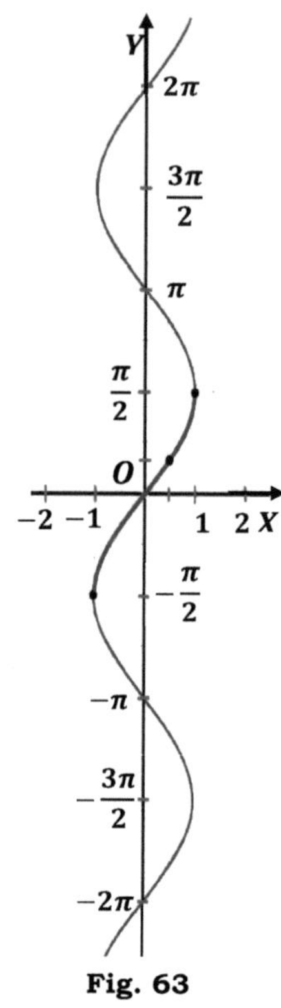

Fig. 63

En la figura 63 que representa la gráfica de la función $y = \text{Arcsen}\, x$ se ha remarcado con línea gruesa la gráfica de la función buscada $y = \text{arcsen}\, x$, la misma que ha sido ampliada a una escala mayor, como se muestra en la figura 62. Para mayor precisión se ha determinado el punto de control, por ejemplo, para $x = \frac{1}{2}$; $y = \text{Arcsen}\ \frac{1}{2} = \frac{\pi}{6} \approx 0{,}52$, tenemos $P.C.\left(\frac{1}{2}; 0{,}52\right)$.

2. GRÁFICA DE LA FUNCIÓN ARCO COSENO

La función inversa del coseno, denominada arco coseno se representa simbólicamente con la igualdad:

$$\boldsymbol{y = \text{arccos}\, x} \qquad (13)$$

La gráfica de esta función se construye en forma análoga a la anterior considerando que es parte de la gráfica de la función $y = Arccos\ x$ (fig. 65). En la figura 64 se ha construido en forma separada la gráfica de la función $y = \text{arccos}\, x$.

Se ha determinado las coordenadas del punto de control para $x = \frac{1}{2}$, $y = \text{arccos}\frac{1}{2} = \frac{\pi}{3} \approx 1{,}04$: $\left(\frac{1}{2}; \frac{\pi}{3}\right)$ o $\left(\frac{1}{2}; 1{,}04\right)$.

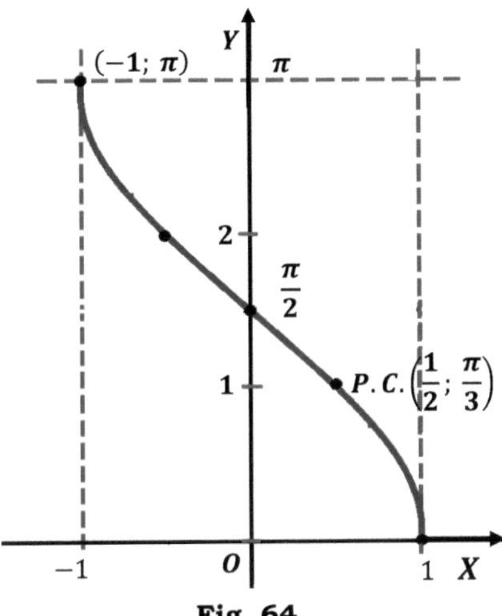

Fig. 64

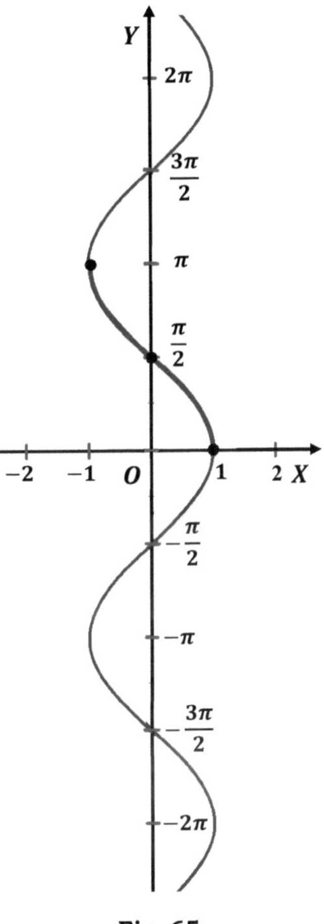

Fig. 65

3. GRÁFICA DE LA FUNCIÓN ARCO TANGENTE

La función inversa de la tangente, denominada arco tangente, se representa mediante la igualdad:

$$\mathbf{y = arctg\,x} \qquad (14)$$

La región de existencia – es toda la recta numérica de las x: $(-\infty;\ \infty)$. La región de variación de la función está limitada por la condición: $-\frac{\pi}{2} < y < \frac{\pi}{2}$. La función es impar, porque $f(-x) = \text{arctg}(-x) = -\,\text{arctg}\,x = -f(x)$. La gráfica pasa por el origen de coordenadas, porque para $x = 0\,,\ \ y = \text{arctg}\,0 = 0$.

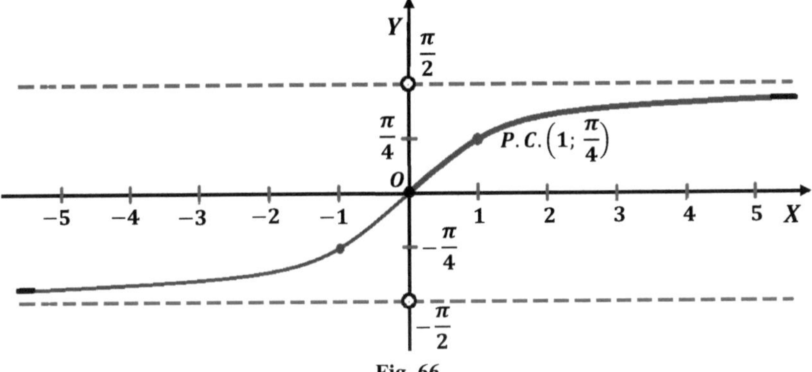

Fig. 66

Para la rama derecha de la curva $\lim_{x\to\infty} y = \lim_{x\to\infty} \operatorname{arctg} x = \frac{\pi}{2}$; es decir, la recta $y = \frac{\pi}{2}$ es la asíntota horizontal.

El punto de control tiene las coordenadas $\left(1; \frac{\pi}{4}\right)$, porque $\operatorname{arctg} 1 = \frac{\pi}{4} \approx 0{,}79$. La gráfica de la función se muestra en la figura 66.

4. GRÁFICA DE LA FUNCIÓN ARCO COTANGENTE

La función inversa de la cotangente, denominada arco cotangente, se representa simbólicamente como:

$$\boldsymbol{y = \operatorname{arcctg} x} \qquad (15)$$

La región de definición de la función está definida por el intervalo $(-\infty; \infty)$. La región de variación de la función se define por la condición $0 < y < \pi$.
La función no es par ni impar, porque $\operatorname{arcctg}(-x) = \pi - \operatorname{arcctg} x \neq \pm \operatorname{arcctg} x$.
La gráfica se ubica totalmente sobre el eje X, porque $y > 0$.
La gráfica se intersecta con el eje Y, se intersecta para $y = \operatorname{arcctg} 0 = \frac{\pi}{2}$. Entonces, $\left(0; \frac{\pi}{2}\right)$ es el punto de intersección con el eje Y. El eje X y la recta $y = \pi$ son las asíntotas de la gráfica, porque:

$$\lim_{x\to\infty} y = \lim_{x\to\infty} \operatorname{arcctg} x = 0;$$
$$\lim_{x\to-\infty} y = \lim_{x\to-\infty} \operatorname{arcctg} x = \pi.$$

Los puntos de control tienen las coordenadas: $\left(1; \frac{\pi}{4}\right)$ y $\left(-1; \frac{3}{4}\pi\right)$, porque $\operatorname{arcctg}\frac{\pi}{4} = 1$; $\operatorname{arcctg}\frac{\pi}{4} = -1$. La gráfica se muestra en la figura 67.

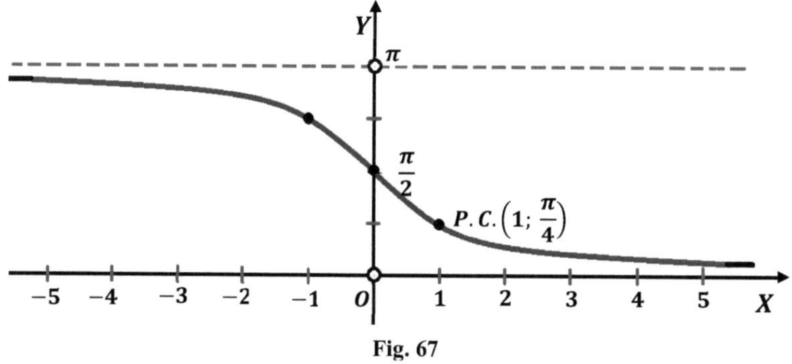

Fig. 67

Ejemplos

1. $\boldsymbol{y = \operatorname{arcsen}|x|}$

La función es par. La rama derecha de la gráfica es la misma, que para la función $y = \operatorname{arcsen} x$ (fig. 62), debido a que, cuando $x \geq 0$, $\operatorname{arcsen}|x| = \operatorname{arcsen} x$. La rama izquierda es simétrica a la rama derecha (fig.68).

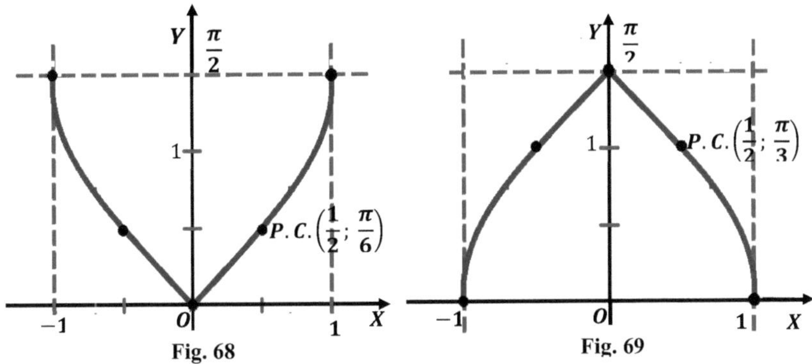

Fig. 68 Fig. 69

2. $y = |\mathbf{arcsen}\,x|$

La gráfica de esta función se obtiene de la gráfica de la funcion $y = \text{arcsen}\,x$ (fig.62), si la parte de la gráfica, ubicada debajo del eje de las x, se refleja especularmente en relación a este eje (fig.68).

3. $y = |\mathbf{arcsen}|x||$

Como la función $y = \text{arcsen}|x|$ es positiva en todo el intervalo de existencia, entonces la gráfica de la función $y = |\text{arcsen}|x||$ será la misma, que la gráfica de la función $y = \text{arcsen}|x|$.

4. $y = \mathbf{arccos}|x|$

La función es par. La parte derecha de la gráfica es la misma, que la gráfica de la función $y = \arccos x$; la parte izquierda es simétrica a la parte derecha (fig. 69).

5. $y = |\mathbf{arccos}\,x|$

La gráfica es la misma, que la gráfica de la función $y = \arccos x$, por cuanto la función $y = \arccos x$ es positiva en todo el intervalo de definición.

6. $y = |\mathbf{arccos}|x||$

La gráfica es la misma, que para la función $y = \arccos|x|$ (fig. 69), por cuanto esta última es positiva en todo el intervalo de existencia.

7. $y = \mathbf{arctg}|x|$

Es una función par. La rama derecha es la misma, que para la función $y = \text{arcctg}\,x$; la rama izquierda es simétrica a la parte derecha (fig.70).

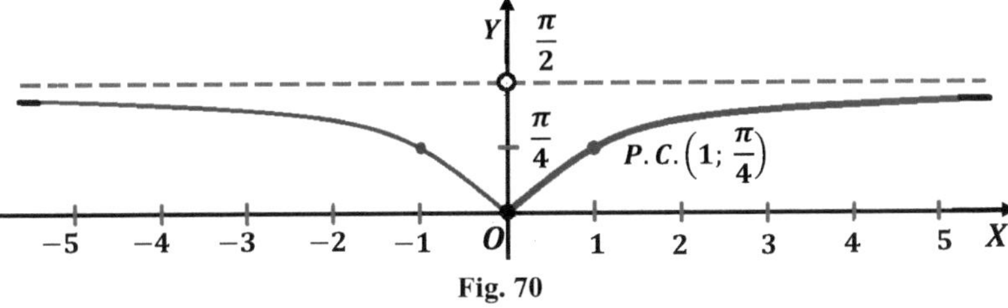

Fig. 70

Esa misma forma tienen las siguientes funciones:

a) $y = |\mathrm{arctg}\, x|$, debido a que esta gráfica se obtiene de la gráfica de la función $y = \mathrm{arctg}\, x$ (fig.66), si parte de la gráfica ubicada debajo del eje de las x, reflejar mediante un espejo relativo a este eje.

b) $y = |\mathrm{arctg}|x||$, porque la función $y = \mathrm{arctg}|x|$ es positiva en todo el intervalo de su definición.

8. $\boldsymbol{y = \mathrm{arcctg}\, |x|}$

La función es par. La parte derecha de la gráfica es la misma, que la gráfica de la función $y = \mathrm{arcctg}\, x$ (fig.67), la parte izquierda es simétrica (fig.71).

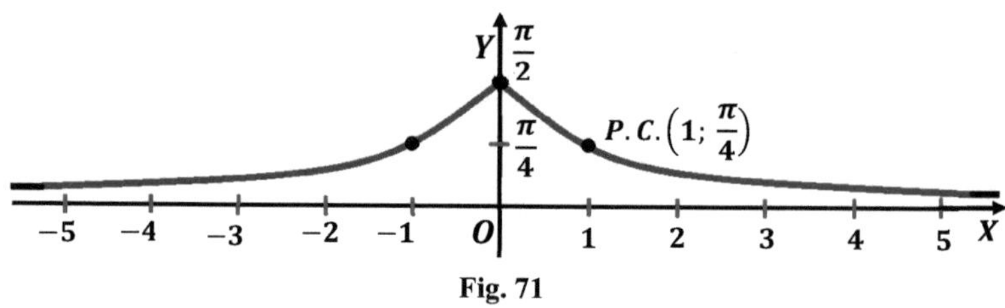

Fig. 71

9. $\boldsymbol{y = |\mathrm{arcctg}\, x|}$

La gráfica es la misma, que para la función $y = \mathrm{arcctg}\, x$ (fig.67) porque esta función es positiva en todo el intervalo de definición.

Por este mismo principio la gráfica de la función $y = \big||\mathrm{arcctg}\, x|\big|$ es la misma, que para la función $y = \mathrm{arcctg}|x|$.

Ejercicios

Construir la gráfica de las funciones:

41. $y = 4 - x$

42. $|y| = 2x$

43. $y = \frac{\sqrt{x^2}}{x}$

44. $|y| = 2$

45. $y^2 = x^2$

46. $y = -0{,}5x|x|$

47. $y = -3\sqrt{x}$

48. $y = \sqrt{|x|}$

49. $y^2 = -x$

50. $|y| = \frac{1}{\sqrt[3]{x}}$

51. $y = 3^{|-x|}$

52. $|y| = 2^{|x|}$

53. $y = \log_3 x^2$

54. $|y| = \log_{\frac{1}{2}} x$

55. $|y| = \log_3(-x)$

56. $y = \mathrm{ctg}|x|$

57. $y = |\sec|x||$

58. $y = |\mathrm{ctg}|x||$

59. $y = -|\arccos|x||$

60. $y = \mathrm{arctg}|x|$

Capítulo III

MÉTODOS AUXILIARES PARA LA CONSTRUCCIÓN DE GRÁFICAS COMPLEJAS

§17. TRASLACIÓN PARALELA AL EJE X

Desarrollemos este método en el ejemplo de la construcción de la gráfica de la siguiente función.

$$y = x^2 + 1$$

La gráfica de esta función se puede construir, utilizando los métodos generales, desarrollados en los capítulos anteriores:

1) la región de existencia de la función es el intervalo $(-\infty;\ \infty)$; es decir, es toda la recta numérica;
2) la región de variación de la función – es el intervalo semiabierto $1 \leq y < \infty$;
3) la función es par;
4) para $x = 0,\ \ y = 1$; es decir, la curva intersecta el eje Y en el punto $(0; 1)$; en este punto la función tiene mínimo, por cuanto $x^2 = 0$, de donde $y \geq 1$;
5) el punto de control, para $x = 2,\ \ y = 4 + 1 = 5$; es el punto $(2; 5)$.

Con estos datos, se construyó la gráfica de la función, tal como se muestra en la figura 72.

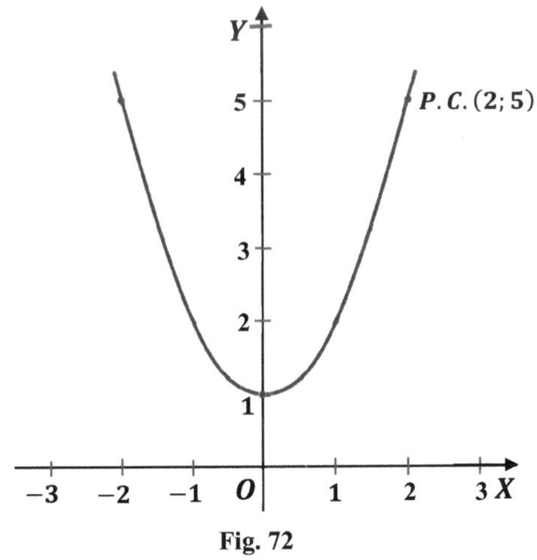

Fig. 72

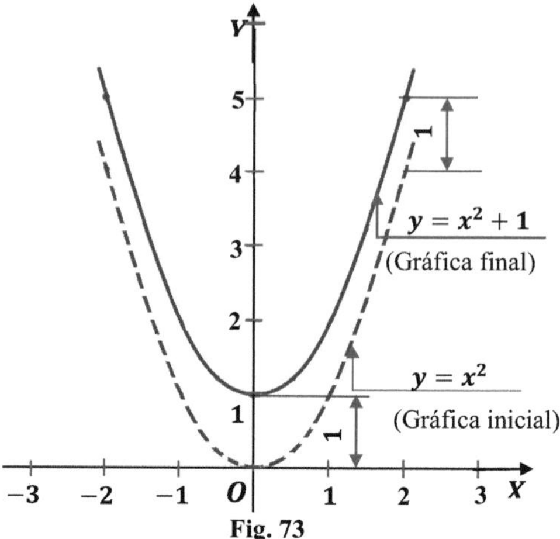

Fig. 73

Esta misma gráfica se puede construir más fácilmente, utilizando la gráfica de la función ya conocida $y = x^2$ (fig. 31, a). Para ello, dibujemos con líneas punteadas la gráfica de la función $y = x^2$(fig.73), llamémosla gráfica inicial.

Comparando la gráfica de las funciones $y = x^2 + 1$ y $y = x^2$, vemos que, las ordenadas Y de la gráfica de la función dada es en 1 unidad mayor a las ordenadas de la gráfica inicial. Entonces, la gráfica inicial hay que trasladar 1 arriba, como se ha hecho en la gráfica 73.

La gráfica de la función $y = x^2 + 1$ se puede construir aún más fácilmente, si se utiliza la misma gráfica inicial ($y = x^2$), pero en lugar de trasladar toda la gráfica en 1 unidad para arriba, se puede mover el eje de las x en una unidad para abajo, como se muestra en la gráfica 74. De esta manera, todas las ordenadas de la curva $y = x^2$ se aumentan en 1 en relación al nuevo eje X de coordenadas, obteniéndose la gráfica de la función dada $y = x^2 + 1$.

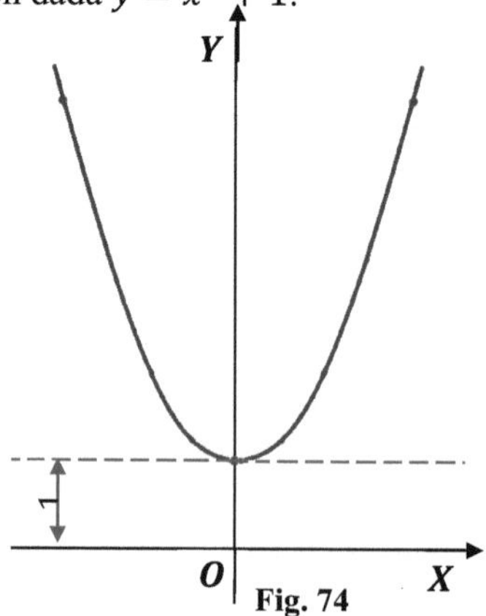

Fig. 74

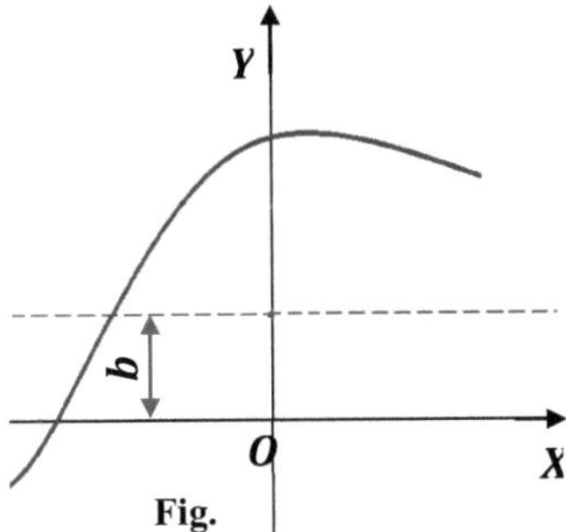

Fig.

En consecuencia, la gráfica de la función $y = f(x) + b$, donde $f(x)$ es la función sencilla, cuya gráfica ya es conocida por nosotros, se puede construir con el siguiente método simple (fig. 75).

Se construye la gráfica de la función conocida $y = f(x)$, además el eje horizontal se traza con líneas punteadas. Luego ésta se mueve en $(-b)$. Éste es el eje X verdadero; mientras que el eje horizontal inicial, trazado con líneas punteadas se puede borrar.

Por ejemplo, para graficar la función $y = f(x) + 3$; el eje horizontal con líneas punteadas de la gráfica de la función $y = f(x)$ se mueve en 3 unidades hacia abajo, es decir, en (-3). Para la construcción de la gráfica de la función $y = f(x) - 3$ el eje horizontal con líneas punteadas se mueve en (+3), es decir, en 3 unidades para arriba.

§18. TRASLACIÓN PARALELA AL EJE Y

Desarrollemos este método en el ejemplo de la construcción de la gráfica de la función siguiente:

$$\boldsymbol{y = (x + 1)^2}$$

Aplicando el método general de la construcción de funciones:

1) la región de definición de la función-es toda la recta numérica;
2) la región de variación de la función- es el intervalo semiabierto $0 \leq y < \infty$;
3) la función no tiene las propiedades de paridad o no paridad;
4) para $y = 0$, $(x + 1)^2 = 0$, $x + 1 = 0$, de donde $x = -1$, es decir, la curva intersecta al eje X en el punto $(-1; 0)$;
5) para $x = 0$, $y = 1$; la curva intersecta el eje de las y en el punto $(0; 1)$;
6) los puntos de control:

$x = 2$; $y = (2 + 1)^2 = 9$; son las coordenadas del punto $(2; 9)$;

$x = -3$; $y = (-3 + 1)^2 = 4$; son las coordenadas del punto $(-3; 4)$.

Con estos datos, la gráfica de la función ha sido construida en la figura 76.

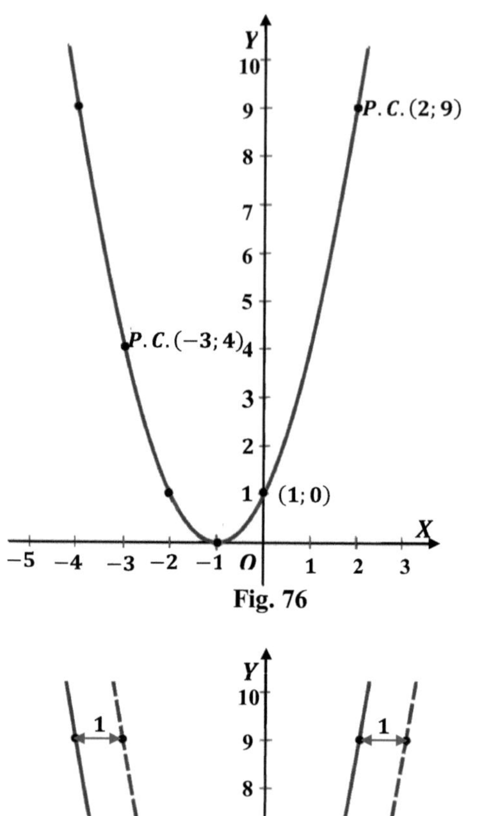

Fig. 76

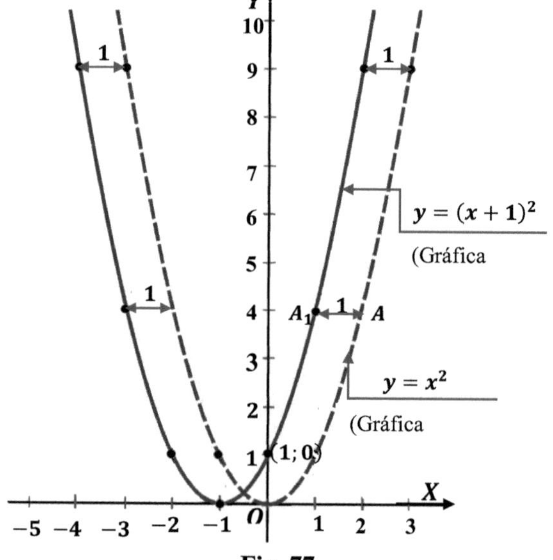

Fig. 77

Otro método de construcción de la gráfica de la función $y = (x+1)^2$ se muestra en la figura 77. Al principio se construye (con líneas punteadas) la gráfica de la función inicial $y = x^2$. Seguidamente, se advierte que cada ordenada de la gráfica de la función $y = (x+1)^2$ es igual a la ordenada de la gráfica inicial, que corresponde a la abscisa $x + 1$; es decir, en una unidad mayor, a la abscisa real de la gráfica inicial.

Por ejemplo, para $x = 1$, $y = (x+1)^2 = 2^2$=4; es decir, para $x = 1$ hay que mover por el eje Y no en 1^2, en $2^2 = 4$; es decir, $(1+1)^2$. Esta ordenada del punto A de la gráfica inicial corresponde a la abscisa $x = 2$, y para la gráfica de la función dada esta misma ordenada corresponde a la abscisa $x = 1$, en consecuencia, el punto A hay que mover por el eje de las x en (-1), al punto A_1.

De la misma manera, todos los puntos de la gráfica inicial tienen que ser movidas por el eje X en (-1); es decir, toda la gráfica de la función inicial debe ser movida a la izquierda en 1, lo que se hizo en la figura 77.

Más fácilmente, en lugar de trasladar toda la gráfica en 1 a la izquierda, es mover el eje Y en 1 a la derecha, como se muestra en la gráfica 78.

Entonces, la gráfica de la función $y = f(x+a)$, donde $f(x)$ – es una función simple, cuya gráfica ya es conocida por nosotros, se construye de la siguiente manera (fig. 79):

Se ubica la gráfica de la función $y = f(x)$, además el eje vertical de las Y se redibuja con líneas punteadas. Luego, este eje vertical se mueve en $(+a)$. Este será el eje verdadero de las Y, el eje vertical inicial se puede borrar después.

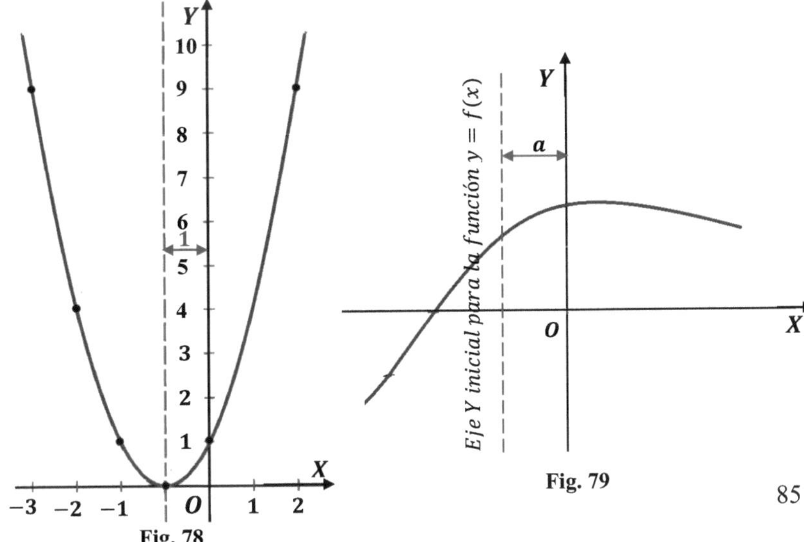

Fig. 78

Fig. 79

Por ejemplo, para la construcción de la gráfica de la función $y = f(x+3)$ el eje vertical de la gráfica de la función $f(x)$ se mueve en 3 unidades a la derecha; es decir, en $(+3)$; para la construcción de la gráfica de la función $y = f(x-3)$ el eje vertical se mueve en 3 unidades a la izquierda; es decir, en (-3).

NOTAS. **1**. Es necesario tener en cuenta, que el movimiento del eje Y hay que realizar en la magnitud del "incremento" al valor positivo del argumento x, de tal manera que, si la función dada $y = f(-x+a)$, entonces, hay que transformarla en la función $y = f[-(x-a)]$ y considerar como la función inicial $f(-x)$ y luego mover el eje de las Y en $(-a)$, es decir, como incremento a $(+x)$.

Ejemplo. $\boldsymbol{y = (-x+1)^2}$.
Transformemos: $y = [-(x-1)]^2 = (x-1)^2$.
Tomando por función inicial $y = x^2$, como en la construcción de la gráfica de la función $y = (x+1)^2$ (fig.78), movamos el eje de las Y en (-1); es decir, en el incremento a $(+x)$ (fig.80), y no en $(+1)$, como en la figura 78.

Para la construcción de la gráfica de la función $y = (-x+1)^3$ corresponde, transformándola en la función $y = [-(x-1)]^3$, tomar por la gráfica inicial de la función dada $y = (-x)^3 = -x^3$ y mover el eje Y en (-1).

2. Si se requiere construir la gráfica de la función $y = f(x+a)+b$ (fig.81), entonces, primero se construye la gráfica de la función $y = f(x)$, además ambos ejes se traza con líneas punteadas. A continuación, el eje horizontal se mueve en $(-b)$; es decir, en dirección, *inversa del signo del incremento de la función*. El eje vertical *se mueve en $(+a)$; es decir, en dirección del signo del incremento al argumento*.

Si se tiene el incremento solamente a la función o solamente al argumento, entonces para la construcción de la función inicial se puede también trazar ambos ejes coordenados con líneas punteadas; luego mover uno de ellos y el otro subrayar con línea continua.

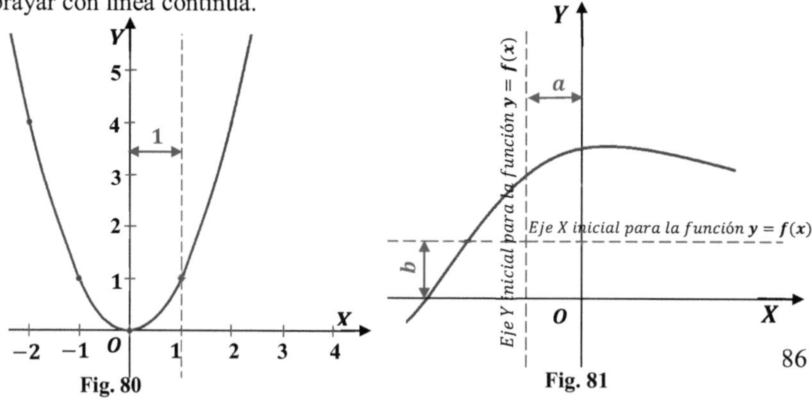

Fig. 80

Fig. 81

§19. EXPANSIÓN Y COMPRESIÓN DE LA GRÁFICA POR EL EJE X

Esta estrategia se aplica frecuentemente en la construcción de gráficas de funciones trigonométricas. Por ello, la desarrollaremos en dos ejemplos de gráficas de funciones trigonométricas.

1. EXPANSIÓN POR EL EJE X

Ejemplo 1: A continuación se aplica la estrategia de expansión para la gráfica de la siguiente función.

$$\boldsymbol{y = \operatorname{sen}\frac{1}{2}x}$$

Método general de construcción de la función:

1) región de existencia- toda la recta numérica;
2) región de variación de la función: $-1 \leq y \leq 1$;
3) función impar y periódica. El periodo de la función hallamos de la igualdad

$$\operatorname{sen}\frac{x}{2} = \operatorname{sen}\left(\frac{x}{2} + 2\pi\right) = \operatorname{sen}\left(\frac{x + 4\pi}{2}\right); \quad \omega = 4\pi$$

Por consiguiente, es suficiente construir parte de la gráfica para la mitad del periodo $0 \leq x \leq 2\pi$;

4) Puntos característicos:
   a) para $y = 0$, $\operatorname{sen}\frac{1}{2}x = 0$, de donde $\frac{1}{2}x = \begin{cases} 0 \\ \pi \end{cases}$, ó $x = \begin{cases} 0 \\ 2\pi \end{cases}$;es decir, la curva intersecta el eje de las x en los puntos $(0; 0)$ ó $(2\pi; 0)$;
   b) el máximo de la función es igual a 1 para $\frac{1}{2}x = \frac{\pi}{2}$; es decir, para $x = \pi$.

Con estos datos se ha construido la gráfica de la función dada que se muestra en la figura 82; al principio la gráfica se ha construido para el semiperiodo positivo (la parte más gruesa de la gráfica), luego en el segmento, correspondiente a semiperiodo negativo, se ha dibujado la curva coso simétrica (línea delgada) y, finalmente, en el resto del recorrido de la curva se ha dibujado con líneas punteadas.

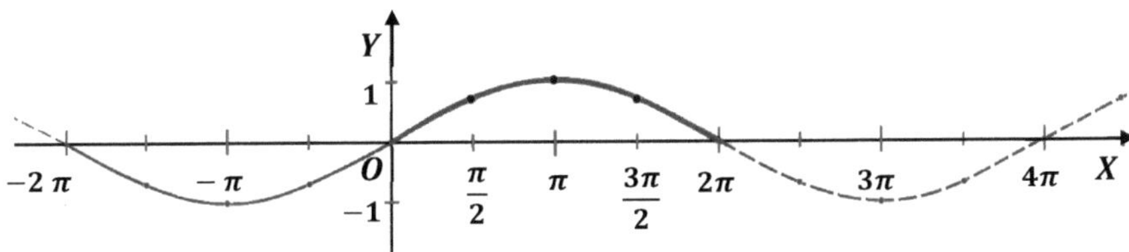

Fig. 82

La gráfica de la función $y = \operatorname{sen}\frac{1}{2}x$ se puede construir más fácilmente, tomando por la gráfica inicial la gráfica conocida por nosotros $y = \operatorname{sen} x$, representada con líneas punteadas en la figura 83. Se advierte, que el periodo de la función inicial $y = \operatorname{sen} x$, $\omega_0 = 2\pi$, y el periodo de la función dada $y = \operatorname{sen}\frac{1}{2}x$, $\omega_0 = 4\pi$, es decir, dos veces más que el periodo de la función inicial. De esta manera, la gráfica, que se requiere construir, se obtiene de la gráfica inicial (con líneas punteadas en la figura 83) mediante su dilatación doble por el eje de las x.

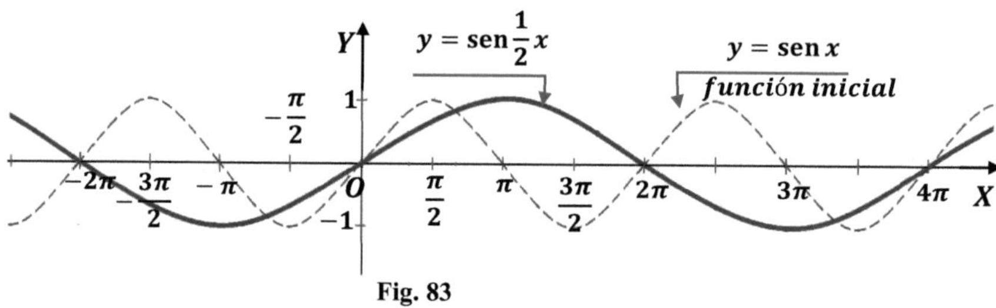

Fig. 83

2. COMPRESIÓN POR EL EJE X

Para ejemplificar la estrategia de comprensión a lo largo del eje X, se aplica a la gráfica de la función siguiente:

$$\boldsymbol{y = \operatorname{sen} 3x}$$

El método general de construcción de la gráfica es la misma, que en el primer ejemplo:

El primer y segundo punto de análisis son las mismas;

3) el periodo de la función se encuentra de la igualdad

$$\operatorname{sen} 3x = \operatorname{sen}(3x + 2\pi) = \operatorname{sen} 3\left(x + \frac{2\pi}{3}\right),$$

de donde el periodo es $\omega = \frac{2\pi}{3}$, y el medio periodo $\frac{1}{2}\omega = \frac{1}{3}\pi$;

4) puntos característicos:

a) para $y = 0, \operatorname{sen} 3x = 0$; de donde $3x = \begin{cases} 0 \\ \pi \end{cases}$, $x = \begin{cases} 0 \\ \frac{\pi}{3} \end{cases}$, es decir, la curva interseca el eje de las x en los puntos $(0; 0)$ y $\left(\frac{\pi}{3}; 0\right)$;

b) el máximo de la función es igual a 1 cuando $3x = \frac{\pi}{2}$; es decir, cuando $x = \frac{\pi}{6}$.

Con estos datos se ha construido la gráfica que se muestra en la figura 84, siguiendo la misma secuencia, como en la gráfica anterior.

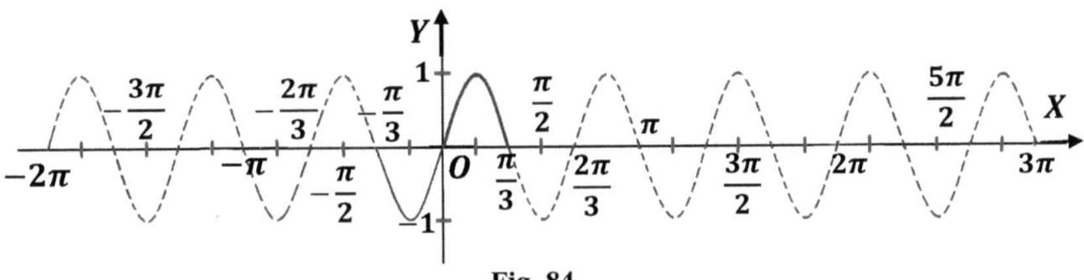

Fig. 84

La gráfica de la función $y = \operatorname{sen} 3x$ es más fácil construir con el método de compresión del eje X de la gráfica inicial $y = \operatorname{sen} x$ en 3 veces (fig.85), porque el periodo $\frac{2}{3}\pi$ de la funcíón dada es 3 veces menor al periodo 2π de la función inicial.

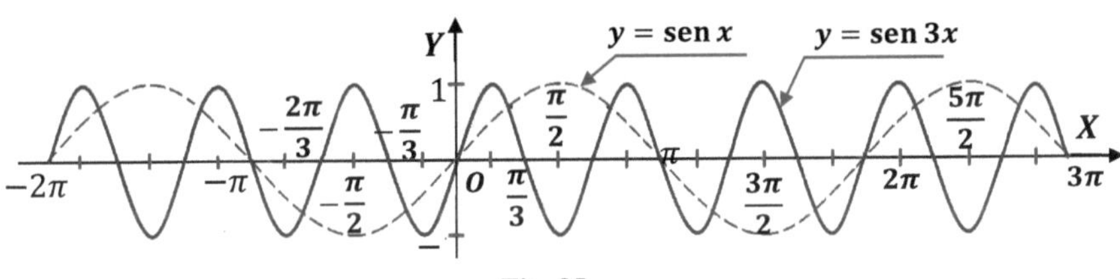

Fig. 85

Entonces, la gráfica de la función $y = f(nx)$, si es conocida la gráfica de la función $y = f(x)$, se construye mediante la compresión por el eje X de esta función inicial en forma proporcional al coeficiente n del argumento, y más concretamente:

Si $n > 1$, entonces se comprime en n veces;

Si $0 < n < 1$, entonces se estira en $\frac{1}{n}$ veces.

§20. EXPANSIÓN Y COMPRESIÓN DE LA GRÁFICA POR EL EJE Y

1. EXPANSIÓN POR EL EJE Y

Veamos el siguiente ejemplo para el caso de expansión de la función inicial a lo largo del eje Y.

$$y = 2 \operatorname{sen} x$$

La construcción de la gráfica de esta por el método de la investigación completa de la función no es conveniente. Es evidente, que las ordenadas de la gráfica son 2 veces más que las ordenadas de la gráfica inicial $y = \operatorname{sen} x$. Por ello, la gráfica de la función dada se construye duplicando todas las ordenadas de la gráfica inicial; es decir, mediante la expansión de la gráfica inicial por el eje de las Y en dos veces (fig. 86).

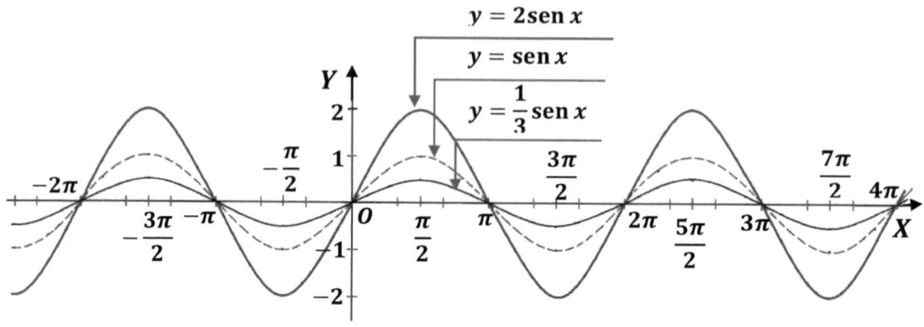

Fig. 86

De esta manera, la gráfica de la función $y = mf(x)$, si es conocida la gráfica de $y = f(x)$, se construye por medio del estiramiento por el eje Y de la gráfica inicial proporcionalmente al coeficiente m delante de la función, precisamente:

si $m > 1$, entonces se estira en m veces;

si $0 < m < 1$, entonces se comprime en $\frac{1}{m}$ veces.

Notas.

1. Si hay la necesidad de construir la gráfica de la función $y = mf(nx)$, entonces primero se construye con líneas punteadas la gráfica de la función inicial $y = f(x)$, y luego esta función inicial se comprime por el eje de las X en n veces y se estira por el eje de las Y en m veces.
2. En las gráficas desarrolladas en este capítulo, todas las líneas punteadas iniciales (ejes coordenados originales, movidas en adelante, y gráficas iniciales) se pueden borrar o repasar al finalizar todas las construcciones.

Capítulo IV

CONSTRUCCIÓN DE GRÁFICAS COMPLEJAS

Para la construcción de gráficas complejas es conveniente, con muy pocas excepciones, utilizar métodos auxiliares como el movimiento de los ejes coordenados y la deformación de gráficas simples. Se supone que estas mismas gráficas se pueden construir también en base a la indagación directa de la función dada por sus puntos característicos.

En este capítulo la mayoría de las gráficas se han construido con ambos métodos. Sin embargo, no hay necesidad de puntos de control adicionales, porque los dos métodos de construcción de gráficas se controlan mutuamente. Las gráficas, que fueron construidas utilizando uno de los métodos, deberán ser verificados inmediatamente con los puntos de control.

En la construcción de las gráficas con técnicas auxiliares, particularmente, hay la necesidad de verificar los puntos característicos de la gráfica (puntos de intersección con los ejes coordenados, etc.).

§21. GRÁFICA DE FUNCIONES LINEALES

A continuación, proponemos algunos ejemplos de construcción de gráficas de funciones lineales mediante dos métodos:

1. $y = |x - 2|$

Primer método

Construyamos la gráfica de la función inicial $y = |x|$, trazamos previamente los ejes coordenados con líneas punteadas. Luego el eje de las Y movemos en (-2). El eje de las X se mantiene en su lugar.

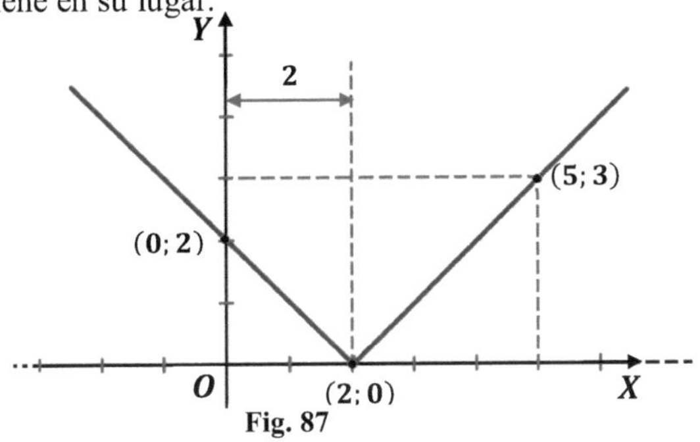

Fig. 87

Segundo método

Observemos la gráfica como si estuviese constituido de dos ramas, que tienen cada una su expresión analítica:

1) para $x - 2 \geq 0$, es decir, para $x \geq 2$, $y = x - 2$;
2) para $x - 2 < 0$, es decir, para $x < 2$, $y = -x + 2$.

Ambas ramas son rectas. Cada una de ellas puede ser construida por dos puntos. Ambas ramas de la gráfica tienen un punto común para $y = 0$, que representa el vértice de la gráfica; hallemos la abscisa de este punto.

$$y = |x - 2| = 0; \qquad x = 2$$

Tenemos el punto $(2; 0)$ – común para ambas ramas de la gráfica. Encontremos las coordenadas de un punto más para cada una de las ramas:

para la rama derecha: $x = 5$; $y = 5 - 2 = 3$; el punto $(5; 3)$;
para la rama izquierda: $x = 0$; $y = 0 + 2 = 2$; el punto $(0; 2)$.

2. $\boldsymbol{y = |-x + 3| - 1}$

Primer método

Para la construcción de la gráfica transformemos la función dada, de manera que se explicite el incremento al valor positivo del argumento; es decir, cambiemos todos los signos de la expresión que está dentro del valor absoluto por el inverso:

$$y = |x - 3| - 1$$

La gráfica inicial $y = |x|$ relacionemos a los ejes coordenados con líneas punteadas. Luego, movamos el eje Y en (-3) y el eje de las X en $[-(-1)]$, es decir, en $(+1)$.

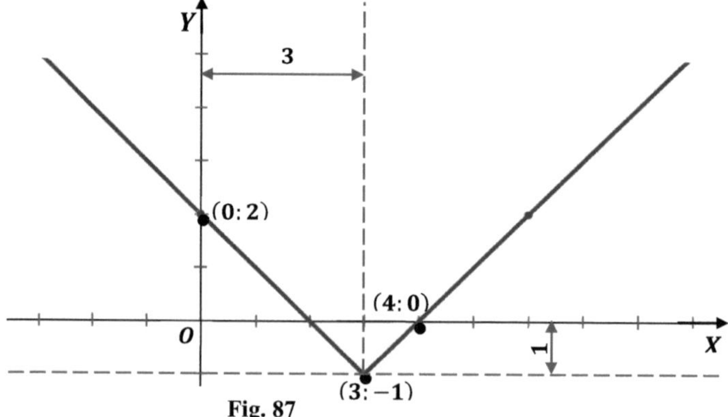

Fig. 87

Segundo método

La gráfica tiene dos ramas independientes; cada una de ellas puede ser expresada con sus ecuaciones:

1) para $-x+3 \geq 0$, es decir para $x \leq 3$, $y=-x+3-1$, o $y=-x+2$;
2) para $-x+3 \leq 0$, es decir, para $x \geq 3$, $y=-(-x+3)-1=x-3-1$, o $y=x-4$.

Hallemos las coordenadas del vértice de la gráfica para $-x+3=0; x=3, y=-1$. Tenemos el vértice de coordenadas $(3;\ -1)$.

Hallemos puntos adicionales para cada semirecta:

- para la rama izquierda: $x=0$; $y=0+2=2$; el punto $(0;2)$;
- para la rama derecha: $x=4$; $y=4-4=0$; el punto $(4;0)$.

§22. GRÁFICA DE FUNCIONES CUADRÁTICAS

La función trinomio cuadrado tiene la siguiente forma general:

$$y=ax^2+bx+c$$

Donde a, b y c – son cualquier número real (positivos, negativos, racionales o irracionales). La gráfica es una parábola con el eje vertical.

Desarrollemos dos métodos de construcción de graficas de la función trinomio cuadrado:

a) completando cuadrados y la siguiente construcción de la gráfica con el uso de los métodos auxiliares, que se vieron en el capítulo III;
b) construcción de la gráfica en base a la indagación del trinomio cuadrado desarrollado en los cursos de álgebra.

Primer método:

1) Se separa los dos primeros términos de la parte derecha del trinomio y de éstos se extrae fuera del paréntesis el primer coeficiente a:

$$y=(ax^2+bx)+c\ ;$$

$$y=a\left(x^2+\frac{b}{a}x\right)+c.$$

2) La expresión entre paréntesis se puede considerar como parte del binomio cuadrado, que incluye el cuadrado del primer número (x^2) y el doble producto

de primero por el segundo: $\frac{b}{a}x = 2x\frac{b}{2a}$; de donde se ve, que el segundo término es $\frac{b}{2a}$, y su cuadrado $\frac{b^2}{4a^2}$.

Aumentemos este cuadrado del segundo miembro $\left(\frac{b^2}{4a^2}\right)$ al binomio entre paréntesis con la finalidad de obtener el cuadrado perfecto de la suma algebraica, y para que no cambie la magnitud de la expresión algebraica dada, al mismo tiempo disminuyamos este término: $y = a\left(x^2 + \frac{b}{a}x + \frac{b^2}{4a^2} - \frac{b^2}{4a^2}\right) + c$; luego el término sustraído extraigamos fuera del paréntesis y agrupemos al término independiente c:

$$y = a\left(x^2 + \frac{b}{a}x + \frac{b^2}{4a^2}\right) + c - \frac{b^2}{4a};$$

$$y = a\left(x + \frac{b}{2a}\right)^2 + \left(c - \frac{b^2}{4a}\right).$$

3) Para la construcción de la gráfica de la función, que es un trinomio cuadrado transformado, consideremos por la gráfica inicial:
para $a > 0$ la gráfica de la función $y = x^2$ (fig. 89, a);
para $a < 0$ la gráfica de la función $y = -x^2$ (fig. 89, b).

El eje de coordenadas para las funciones iniciales, y las mismas gráficas iniciales, se han dibujado con líneas punteadas en la figura 89; el eje vertical mejor trazar con líneas y puntos, para representar el eje de simetría de la gráfica (ver en la siguiente página).

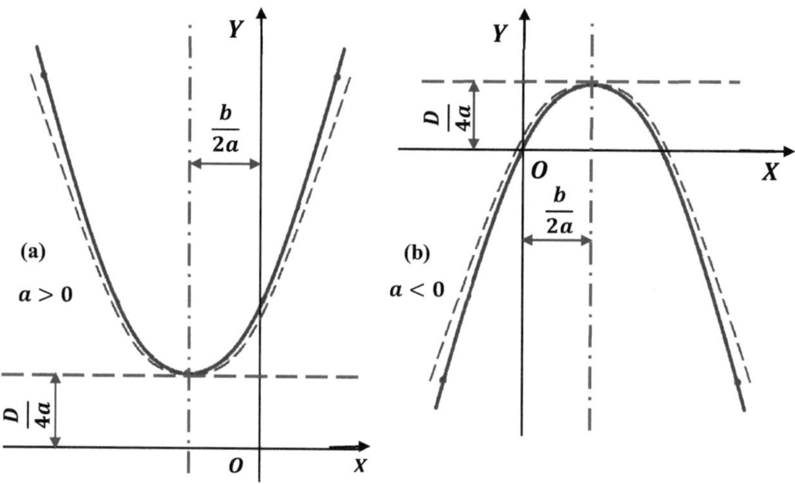

Fig. 89

4) El eje Y se mueve en la magnitud $\frac{b}{2a}$, y como consecuencia de ello se obtiene la gráfica de la función $y_1 = \pm\left(x + \frac{b}{2a}\right)^2$. Esta gráfica luego se estira en $|a|$ veces por el eje vertical, y se obtiene la gráfica de la función $y_2 = a\left(x + \frac{b}{2a}\right)^2$.
5) El eje X se mueve en la magnitud $-\left(c - \frac{b^2}{4a}\right) = \left(\frac{b^2}{4a} - c\right)$. Recordemos, que el discriminante del trinomio cuadrado es igual

$$D = b^2 - 4ac$$

Entonces, el eje X se traslada en la magnitud $\frac{D}{4a}$ igual a $\frac{b^2}{4a} - c$.

De esta manera, la gráfica de la función del trinomio cuadrado $y = ax^2 + bx + c$ ha sido construida, y se puede borrar todas las líneas punteadas, excepto el eje vertical de la gráfica inicial, que, como se puede ver en la figura 89, es el eje de simetría de la gráfica construida.

Las desventajas de este método de construcción son los siguientes:

1) no se determina los puntos de intersección de la curva con los ejes coordenados, como consecuencia de ello las coordenadas de estos puntos, como puntos característicos, deben ser calculados adicionalmente después de la construcción de la gráfica;
2) hay necesidad de dilatar la gráfica cuando el coeficiente de x^2 es diferente de 1, como consecuencia de la cual la curva se construye dos veces. La segunda de estas desventajas desaparece, si $a = \pm 1$.

Entonces tenemos la función:

$$y = \pm x^2 + px + q.$$

El eje Y se mueve en

$$\pm\frac{p}{2}:\begin{cases} +\frac{p}{2} & para\ la\ función\ y = x^2 + px + q, \\ -\frac{p}{2} & para\ la\ función\ y = -x^2 + px + q. \end{cases}$$

El eje X se mueve en

$$\pm\left(\frac{p}{2} - q\right):\begin{cases} -\left(\frac{p}{2} - q\right) & para\ la\ función\ y = x^2 + p + q, \\ +\left(\frac{p}{2} - q\right) & para\ la\ función\ y = -x^2 + px + q. \end{cases}$$

Segundo método:

Como se dijo, la gráfica de la función trinomio cuadrado es una parábola con el eje vertical de simetría; además, si el primer coeficiente es positivo $(a > 0)$, entonces las ramas de la parábola están orientadas hacia arriba, y la ordenada del vértice de la parábola es el mínimo de la función (fig. 89, a).Si el primer coeficiente es negativo $(a < 0)$, entonces las ramas de la parábola se orientan hacia abajo, y la ordenada del vértice de la parábola es el máximo de la función (fig. 89, b).

La indagación de la función trinomio cuadrado se pudo continuar por el esquema general. Sin embargo, no hay la necesidad de esto, por cuanto por la forma del trinomio cuadrado se puede determinar fácilmente, porque x puede tomar cualquier valor real; es decir, que la región de existencia de la función- es el intervalo $(-\infty;\ \infty)$, y por el eje Y, la gráfica está limitada por el vértice de la parábola.

Por ello, una vez determinada la ubicación relativa del vértice de la parábola por el signo del primer coeficiente (mínimo, si el primer coeficiente es positivo; máximo, si este coeficiente es negativo), se puede pasar inmediatamente a la determinación de los puntos característicos:

1) Para determinar si interseca o no la parábola el eje X, se calcula la discriminante del trinomio dado:

$$D = b^2 - 4ac \qquad (1)$$

Si $D > 0$, entonces la parábola interseca el eje X en dos puntos, por cuanto la intersección con este eje se determina con la nulidad de los valores del trinomio $y = ax^2 + bx + c$; es decir, con las raíces de la ecuación $ax^2 + bx + c = 0$. Esta ecuación cuadrática para $D > 0$ tiene dos valores reales: x_1 y x_2

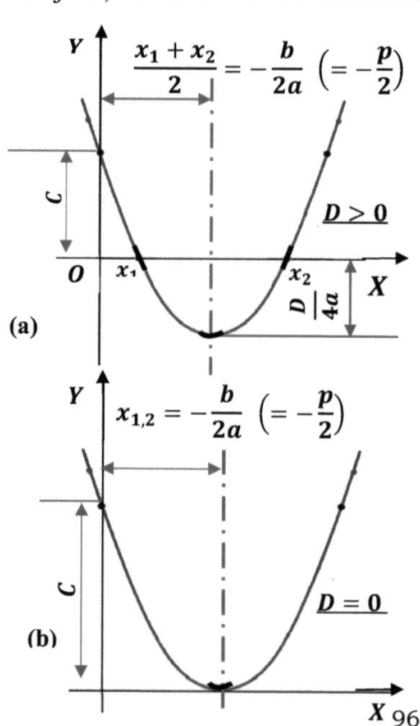

Si $D = 0$, la parábola es tangente al eje X en su vértice, porque para $D = 0$, ambas raíces son iguales.

Si $D < 0$, la parábola no intersecta y no es tangente al eje X, por cuanto en este caso $\sqrt{D}$ es una magnitud imaginaria, y la ecuación $y = 0$ no tiene soluciones reales, es decir, la gráfica de la función no intersecta y no es tangente al eje de las X.

2) Si resulta, que $D \geq 0$, entonces se resta las abscisas de los puntos de intersección (o las abscisas de los puntos de tangencia) con eje de las X. Para ello, se resuelve la ecuación: $ax^2 + bx + c = 0$. Se obtiene:

$$x_{1,2} = \frac{-b \pm \sqrt{D}}{2a}.$$

Por x_1 se recomienda considerar la raíz menor, que corresponde al punto, que se ubica a la izquierda del eje de simetría de la parábola.

Estos puntos se ubican en el eje de las X. Se recomienda, asimismo, ubicar éstas raíces no con puntos, sino con líneas gruesas arqueadas.

Para el trinomio con el primer coeficiente positivo $(a > 0)$ el segmento de curva arqueada se ubica en el vértice de la parábola, con orientación hacia arriaba (fig.90, a). Para el trinomio, con $a < 0$ el segmento de curva arqueada se ubica en el vértice de la parábola con orientación hacia abajo (fig.91, a). Estas marcas muestran la orientación de las ramas de la parábola, en el primer caso hacia arriba, y en el segundo caso, hacia abajo.

3) Se determina las coordenadas x_0, y_0 del vértice de la parábola:

$$x_0 = \frac{x_1 + x_2}{2} = -\frac{b}{2a} \qquad (2)$$

Para la parábola, que interseca el eje X, es más conveniente determinar x_0 por la

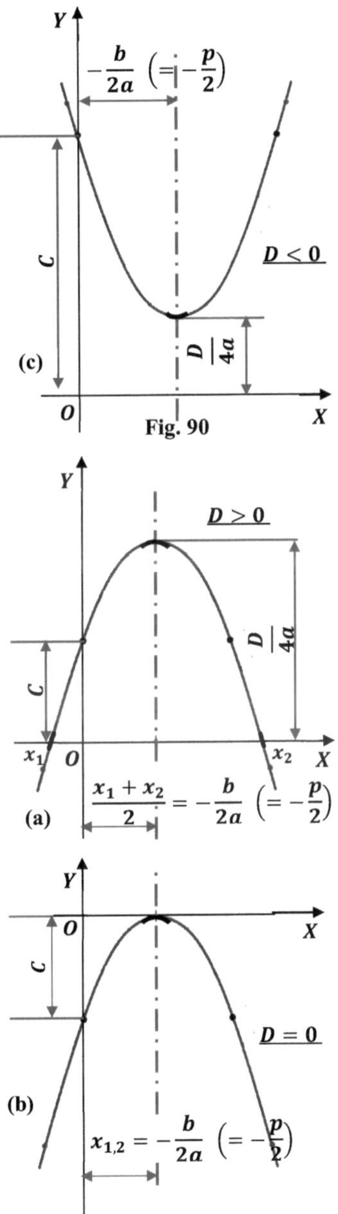

Fig. 90

fórmula $x_0 = \frac{x_1+x_2}{2}$. Para las parábolas tangentes al eje X, se halla por la fórmula $x_0 = x_{1,2}$; y para las parábolas, que no intersecan el eje X, se utiliza la segunda expresión para x_0; es decir, $x_0 = \frac{b}{2a}$. Si $a = 1$, entonces $x_0 = -\frac{p}{2a}$ (correspondiente a la ecuación cuadrática transformada)

Definido x_0, se puede trazar en la gráfica el eje vertical de la parábola, cuya ecuación es $x = x_0$.

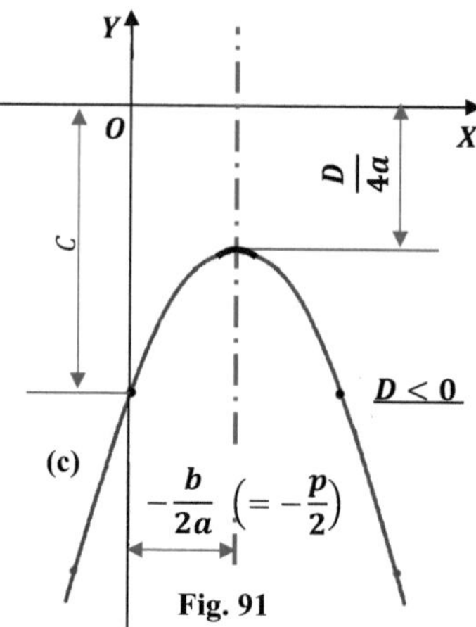

Fig. 91

De la ecuación (2) para x_0 se ve, que la posición del eje la parábola no depende de la magnitud del término independiente. Si cambiamos el término independiente, dejando invariante otros coeficientes del trinomio cuadrado, entonces la parábola se moverá a lo largo de su eje, que se ilustra con las figuras 90 a, b y c (para $a > 0$) y 91, a, b y c (para $a < 0$).

Para la determinación de y_0 es necesario sustituir en el trinomio cuadrado el valor $x = x_0 = -\frac{b}{2a}$, como resultado de la cual obtenemos:

$$y_0 = ax^2 + bx + c = a\left(-\frac{b}{2a}\right)^2 + b\left(-\frac{b}{2a}\right) + c$$

$$= \frac{b^2}{4a} - \frac{b^2}{2a} + c = -\frac{b^2}{4a} + c = -\frac{1}{4a}(b^2 - 4ac) = -\frac{D}{4a}$$

En lugar de calcular cada vez y_0 por el valor de la correspondiente abscisa (x_0), es más conveniente utilizar la fórmula deducida:

$$y_0 = -\frac{D}{4a}$$

Se recomienda marcar el vértice de la parábola en la gráfica con un arco en lugar de punto: cuando $a > 0$ con la concavidad hacia abajo, cuando $a < 0$ con la concavidad hacia arriba; estas marcas muestran que, en el primer caso $(a > 0)$ el vértice es el punto mínimo (fig.90), en el segundo caso $(a < 0)$- el vértice el punto máximo (fig.91).

4) Se calcula la ordenada del punto de intersección de la parábola con el eje Y, para ello se sustituye en el trinomio cuadrado $x = 0$ y se iguala al término independiente:

$$y = ax^2 + bx + c = c$$

En la gráfica se señala el punto correspondiente $(0; c)$, a continuación, se señala el punto simétrico a ella C_1.

5) Se traza la curva, cuando $D > 0$ por cinco puntos, y cuando $D \leq 0$, por tres puntos.

Adicionalmente (especialmente en la construcción por 3 puntos) se puede tomar un punto de control más y su simétrico, lo que da dos puntos adicionales.

Ejemplos

1. $\boldsymbol{y = x^2 + 6x + 5}$ (fig. 92)

Primer método

Transformemos el trinomio, completando cuadrados.

$$\begin{aligned} y &= (x^2 + 6x) + 5 = \\ &= (x^2 + 2 \cdot 3x + 3^2 - 3^2) + 5 \\ &= (x^2 + 2 \cdot 3x + 3^2) + 5 - 9 \\ &= (x + 3)^2 - 4. \end{aligned}$$

De esta manera, $y = (x + 3)^2 - 4$.

Se construye la gráfica de la función inicial $y = x^2$.

El eje Y se mueve en $(+3)$; es decir, en 3 unidades a la derecha; el eje X se mueve en $(+4)$; es decir, en 4 unidades hacia arriba.

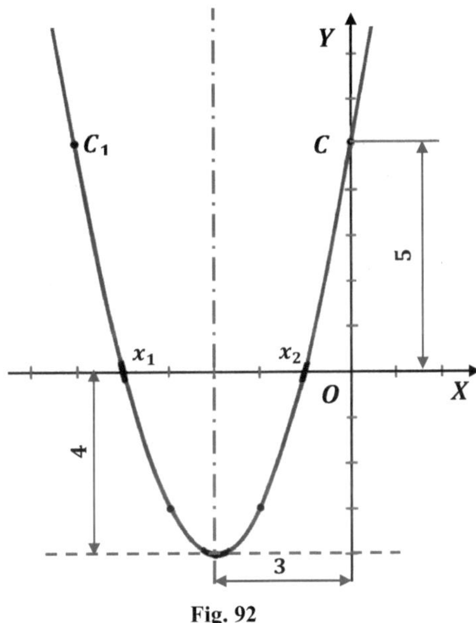

Fig. 92

Después de determinar la intersección con los ejes coordenados es necesario precisar los puntos de intersección de la gráfica con estos ejes. Aquí esta prueba se realiza en la construcción de la gráfica con el segundo método.

Segundo método

El vértice de la parábola es el punto del mínimo (las ramas de la parábola están orientadas hacia arriba), por que $a = 1 > 0$. Determinemos algunos puntos característicos de la función:

1) $D = b^2 - 4ac = 6^2 - 4 \cdot 1 \cdot 5 = 16 > 0$, la parábola se intersecta con el eje X en dos puntos.

2) Resolvamos la ecuación $x^2 + 6x + 5 = 0$ (por el teorema de Bieta); obtenemos $x_1 = -5$; $x_2 = -1$. Estos puntos se han marcado en el eje de las x (fig.92) con segmentos gruesos orientados hacia arriba.

3) Determinemos las coordenadas del vértice de la parábola:

$x_0 = \frac{x_1+x_2}{2} = \frac{-5-1}{2} = -3$ (Conociendo x_0, tracemos el eje de la parábola);

$y_0 = -\frac{D}{4a} = -\frac{16}{4\cdot 1} = -4.$

4) El punto C de intersección de la gráfica con el eje Y, tiene ordenada $y = 5$ (para $x = 0$). En la gráfica 92 se ha marcado también el punto $C_1(-6; 5)$, simétrico al punto $C(0; 5)$ en relación al eje de la parábola. La abscisa de este punto se calcula así: $x_{C_1} = 2x_0 = 2 \cdot (-3) = -6$.

2. $y = 0,5x^2 + 3x + 6$

Primer método (fig. 93, a)

Realicemos la transformación:

$y = 0{,}5(x^2 + 6x) + 6 =$

$= 0{,}5(x^2 + 2 \cdot 3x + 3^2 - 3^2) + 6$

$= 0{,}5(x^2 + 2 \cdot 3x + 3^2) - 9 \cdot 0{,}5 + 6$

$y = 0{,}5(x + 3)^2 + 1{,}5$

La función inicial tiene la forma: $y = x^2$.

El eje Y se mueve en $(+3)$.

La gráfica obtenida $y = (x + 3)^2$ se estira en 0,5 veces; es decir se comprime en 2 veces. Luego, el eje X se mueve en $(-1{,}5)$.

Nota. *La compresión de la gráfica en dirección del eje vertical se realiza hasta la intersección con el eje X. Si no tomáramos la compresión de la gráfica en la operación final; es decir, después de la intersección con los ejes coordenados, entonces, en este caso, el coeficiente de compresión sería necesario tomar a toda la función, extrayendo fuera del paréntesis:* $y = 0{,}5[(x + 3)^2 + 0{,}75]$. *Por consiguiente, el eje X se mueve en* $(-0{,}75)$ *y no en* $(-1{,}5)$.

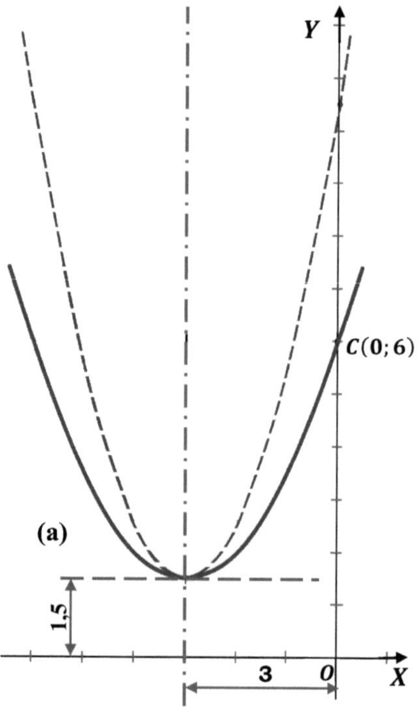

Fig. 93

Segundo método (fig. 93, b).

Las ramas de la parábola están orientadas hacia arriba ($a = 0{,}5 > 0$).

1) $D = b^2 - 4ac = 3^2 - 4 \cdot 0{,}5 \cdot 6 = -3 < 0$. La parábola no se intersecta con el eje X.
2) La ecuación no tiene raíces reales, esto significa que toda la parábola está dispuesta sobre el eje de las x.
3) La abscisa del vértice de la parábola:

$$x_0 = -\frac{b}{2a} = -\frac{3}{2 \cdot 0{,}5} = 3$$

A esta distancia del eje Y pasa el eje de simetría de la parábola.

La ordenada del vértice de la parábola:

$$y_0 = -\frac{b}{4a} = -\frac{3}{4 \cdot 0{,}5} = +1{,}5$$

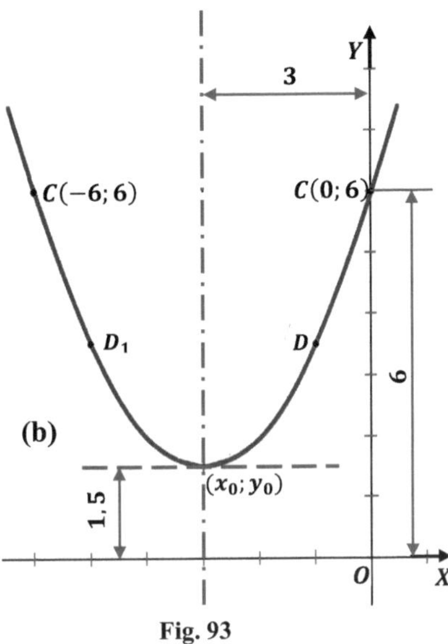

Fig. 93

4) El punto de intersección con el eje Y tiene la ordenada: $y_0 = c = 6$; simétrica a ella relativa el eje de la parábola en el punto C_1, tiene la abscisa $x = 2x_0 = -6$. Se puede calcular además el punto D, por ejemplo, cuando $x = -1$

$$y = 0{,}5(-1)^2 + 3(-1) + 6 = 0{,}5 - 3 + 6 = 3{,}5$$

En la gráfica 93 (b) se ubica se ubica este punto y el punto simétrica a ella D_1.

3. $\boldsymbol{y = -x^2 - 6x + 1}$. (fig. 94)

Primer método

Realicemos la transformación:

$$y = -(x^2 + 6x) + 1 = -(x^2 + 2 \cdot 3x + 3^2 - 3^2) + 1$$
$$= -(x^2 + 2 \cdot 3x + 3^2) + 3^2 + 1$$
$$y = -(x + 3)^2 + 10.$$

La función inicial $y = -x^2$.

El eje Y se mueve en $(+3)$. El eje de las X se mueve en (-10).

Segundo método

Las ramas de la parábola se orientan hacia abajo, y el vértice es el punto máximo, por cuanto $a = -1 < 0$.

1) $D = b^2 - 4ac = (-6)^2 - 4(-1 \cdot 1) = 36 + 4 = 40 > 0$.
2) Resolvamos la ecuación $-x^2 - 6x + 1 = 0$. (Se puede, si se desea, cambiar los signos; sin embargo, se sugiere no cambiar para evitar confusiones.)

$$x_{1,2} = \frac{6 \pm \sqrt{D}}{-2} = \frac{6 \pm \sqrt{40}}{-2} \approx \frac{6 \pm 6{,}4}{-2};$$
$$x_1 \approx -6{,}2;\ x_2 \approx +0{,}2$$

3) La abscisa del vértice de la parábola se calcula del siguiente modo:

$$x_0 = \frac{x_1 + x_2}{2} = \frac{-b}{2a} = -\frac{-6}{-2} = -3$$

A esta distancia del eje Y pasa el eje vertical de la parábola.

4) La ordenada del punto C de intersección de la gráfica con el eje Y (cuando $x = 0$): $y = c = 1$.
5) Las coordenadas de los puntos adicionales D:

Para $x = -1$,

$y = -(-1)^2 - 6(-1) + 1 =$

$y = -1 + 6 + 1 = 6$.

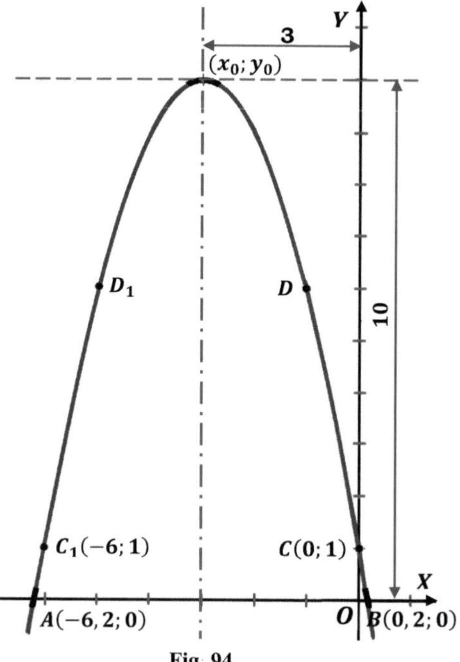

Fig. 94

4. $\boldsymbol{y = \left|-x^2 - 2x + 5\right|}$ (fig.95)

Por cuanto aquí tenemos el módulo de la función, entonces el signo dentro del módulo se puede cambiar por su inverso, que en este caso tiene alguna ventaja. Obtenemos:

$$\boldsymbol{y = \left|x^2 + 2x - 5\right|}$$

El plan de construcción de la gráfica de esta función es el siguiente: dibujamos con líneas punteadas la parábola $y = x^2 + 2x - 5$, a continuación, realizamos la reflexión especular, relativo al eje de las X, de la parte de la gráfica que se ubica en la región de los valores negativos de Y.

La construcción de la parábola referencial de la función $y = x^2 + 2x - 5$ construimos con el primer método, para ello realizamos la transformación:

$$y = x^2 + 2x - 5 = (x^2 + 2x + 1) - 1 - 5 = (x + 1)^2 - 6.$$

Construyamos la gráfica de la función inicial $y = x^2$.

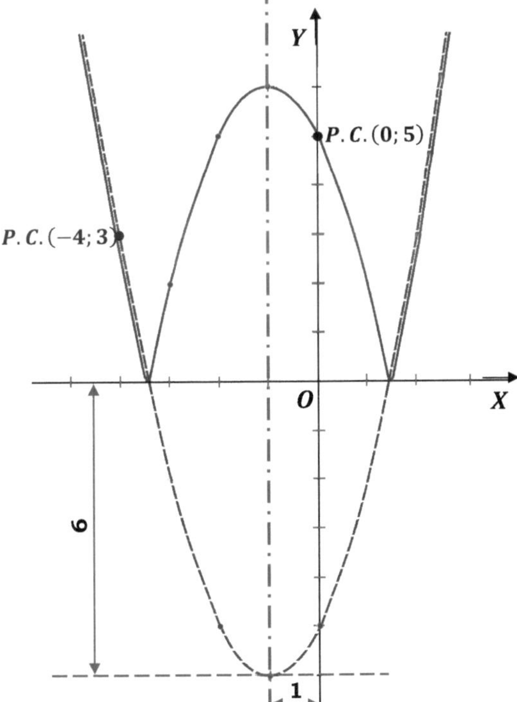

Fig. 95

El eje Y se mueve en $(+1)$. El eje X se mueve en $(+6)$. La rama inferior de la parábola (con puntos) se traslada al semiplano superior simétrico al eje X.

Los puntos de control:

1) Cuando $x = 0$ $y = |+5| = 5$; punto $(0; 5)$;
2) Cuando $x = -4$ $y = |-16 + 8 + 5| = |-3| = 3$; el punto $(-4; 3)$.

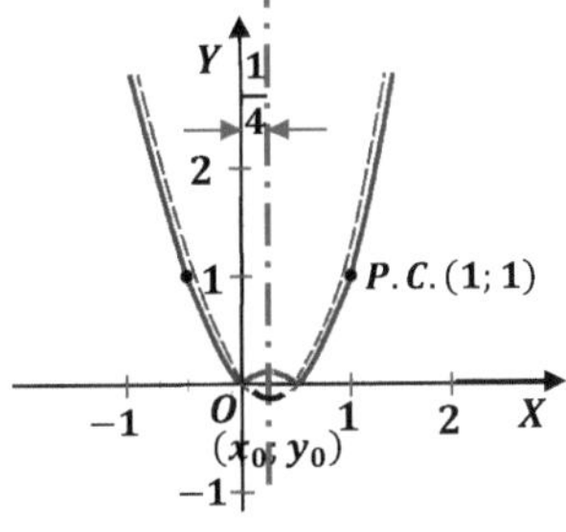

Fig. 96

5. $\boldsymbol{y = |2x^2 - x|}$ (fig.96)

El plan de construcción de la gráfica de esta función es el siguiente: Se dibuja con líneas punteadas la función referencial $y = 2x^2 - x$. Luego, la parte de la gráfica, que está dispuesta debajo del eje X, se refleja especularmente, relativo a este eje.

La función cuadrática $y = 2x^2 - x$ se puede considerar como una forma particular del trinomio cuadrado en el que $c = 0$; cuya gráfica es una parábola que pasa por el origen de coordenadas; las ramas de la parábola están orientadas hacia arriba. Es más cómo dibujar esta parábola por el segundo método, por cuanto las raíces de la ecuación $2x^2 - x = 0$ se obtienen fácilmente descomponiendo la parte izquierda en factores:

$$x(2x - 1) = 0;$$

$$x_1 = 0; \quad x_2 = \frac{1}{2}$$

Los ejes de la parábola están ubicados, en relación al eje Y, a una distancia:

$$x_0 = \frac{x_1 + x_2}{2} = \frac{1}{4}$$

La ordenada del vértice de la parábola:

$$y_0 = 2{x_0}^2 - x_0 = 2\left(\frac{1}{4}\right)^2 - \frac{1}{4} = -\frac{1}{8}$$

Determinamos las coordenadas del punto de control:
$x = 1; y = (2 \cdot 1^2 - 1) = 1$. Este punto tiene coordenadas $(1; 1)$

6. $\boldsymbol{y = -x^2 + 2|x + 2| + 4}$ (fig. 97)

Esta función se descompone en dos:

1) Cuando la expresión dentro del signo del módulo $x + 2 \geq 0$, es decir, $x \geq -2$; entonces, $|x + 2| = x + 2$, $y = -x^2 + 2(x + 2) + 4 =$

$$\boldsymbol{y = -x^2 + 2x + 8} \qquad (a)$$

2) Cuando $x + 2 \leq 0$, es decir, $x \leq -2$; entonces, $|x + 2| = -(x + 2)$ y $y = -x^2 - 2(x + 2) + 4 = -x^2 - 2x - 4 + 4 = -x^2 - 2x$; es decir,

$$\boldsymbol{y = -x^2 - 2x} \qquad (b)$$

Para $x + 2 = 0$, es decir, cuando $x = -2$, es evidente que las expresiones (a) y (b) dan un mismo punto.
De la expresión (a): $y = -(-2)^2 + 2(-2) + 8 = -4 - 4 + 8 = 0$;
De la expresión (b): $y = -(-2)^2 - 2(-2) = -4 + 4 = 0$.

Este punto $A(-2;0)$ marquemos en la gráfica 97. Luego, en la misma gráfica construyamos ambas parábolas (a) y (b) con líneas punteadas. Debido a que el eje de coordenadas es común para ambas parábolas, la gráfica no se puede construir con el método de traslación de ejes. Por ello, desarrollemos la indagación general de ambas funciones.

a) $y = -x^2 + 2x + 8$.

Las ramas de la parábola están orientadas hacia abajo, es decir, su vértice es el punto máximo. La discriminante $D = b^2 - 4ac = 2^2 - 4 \cdot (-1) \cdot 8 = 36 > 0$, es positiva. La parábola interseca el eje X en dos puntos.

Para: $-x^2 + 2x + 8 = 0$.

$$x_{1,2} = \frac{-2 \pm \sqrt{D}}{-2} = \frac{-2 \pm \sqrt{36}}{-2}$$

$$= 1 \pm 3; \begin{cases} x_1 = -2 \\ x_2 = 4 \end{cases}$$

La abscisa del vértice:

$x_0 = \frac{x_1+x_2}{2} = \frac{-2+4}{2} = 1$;

La ordenada del vértice: $y_0 = -\frac{D}{4a} = -\frac{36}{4\cdot(-1)} = 9$

La parábola se intersecta con el eje Y en $y = 8$; es decir, en el punto $(0;8)$. El punto simétrico a él tiene coordenadas: $x = 2x_0 = 2 \cdot 1 = 2$, $y = 8$, el punto $(2;8)$.

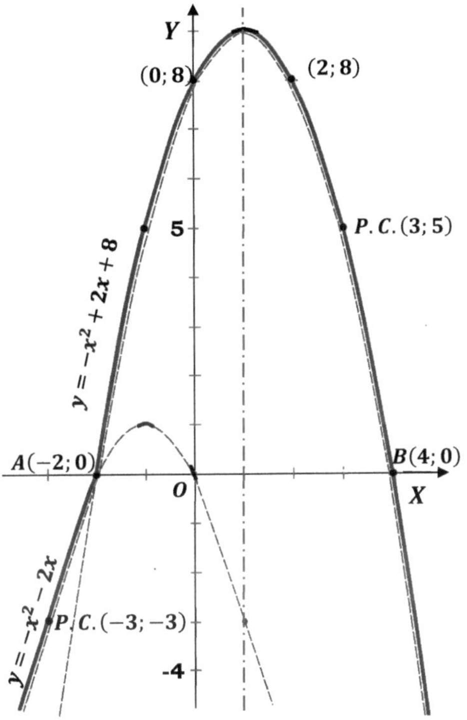

Fig. 97

b) $y = -x^2 - 2x$

Esta función es una forma particular de la función trinomio cuadrado, en la que el término independiente $c = 0$. Su gráfica es una parábola, que pasa por el origen de coordenadas, porque su ecuación $y = -x^2 - 2x$ satisface valores nulos de ambas coordenadas $(x = 0,\ y = 0)$. El vértice de la parábola es el punto máximo.

Descomponiendo la parte derecha en factores, se obtiene:

$$y = -x(x+2)$$

Las raíces de la ecuación $-x(x+2) = 0$;

$$x_1 = 0;\ x_2 = -2.$$

El segundo punto de intersección con el eje X:$(-2; 0)$. El eje de la parábola se ubica del eje Y a la distancia

$$x_0 = \frac{x_1 + x_2}{2} = \frac{0 - 2}{2} = -1$$

La ordenada del vértice de la parábola:

$$y_0 = -x_0(x_0 + 2) = 1 \cdot (-1 + 2) = 1$$

Por los puntos calculados, se han construido ambas parábolas con líneas punteadas (fig. 97).

Retornando a las condiciones iniciales, advertimos, que la función (a) expresa la gráfica de la función para $x \geq -2$; es decir, a la derecha de $x = -2$. La función (b) para $x \leq -2$, es decir, a la izquierda de $x = -2$. En estos tramos parte de las parábolas (a) y (b) se han trazado con líneas continuas, después de esto, las líneas con puntos se pueden borrar. En la figura 97 las líneas continuas, condicionalmente, se muestra junto con las líneas punteadas.

Los puntos de control son los siguientes:

1) $x = 3; y = -3^2 + 2|3 + 2| + 4 = -9 + 10 + 4 = 5$; el punto $(3; 5)$;
2) $x = -3;\ y = -(-3)^2 + 2|-3 + 2| + 4 = -9 + 2|-1| + 4 = -9 + 2 + 4 = -3$, el otro punto tiene las coordenadas $(-3;\ -3)$.

7. $\boldsymbol{y = 2x^2 - |x|}$ (fig.98)

La función se descompone en dos:

1) Para $x \geq 0, |x| = x;\quad y = 2x^2 - x;$
2) Para $x \leq 0, |x| = -x\quad y = 2x^2 + x.$

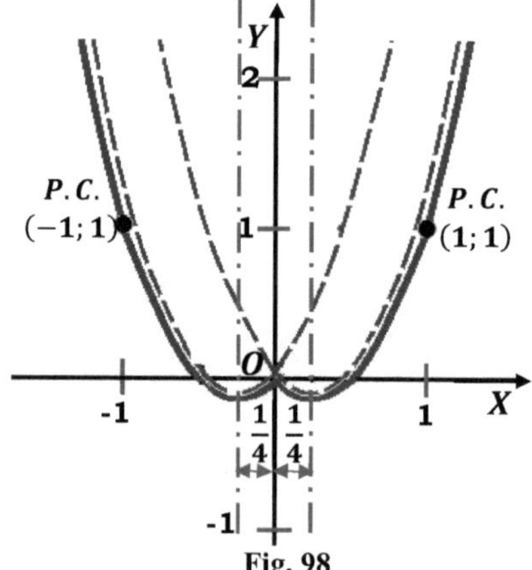

Fig. 98

La primera función se ha investigado en el ejemplo 5 (ver fig. 96). Construyamos su gráfica con líneas punteadas en la figura 98.

La segunda función $y = 2x^2 + x = 2x(x + 0{,}5)$. Hallamos las raíces de la ecuación $2x(x + 0{,}5) = 0 : x_1 = 0;\ x_2 = -0{,}5$ (ambas curvas (1) y (2) tienen un punto en el origen de coordenadas).

La abscisa del vértice de la parábola: $x_0 = \frac{0-0{,}5}{2} = -0{,}25.$

La ordenada del vértice de la parábola: $y_0 = 2 \cdot (0{,}25)^2 - 0{,}25 = -0{,}125$. Ambas parábolas se han dibujado con líneas punteadas en la figura 98.

De la primera parábola tomamos el tramo en el semiplano derecho; de la segunda- en el semiplano izquierdo. Estas ramas de la parábola se han unido con líneas continuas. Las líneas punteadas se pueden borrar después de la construcción de la gráfica. Los puntos de control son los siguientes:

1) $x = 1; y = 2 \cdot 1^2 - |1| = 1$, teneos el punto $(1; 1)$.
2) $x = -1; y = 2 \cdot (-1)^2 - |1| = 1$, y el punto $(-1; 1)$

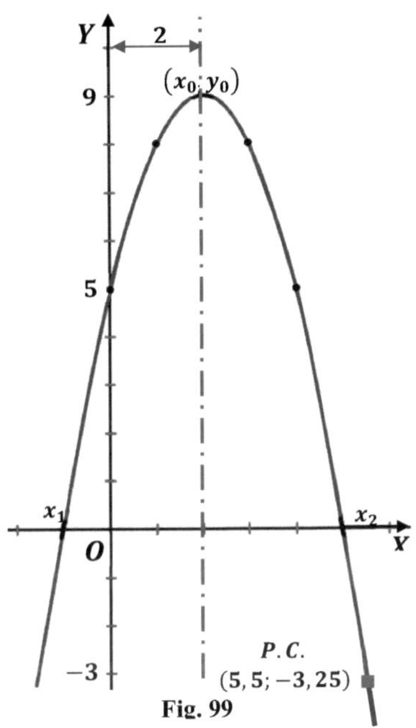

Fig. 99

Nota. La gráfica de la función $y = 2x^2 - |x|$ se puede construir más fácilmente, si consideramos que la función dada es par, porque $f(-x) = 2(-x)^2 — x = 2x^2 - |x| = f(x)$. Por ello, para $x \geq 0$ se puede construir solamente la parte derecha de la función $y = 2x^2 - x$. La parte izquierda es simétrica en relación el eje Y.

8. $\boldsymbol{y = (5 - x)(x + 1)}$ (fig.99)

Multiplicando los factores de la parte derecha de la expresión, se puede obtener el trinomio cuadrado: $y = -x^2 + 4x + 5$. Sin embargo, esto no es necesario, porque los puntos característicos se hallan más fácilmente de la primera forma de la función.

1) Para $y = 0$; $x_1 = 5$; $x_2 = -1$; tenemos los puntos de intersección $(5; 0)$ y $(-1; 0)$. La investigación siguiente se realice como siempre.
2) El eje de la parábola tiene la abscisa $x_0 = \frac{x_1+x_2}{2} = \frac{5-1}{2} = 2$ La ordenada del vértice de la parábola:
$$y_0 = (5 - x_0)(x_0 + 1)(5 - 2)(2 + 1) = 9$$
3) El punto de intersección con el eje Y: $x = 0; y = (5 - 0)(0 + 1) = 5$; $(0; 5)$.
El punto de control para $x = 5{,}5$; $y = (5 - 5{,}5)(5{,}5 + 1) == -3{,}25$; $(5{,}5; -3{,}25)$

9. $\boldsymbol{y = (5 - x)|x + 1|}$ (fig.100)

La función se descompone en dos:

1) Para $x + 1 \geq 0$, es decir, para $x \geq -1$, $y = (5 - x)(x + 1)$. La gráfica de esta función se vio en el ejemplo 8. En la figura 100 se muestra esta gráfica, además parte de ella para $x \geq -1$ con líneas continuas, y la otra parte con líneas punteadas.
2) Para $x + 1 \leq 0$, es decir, para $x \leq -1$, $|x + 1| = -(x + 1)$; entonces $y = (5 - x)[-(x + 1)]$ o de otra manera $y = (x - 5)(x + 1)$. Hay que advertir, que las ordenadas de esta parábola son iguales, en valor absoluto e inverso por signo, a las ordenadas de la primera parábola $y = (5 - x)(x + 1)$ cuando $x < -1$.

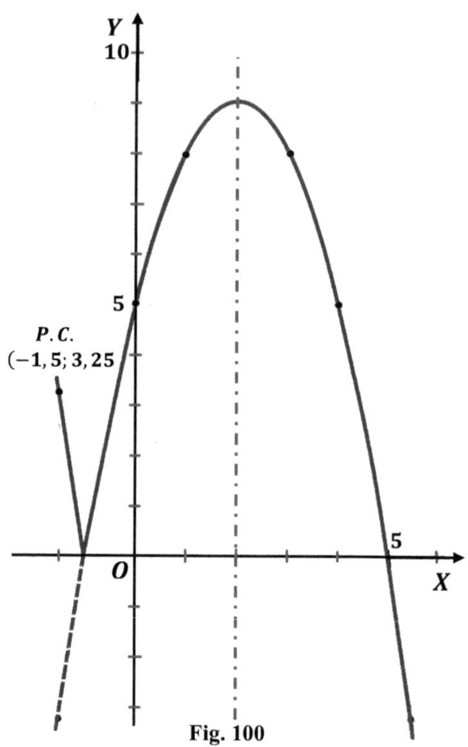

Fig. 100

Por ello, sin realizar su investigación, señalemos en la gráfica cuando $x \leq -1$ las ordenadas de la primera parábola con signos contrarios, es decir, construyamos la imagen especular (de espejo) de la parte con líneas punteadas de la gráfica de la primera parábola.

El punto de control tiene las coordenadas:

$$x = -1{,}5; \quad y = (5 + 1{,}5) \cdot |-1{,}5 + 1| = 6{,}5 \cdot 0{,}5 = 3{,}25; \ (-1{,}5; 3{,}25)$$

10. $\boldsymbol{y = (5 - |x|) \cdot (x + 1)}$ (fig.101)

La función se descompone en dos:

a) Para $x \geq 0$, $y = (5 - x) \cdot (x + 1)$. La gráfica de esta función se observó en el ejemplo 8 (fig.99). Construyamos parte de esta grafica para $x \geq 0$ con líneas continuas, la parte restante – con líneas punteadas (esta parte podríamos no dibujar).

b) Para $x \leq 0,\ |x| = -x;\ y = (5 + x)(x + 1)$- ésta es una parábola, cuyas ramas están orientadas hacia arriba.

Indaguemos esta función por el método general:

1) Para $y = 0;\ x_1 = -5,\ x_2 = -1.$
2) La abscisa del vértice de la parábola tiene el siguiente valor:

   $x_0 = \frac{x_1+x_2}{2} = \frac{-5-1}{2} = -3;$

   La ordenada del vértice de la parábola: $y_0 = (5 - 3)(-3 + 1) = -4.$
3) Cuando $x = 0,\ y = (5 + 0)(0 + 1) = 5$, tenemos $(0; 5)$. Éste es el punto de intersección de la parábola con el eje Y, que es común con la primera parábola.

Determinamos las coordenadas del punto de control:

$x = -6;\ y = (5 - |-6|) \cdot (-6 + 1) = (-1)(-5) = 5;$ tiene coordenadas $(-6; 5)$

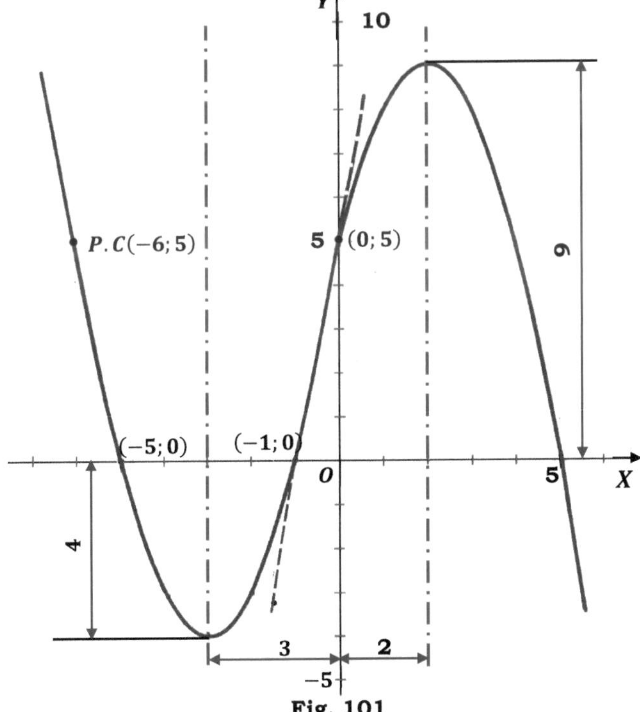

Fig. 101

11. $\boldsymbol{y = (5 - |x|) \cdot (|x| + 1)}$ (fig.102)

Notemos que la función dada es par, porque

$$f(-x) = (5 - |-x|) \cdot (|-x| + 1) = (5 - |x|) \cdot (|x| + 1) = f(x)$$

Por ello, construyamos en primer lugar solamente la parte derecha de la gráfica, cuando $x \geq 0$; en este caso la función dada se puede escribir así:

$$y = (5 - x)(x + 1)$$

La gráfica de esta función se ha construido en la figura 99 (ejemplo 8). En la figura 102 se construye la parte derecha de esta gráfica. La parte izquierda se construye simétrica en relación al eje Y.

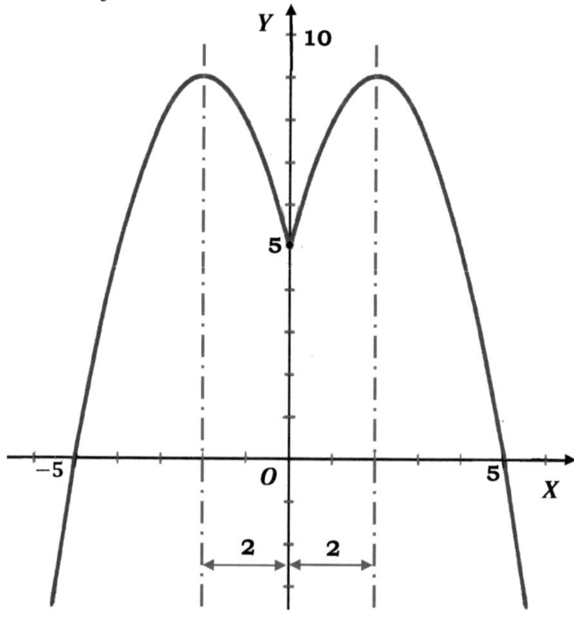

Fig. 102

§23. GRÁFICA DE FUNCIONES POTENCIALES DE EXPONENTE MAYOR A DOS

Veamos algunos ejemplos de gráfica de funciones potenciales con exponente mayor a dos.

1. $\boldsymbol{y = (1 - x)^3}$ (fig. 103)

La gráfica de esta función es una parábola cúbica. La construcción de la gráfica lo realizaremos por dos métodos:

Primer método

La función se debe transformar de tal manera que se pueda observar el "incremento" numérico al valor positivo del argumento, es decir, se cambia doblemente los signos: $y = -(x-1)^3$.

Construyamos la gráfica de la función inicial $y = -x^3$. El eje vertical se traslada luego en la magnitud del incremento al argumento x, es decir en (-1).

Segundo método

1) La región de existencia de la función: $(-\infty;\ \infty)$ -es toda la recta numérica.

1ª) El intervalo de variación de la función: $(-\infty;\ \infty)$- son todos los reales.

2) Es una función de forma general.

De esta manera, la indagación general de la función no muestra ninguna particularidad que se pueda utilizar para la construcción de su gráfica.

3) Determinemos el punto de intersección de la función con el eje X: $y = 0$, es decir $(1-x)^3 = 0$, de donde $x = 1$. Tenemos un punto de intersección: $A(1;0)$

3ª) Hallamos el punto de intersección de la gráfica con el eje Y: $x = 0$, de donde $y = (1-0)^3 = 1$; tiene las coordenadas $B(0;1)$.

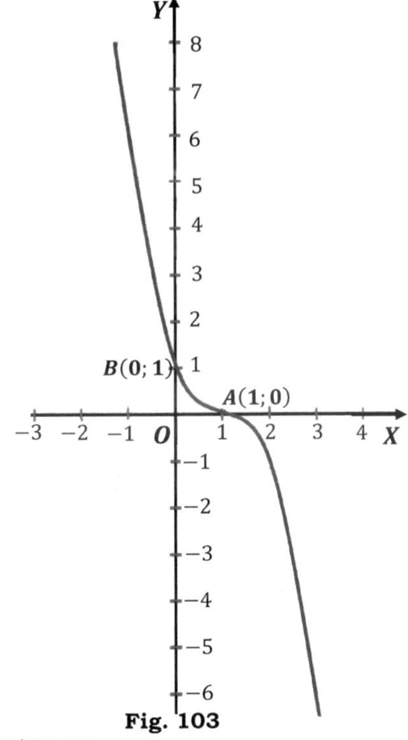

Fig. 103

4) El comportamiento de la función en distintos tramos:

a) Con la reducción del argumento desde $x = 1$, la función crece (aproximadamente por la ley de los cubos) desde 0 ilimitadamente.

b) Con el aumento del argumento desde $x = 1$, la función decrece desde 0 hasta $-\infty$ (por la ley de los cubos).

2. $\boldsymbol{y = |-x^3| + 1}$ (fig. 104)

Por cuanto $|-x^3| = |x^3|$, entonces la función se puede escribir como:

$$y = |x^3| + 1$$

Primer método

La función inicial $y = |x^3|$ es par. Su gráfica es una parábola cúbica con el eje vertical – por apariencia parecida a la parábola cuadrada ($y = x^2$), solamente un poco más angosto. Una vez construida la gráfica de esta función, trasladamos el eje horizontal en (-1).

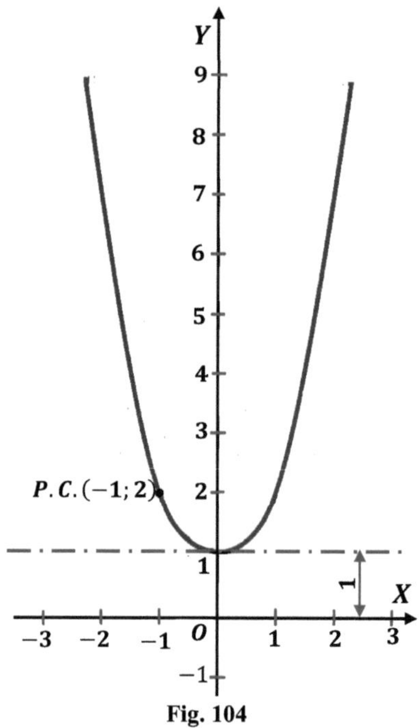

Fig. 104

Segundo método

1. La región de definición de la función es toda la recta numérica de las x.

1ª. La región de variación de la función – es el intervalo $1 \leq y < \infty$.

2. La función es par porque $f(-x) = |-(-x)^3| + 1 = |x^3| + 1 = f(x)$.
3. Para $x_0 = 0,\ y = 1$, el vértice de la parábola está en el punto $(0; 1)$.
4. Para $x > 0$, la función crece por la ley de los cubos.

   No obstante que la gráfica se ha construido con los dos métodos, para precisión de la misma adicionalmente se ha calculado el punto de control $(-1; 2)$.

3. $\boldsymbol{y = x^4 - 2}$. (fig.105)

Primer método

La función inicial $y = x^4$ tiene la misma forma, que $y = x^2$, solamente que es mucho más estrecho.

El eje X se mueve en la magnitud del incremento a la función, tomado con signo contrario, es decir en $(+2)$.

Segundo método

1. La región de existencia de la función – es toda la recta numérica de las x.

   1ª) Las fronteras de variación de la función: $-2 \leq y < \infty$.
2. Función par.
3. Los vértices de la parábola tienen las coordenadas: $x_0 = 0,\ \ y_0 = -2$.
4. Puntos de intersección con el eje X: Para $y = 0,\quad x^4 - 2 = 0,$ de donde $x_{1,2} = \sqrt[4]{2} \approx \pm 1{,}2$. Tenemos los puntos $(1{,}2; 0)$ y $(-1{,}2; 0)$.
5. Cuando aumenta x (en el semiplano derecho) las ordenadas y crecen por la ley de la potencia 4.

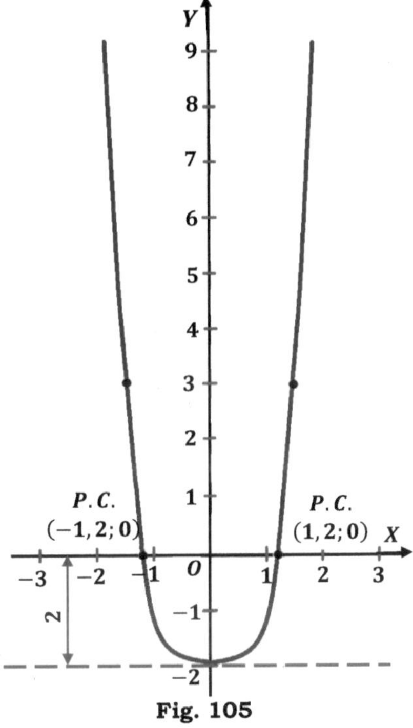

Fig. 105

Comparando los dos métodos de construcción de la gráfica de funciones potenciales se ve, que la utilización de estrategias de apoyo simplifica la construcción de estos gráficos.

§24. GRÁFICA DE FUNCIONES ALGEBRAICAS CON EXPONENTES FRACCIONARIOS

Veamos algunos ejemplos de funciones algebraicas con exponentes fraccionarios.

1. $\boldsymbol{y = \sqrt{x - 1} - 2}$ (fig. 106)

Primer método

Construyamos la gráfica de la función inicial $y = \sqrt{x}$, después de esto, el eje X se traslada en $(+2)$, es decir por la ley de la magnitud inversa del incremento a la función, y el eje Y en (-1), es decir, en la magnitud del incremento al argumento.

Si nos limitamos a esta construcción, entonces conviene precisar adicionalmente la abscisa del punto de intersección de la gráfica con el eje de las x.

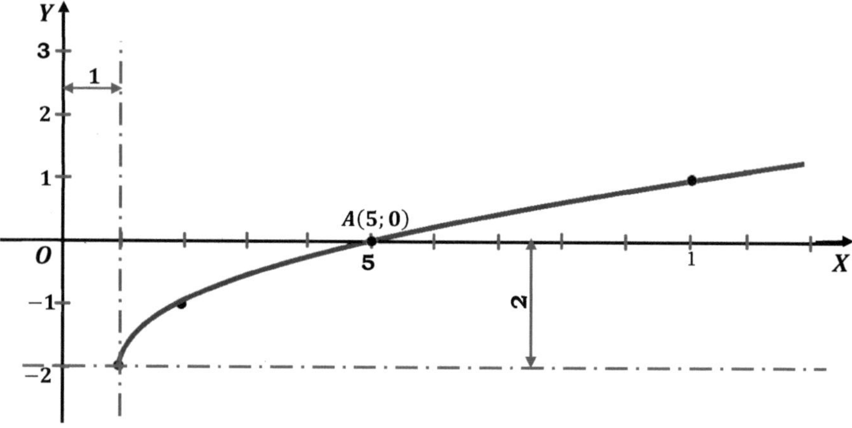

Fig. 106

Segundo método

1. La región de existencia de la función $(1;\ \infty)$ se determina de la condición: $x-1\geq 0$ de donde $x\geq 1$.
2. Es una función que tiene forma general.
3. El punto de intersección con el eje de las x tiene las coordenadas:
   Para $y=0,\ \sqrt{x-1}-2=0;\ \sqrt{x-1}=2;\ x-1=4;\ x=5,\ A(5;0)$.
   3ª) Con el eje Y, no se intersecta la gráfica (ver el punto 1).
4. Cuando $x\to\infty$, $y\to\infty$.

2. $\boldsymbol{y=3-\sqrt{1-2x}}$ (fig. 107).

Primer método.

Transformemos la función de tal manera para que el incremento del argumento x sea separado:

$$y=3-\sqrt{2\left(\tfrac{1}{2}-x\right)}=3-\sqrt{2\left[-\left(x-\tfrac{1}{2}\right)\right]}=3-\sqrt{2}\cdot\sqrt{[-(x-0{,}5)]}=$$

$$y=-\sqrt{2}\cdot\sqrt{[-(x-0{,}5)]}+3.$$

La función inicial es: $y = -\sqrt{-x}$. Para esta función la región de definición es el intervalo $(-\infty; 0)$; es decir, es la semirecta izquierda. La región de variación de la función es $y \leq 0$, porque delante del signo radical está el signo menos.

Por consiguiente, la gráfica de la función está ubicada en el tercer cuadrante. La gráfica es coso simétrico a la gráfica de $y = \sqrt{x}$ (ver fig. 41, c). En la figura 107 la gráfica de la función inicial se ha realizado con líneas punteadas.

A continuación, se traslada el eje Y en la magnitud del incremento al argumento, es decir, en $(-0{,}5)$. La gráfica obtenida de la función $\sqrt{-(x-0{,}5)}$ se estira en $\sqrt{2} \approx 1{,}4$ veces.

Después de esto, el eje X se traslada en la magnitud inversa al incremento de la función $-\sqrt{2} \cdot \sqrt{[-(x-0{,}5)]}$, es decir en (-3).

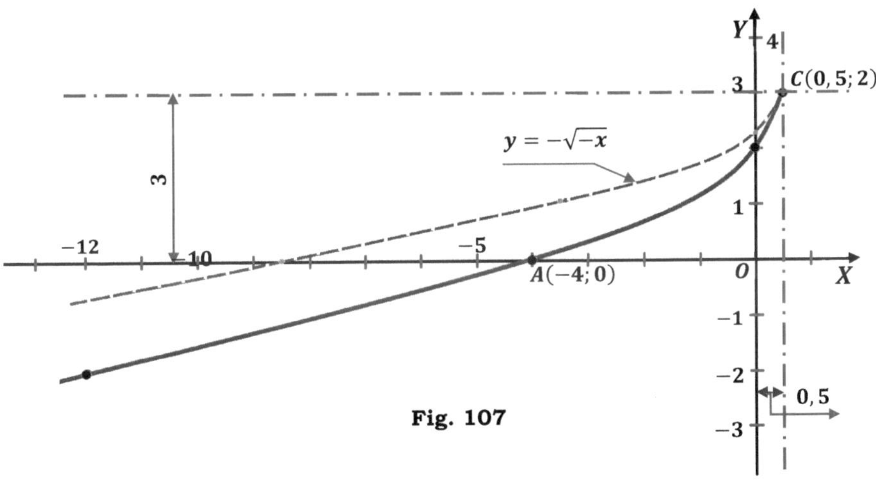

Fig. 107

Segundo método

Tomemos la función en forma inicial (antes de la transformación):

$$\boldsymbol{y = 3 - \sqrt{1 - 2x}}$$

1. La región de definición de la función se obtiene de la condición: $1 - 2x \geq 0$; de donde $2x \leq 1$ y $x \leq 0{,}5$. La región de existencia de la función es el intervalo $(-\infty; 0{,}5)$.
2. La función es de la forma general, porque no tiene las propiedades de la función par, impar o periódica.

3. El punto de intersección de la gráfica con el eje de las x:

   $y = 0$, es decir, $3 - \sqrt{1 - 2x} = 0$; de donde $\sqrt{1 - 2x} = 3$; $1 - 2x = 9$; $2x = -8$; $x = -4$, de donde el punto de intersección es: $A(-4; 0)$.

   3ª) El punto de intersección con eje Y:

   $x = 0$, es decir, $y = 3 - \sqrt{1 - 0} = 2$; el punto $B(0; 2)$.

4. Los valores frontera de la función:

   Para $x = 0{,}5$ $\quad y = 3 - \sqrt{1 - 1} = 3$; el punto $(0{,}5; 3)$

   Para $x \to -\infty$; $y \to -\infty$.

5. Comportamiento de la función en distintos tramos.

   La curva es creciente en toda la región de definición, debido a que cuando decrece el argumento x, aumenta la diferencia (la expresión subradical); es decir, la función decrece.

3. $\boldsymbol{y = 2 - \sqrt{|1 - x|}}$ (fig. 108)

Primer método:

Como $|1 - x| = |x - 1|$, entonces la función se puede escribir de esta manera:

$$\boldsymbol{y = -\sqrt{|x - 1|} + 2.}$$

La función inicial $y = -\sqrt{|x|}$ es par, la gráfica de la cual consiste de dos ramas: la rama derecha es la gráfica de la función $y = -\sqrt{x}$; es la imagen especular (de espejo) de la función $y = \sqrt{x}$ relativo al eje horizontal (ver fig. 31, c). La rama izquierda de la función inicial es simétrica a la derecha.

Luego, el eje de las Y se traslada en (-1), vale decir, en el incremento al argumento, y el eje de las X en (-2) – en la inversa de la magnitud del incremento a la función $\left(-\sqrt{|1 - x|}\right)$.

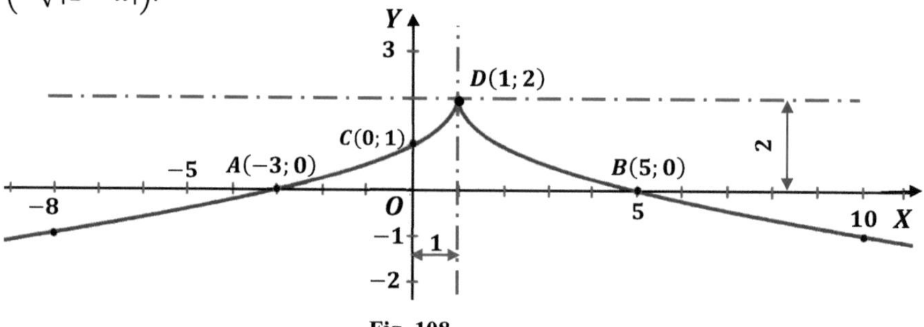

Fig. 108

Segundo método:

1. La región de existencia de la función – es toda la recta numérica de las x, es decir, $(-\infty;\ \infty)$, por cuanto $|1-x| \geq 0$ para cualquier valor de x.
2. La función es de la forma general.
3. Los puntos de intersección con el eje X:

   $$y = 0, \text{ es decir, } 2 - \sqrt{|1-x|} = 0; \sqrt{|1-x|} = 2; \quad |1-4| = 4; 1 - x = \pm 4$$
   $$x_1 = -3; \quad x_2 = 5.$$

   Tenemos dos puntos: $A(-3; 0)$ y $B(5; 0)$.
4. Los puntos de intersección con el eje Y:

   $$x = 0 \quad y = 2 - \sqrt{1} = 1; \quad C(0; 1).$$
5. Valores límite de la función:

   Para $x \to \pm\infty \quad y \to \pm\infty$
6. La gráfica tiene dos tramos:
   1) Para $1 - x \geq 0$, es decir, para $x \leq 1$, $y = 2 - \sqrt{1-x}$;
   2) Para $1 - x \leq 0$, es decir, para $x \geq 1$, $y = 2 - \sqrt{x-1}$.

En la frontera de ambos tramos tenemos el punto: $x = 0$, $y = 2; D(1; 2)$.

§25. GRÁFICA DE FUNCIONES FRACCIONARIAS LINEALES

La función fraccionaria lineal – es aquella fracción algebraica cuyo numerador y denominador son funciones lineales y tiene la forma:

$$\boldsymbol{y = \frac{ax+b}{cx+d}}$$

El numerador es la función lineal $ax + b$.
El denominador es la función lineal $cx + d$.

En toda función fraccionaria lineal se puede extraer la parte entera, tal como se muestra en el siguiente ejemplo:

$$y = \frac{3-2x}{1-x} = \frac{2x-3}{x-1} = \frac{(2x-2)-1}{x-1} = \frac{2(x-1)-1}{x-1} = 2 - \frac{1}{x-1}$$

La gráfica de cualquier función fraccionaria lineal se puede construir tanto por el método de indagación directa de la función (en el ejemplo dado indagando la función $y = \frac{ax+b}{cx+d}$), como mediante la aplicación de estrategias de apoyo, luego de la transformación previa de la función (en el ejemplo dado – en la función $y = -\frac{1}{x-1} + 2$).

Ejemplos

1. $y = \frac{3-2x}{1-x}$ (fig. 109)

Primer método

Transformamos la función y separamos la parte entera:

$$y = -\frac{1}{x-1} + 2$$

Construyamos la gráfica de la función inicial $y = -\frac{1}{x}$ en relación al eje trazado con puntos y líneas. A continuación, movamos el eje Y en (-1), y el eje X en (-2).

Segundo método

Escribamos la función así:

$$y = \frac{2x-3}{x-1}$$

La función fraccionaria lineal tiene dos asíntotas: horizontal y vertical. Se recomienda explicitar la disposición de estas asíntotas al inicio de la indagación de la función (para la determinación de su región de existencia y los intervalos de variación).

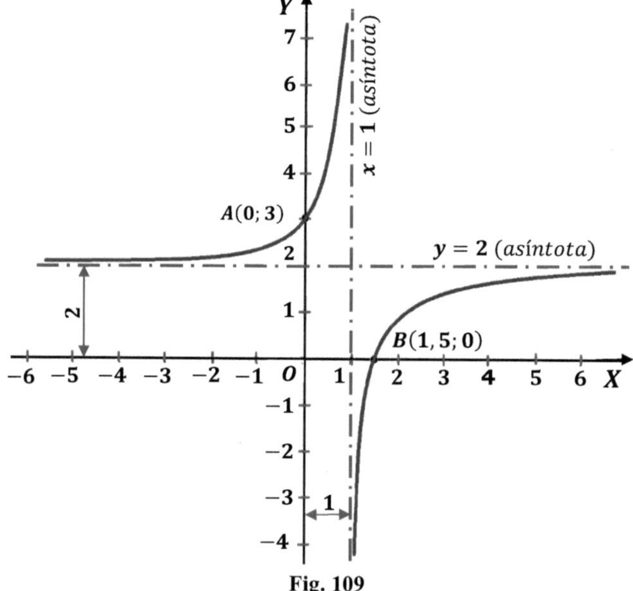

Fig. 109

1) $y \to \pm\infty$, cuando $x \to 1$, es decir, $x = 1$ −es la ecuación de la asíntota vertical.

La región de definición de la función: $(-\infty; 1)$; $(1; +\infty)$.

2) $\lim_{x\to\pm\infty} y = \lim_{x\to\pm\infty} \frac{2x-3}{x-1} = \lim_{x\to\pm\infty} \frac{\frac{2x-3}{x}}{\frac{x-1}{x}} = \lim_{x\to\pm\infty} \frac{2-\frac{3}{x}}{1-\frac{1}{x}} = 2$, por consiguiente, $y = 2$ es la ecuación de la asíntota horizontal.

3) Intervalos de variación de la función:

$$-\infty < y < 2\,; \quad 2 < y < \infty\,.$$

Por ello,
cuando x se aproxima a 1 por la izquierda, es decir, $x \to 1 - 0$, $y \to +\infty$;
cuando x se aproxima a 1 por la derecha, es decir, $x \to 1 + 0$, $y \to -\infty$.

4) Los puntos de intersección con los ejes coordenados son:

Para $x = 0$, $y = \frac{-3}{-1} = 3$; el punto $A(0; 3)$;

Para $y = 0$, $2x - 3 = 0$; $x = \frac{3}{2}$; el punto $B(1{,}5; 0)$.

La gráfica de esta función es una hipérbola con asíntotas horizontales y verticales.

2. $\boldsymbol{y = \frac{3}{1-2x}}$ (fig.110).

Primer método

Transformemos la función de manera, que el argumento entre en ella con el signo positivo y sin coeficiente:

$$y = \frac{3}{1-2x} = \frac{3}{2(0{,}5-x)} = \frac{3}{-2(x-0{,}5)} = -\frac{1{,}5}{x-0{,}5}$$

$$y = -1{,}5\frac{1}{x-0{,}5}$$

La gráfica de la función inicial $y = -\frac{1}{x}$ se traza con líneas punteadas. Luego, el eje Y se traslada en $(-0{,}5)$, después de esto toda la gráfica se estira en 1,5 veces a lo largo de la vertical.

Segundo método

$$y = \frac{3}{1-2x}$$

1. Asíntotas

- Horizontal: cuando $x \to \infty$, $y = 0$; la asíntota horizontal es todo el eje X.
- Vertical: cuando $y \to \infty$, $1 - 2x = 0$; $x = 0{,}5$ – es la ecuación de la asíntota vertical.

2. Los puntos de intersección con los ejes coordenados:

- Con el eje de las x, la curva no se intersecta debido éste eje es la asíntota.
- Con el eje de las y: para $x = 0$, $y = 3$, tenemos el punto $A(0; 3)$.

3. Para mayor precisión se puede encontrar un punto más, por ejemplo para $x = 3$, $y = \frac{3}{1-6} = -0{,}6$; el punto $B(3; -0{,}6)$.

Esta gráfica, como la anterior, es una hipérbola con asíntotas horizontales y verticales.

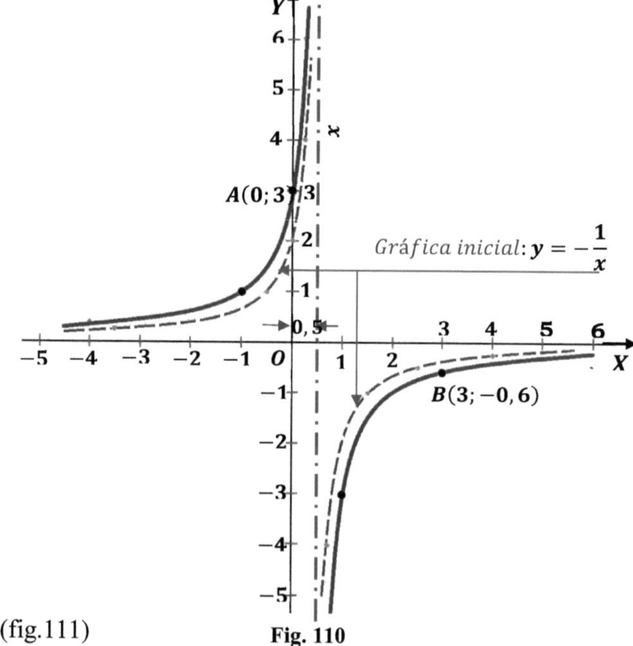

Fig. 110

3. $y = \frac{1}{1-|x|}$ (fig.111)

Por cuanto la función dada es par, entonces, al parecer, es más simple construir su grafica en base a la indagación directa de la función.

1) La región de existencia de la función determinamos de la condición: $1-|x| \neq 0; x \neq \pm 1$, se obtiene tres intervalos: $(-\infty;\ -1)$; $(-1; 1)$; $(1;\ \infty)$. Las rectas $x=1$ y $x=-1$ son las asíntotas verticales.
2) La función es par. Por consiguiente, es suficiente construir una rama, por ejemplo, la derecha.
3) Los valores frontera para la rama derecha son:
   a) Para $x=0 \quad y=1$; el punto $A(0; 1)$;
   b) $\lim\limits_{x\to 1} y = \lim\limits_{x\to 1} \frac{\mathbf{1}}{\mathbf{1-x}} = \pm\infty$;
   Cuando $x \to 1$ por la izquierda, es decir, cuando $x < 1, y \to +\infty$;
   Cuando $x \to 1$ por la derecha, es decir, cuando $x > 1, y \to -\infty$;
   c) Cuando $x \to \infty \quad y \to 0$.

Por estos puntos fácilmente se construye la parte derecha de la curva; la parte izquierda es simétrica a ella.

Los puntos de control son los siguientes:

1) $x=2;\ y=-1$; el punto $(2;\ -1)$;
2) $x=0{,}5;\ y=2$; el punto $(0{,}5;\ 2)$;

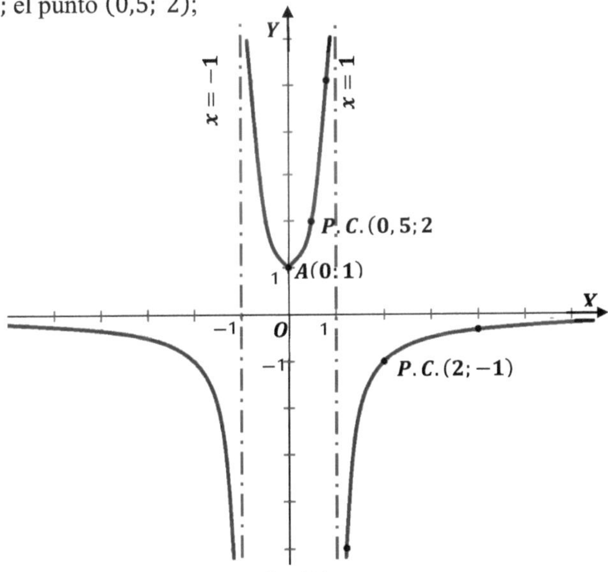

Fig. 111

4. $\boldsymbol{y=\frac{2}{|1+x|}}$ ó $\boldsymbol{y=\left|\frac{2}{1+x}\right|}$ (fig.112)

Primer método

La gráfica inicial $y = \frac{1}{x}$ se construye con líneas punteadas. Luego, se mueve el eje Y en $(+1)$, después de esto la gráfica se estira al doble en dirección al eje vertical. Mejor considerara la función inicial $y = \frac{2}{|x|}$ para evitar la operación de estirar la gráfica.

Segundo método

1. La región de definición de la función se determina de la condición: $x \neq -1$; tenemos dos intervalos $(-\infty;\ -1)$ y $(-1;\ +\infty)$. La recta $x = -1$ es la asíntota vertical.

   1a. La variación de la función se restringe con las condiciones:

   a) $y \geq 0$, como módulo;

   b) $y \neq 0$, por cuanto $y \to 0$, cuando $x \to \infty$.

   Por consiguiente, $y > 0$, es decir, la función está ubicada en el semiplano superior.
2. $y \to 0$, cuando $x \to \pm\infty$; es decir, el eje X es la asíntota horizontal.
3. La gráfica se interseca con el eje de las Y cuando $x = 0$ $y = 2$; es decir en el punto $A(0; 2)$.
4. Para precisión y comprobación calculemos un punto de control más, por ejemplo, para $x = -3$, $y = \frac{2}{|1-3|} = 1$, se tiene el punto $(-3; 1)$.

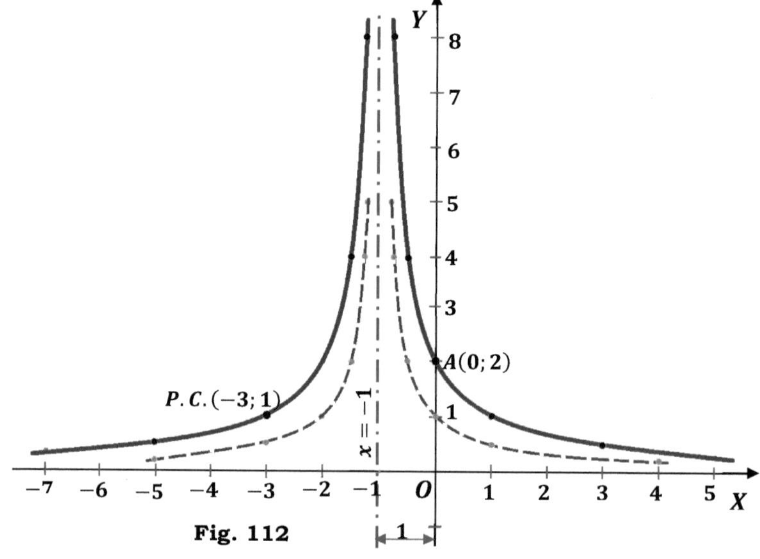

Fig. 112

§26. GRÁFICA DE FUNCIONES LOGARÍTMICAS

A continuación, presentamos algunos ejemplos de construcción de la gráfica de funciones logarítmicas.

1. $\boldsymbol{y = \log(1 - x)}$ (fig.113)

Primer método

Transformemos la función de tal manera, que el argumento tenga signo positivo. Para ello, extraemos el signo negativo (-1) fuera del paréntesis:

$$y = \log[-(x-1)]$$

Construyamos la gráfica de la función inicial $y = \log(-x)$, luego el eje Y trasladamos en (-1).

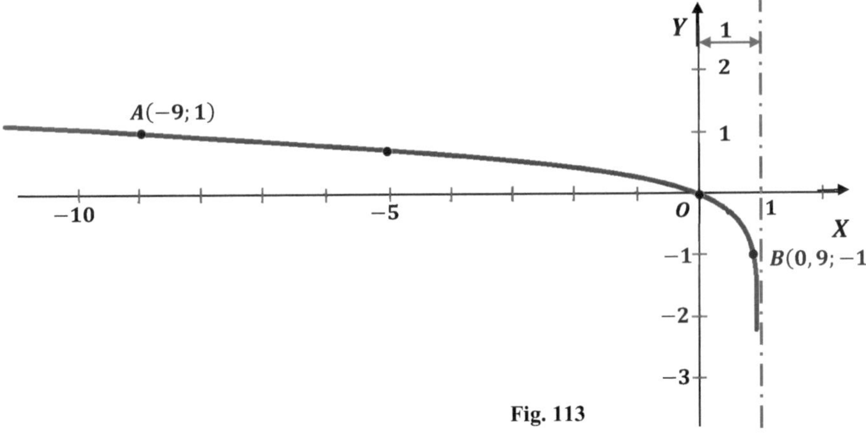

Fig. 113

Segundo método

$$y = \log(1 - x)$$

1. La región de existencia de la función se obtiene de la condición: $1 - x > 0$, $x < 1$. Esta región se limita por el intervalo $(-\infty; 1)$.
2. La función es de la forma general.
3. El punto de intersección con el eje de las x: cuando $y = 0$, es decir, $\log(1 - x) = 0$, $1 - x = 1$, $x = 0$; es el punto $(0; 0)$- el origen de coordenadas.

4. El punto de intersección con el eje Y es también el origen de coordenadas, porque para $x = 0, \ \ y = \log 1 = 0$.
5. Los valores frontera de la función:

$$\lim_{x\to 1} y = \lim_{x\to 1} \log(1-x) = -\infty$$

Cuando $x \to -\infty, \ \ y \to \infty$ por la ley logarítmica.

No obstante que la gráfica fue construida por los dos métodos, es necesario los puntos de control para la precisión de las ramas izquierda y derecha de la gráfica: para $x = -9 \quad y = \log(1+9) = 1$; el punto $A(-9; 1)$;

$x = 0{,}9 \quad y = \log(1 - 0{,}09) = -1$; el punto $\mathrm{B}(0{,}9; -1)$

La construcción de la gráfica solamente mediante el primer método, también requeriría adicionalmente precisar los puntos de intersección de la gráfica con los ejes coordenados.

2. $\boldsymbol{y = \log(|x| + 1)}$ (fig.114).

La propiedad de la paridad de esta función facilita la construcción de su gráfica.

Primer método

La rama derecha de la gráfica (para $x \geq 0$) se expresa mediante la ecuación

$$y = \log(x+1)$$

La función inicial tiene la forma: $y = \log x$; cuya gráfica se construye con líneas punteadas; luego, el eje Y se mueve en $(+1)$.

Nota. Sería un grave error construir esta función en base la gráfica inicial $y = \log|x|$ con la traslación del eje Y en $(+1)$, por cuanto $(+1)$ se incrementa al argumento x solamente cuando $x \geq 0$; para $x < 0$, el incremento $(+1)$ se relaciona a $(-x)$, porque para $x < 0$, $|x| = -x$.

Si tomáramos como función inicial $y = \log|x|$, entonces después de trasladar el eje Y en $(+1)$ la gráfica no sería simétrica, es decir, se quebraría la paridad.

Segundo método

Cuando $x \geq 0$ la función $y = \log(x+1)$ es creciente, su gráfica se orienta con la concavidad hacia arriba. Dos puntos de esta gráfica se obtienen muy fácilmente.

1) Para $x = 0 \quad y = \log 1 = 0$, es decir, la curva pasa por el origen de coordenadas;
2) Para $x = 9 \quad y = \log(9+1) = \log 10 = 1$; el punto $A(9; 1)$.

Con estos datos se dibuja la rama derecha de la gráfica; la rama izquierda se construye simétricamente.

Al trazar la gráfica solamente por el primer método también sería necesario el cálculo de un punto adicional, por ejemplo, el punto A , para precisar la gráfica en calidad de control.

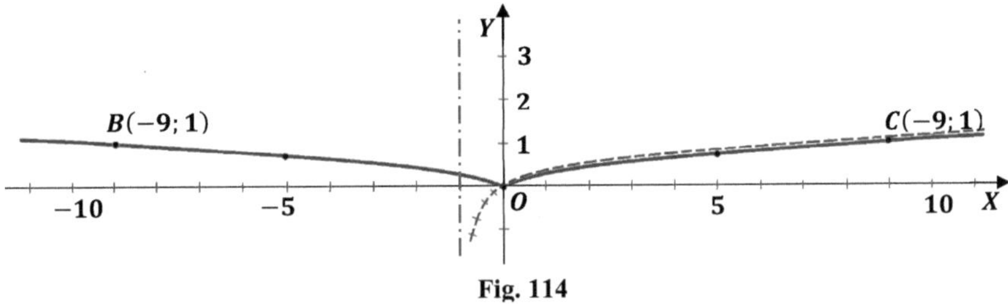

Fig. 114

3. $y = \log|x| + 1$ (fig. 115)

Primer método

Función inicial: $y = \log|x|$. La observación a la gráfica anterior (ejemplo 2) no se relaciona con esta gráfica, por cuanto $(+1)$ aquí no se incrementa al argumento, se incrementa a la función inicial. Construyendo la gráfica de la función inicial, el eje de las x se traslada en (-1).

Si nos limitamos a este método de la construcción de esta gráfica, entonces, además de los puntos de control, es necesario hallar los puntos de intersección de la gráfica con el eje de las x. En este caso estos puntos se encuentran en la construcción de la gráfica en base a la indagación general de la función.

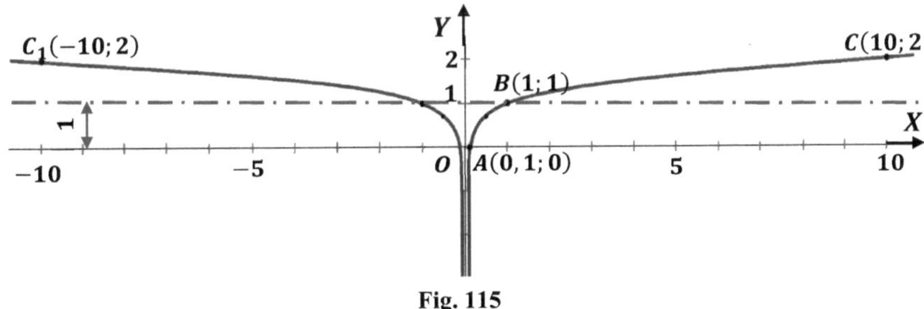

Fig. 115

Segundo método

1) La región de existencia de la función dada- es toda la recta numérica, excepto el punto $x = 0$.
2) La función es par, por cuanto $|-x| = |x|$.

3) Los puntos de intersección con el eje de las x: $y = 0$, es decir, $\log|x| + 1 = 0$; $\log|x| = -1$; $|x| = 0{,}1$; $x = \pm 0{,}1$. Para la rama derecha tenemos el punto $A(0{,}1; 0)$.

   3a) La gráfica no se intersecta con el eje Y, porque $x \neq 0$ (ver el §1).

4) Los valores de frontera de la función para la rama derecha son:

   a) $\lim_{x\to 0} y = \lim_{x\to 0}(\log|x| + 1) = -\infty$.

   b) $\lim_{x\to \infty} y = \lim_{x\to \infty}(\log|x| + 1) = \infty$.

5) El punto de control tiene las coordenadas.

   Para $x = 1$ $\quad y = \log 1 + 1 = 1$, tenemos el punto $B(1; 1)$.

A pesar de que la gráfica fue construida mediante los dos métodos, es recomendable obtener un punto más, por ejemplo, para $|x| = 10$, $\quad y = \log 10 + 1 = 2$, tenemos el punto $C(10; 2)$ y su simétrico $C_1(-10; 2)$.

4. $\boldsymbol{y = \log_{\frac{1}{2}}(2x + 3)}$ (fig.116)

Primer método

Antes de todo transformemos la expresión entre paréntesis con la finalidad de separar el incremento al argumento. Obtenemos:

$$y = \log_{\frac{1}{2}}[2(x + 1{,}5)]$$

Graficamos con líneas punteadas la gráfica de la función inicial $y = \log_{\frac{1}{2}} x$. A continuación, esta gráfica se comprime dos veces por la horizontal, como resultado de esto se obtiene la gráfica de la función $y = \log_{\frac{1}{2}}(2x)$. Después de esto se traslada el eje Y en $(+1{,}5)$.

Nota:

1) Es importante comprender, que cuando el factor se relaciona con el argumento, la dilatación y comprensión se realiza en dirección horizontal y antecede a la traslación en la misma dirección del eje Y, análoga a aquella, como el estiramiento y la comprensión por la vertical se realiza antes de la traslación en dirección vertical del eje de las X.
2) Cuando en la construcción de la gráfica se realiza operaciones múltiples de traslado de los ejes coordenados y la dilatación y compresión de las curvas, entonces se recomienda realizar la verificación de la gráfica por lo menos con dos o tres puntos de control. Se puede sustituir semejante prueba mediante la construcción de la gráfica con el segundo método.

Con la finalidad de evitar la comprensión de la gráfica, es necesario tomar por función inicial $y = \log_{\frac{1}{2}}(2x)$.

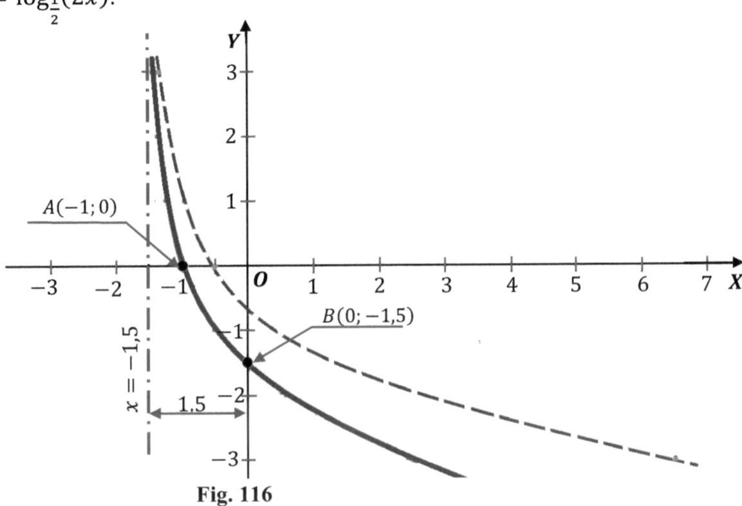

Fig. 116

Segundo método

$$y = \log_{\frac{1}{2}}(2x + 3)$$

1. La región de existencia de la función se determina de la condición: $2x + 3 > 0$; Obtenemos el intervalo $(-1{,}5;\ \infty)$.
   Cuando $x \to -1{,}5\ \ y \to \infty$, la recta definida por la ecuación $x = -1{,}5$ es la asíntota de la gráfica.
2. La función es de la forma general.
3. Los puntos característicos:
   a) El punto de intersección con el eje de las x: para $y = 0$, es decir, $\log_{\frac{1}{2}}(2x + 3) = 0$; $2x + 3 = 1$; $2x = -2$; $x = -1$; tenemos el punto $A(0;\ -1)$;
   b) El punto de intersección con el eje de las y: para $x = 0\ \ y = \log_{\frac{1}{2}}(2x + 3) =$
   $= \log_{\frac{1}{2}}[2(0) + 3] = \log_{\frac{1}{2}} 3 \approx -1{,}5$; tenemos el punto $B(0;\ -1{,}5)$.

5. $\boldsymbol{y = \log_2(2 - |x|)}$ (fig.117)

La función es par, por esta razón se construye al inicio una rama, y la otra se dibuja simétrica a ella.

Primer método.

Para $x \geq 0$ $\quad y = \log_2(2 - x)$.
Transformemos esta expresión de tal manera, que el argumento tenga signo positivo:

$$y = \log_2[-(x - 2)]$$

Construyamos la gráfica de la función inicial $y = \log_2(-x)$. Luego traslademos el eje Y en (-2), después de esto la parte izquierda de esta gráfica borramos. Obtenemos la rama derecha de la gráfica, la rama izquierda se construye simétrica a ella en relación al eje Y(fig. 17, a).
Es más simple construir la parte izquierda de la gráfica (para $x \leq 0$), transformando la función de esta manera:

$$y = \log_2[2 - (-x)];$$
$$y = \log_2(2 + x)$$

En este caso la gráfica inicial es más simple: $y = \log_2 x$ (fig.117, b). El eje Y se traslada en $(+2)$, después de esto la parte derecha de la gráfica (que está con líneas punteadas) se borra y se sustituye por la curva, simétrica a la parte izquierda de la gráfica.

Segundo método (fig. 117, c).

1) La región de existencia de la función se determina de la condición: $2 - |x| > 0$, es decir, $|x| < 2$; se obtiene el intervalo $(-2; 2)$.
2) La función es par.

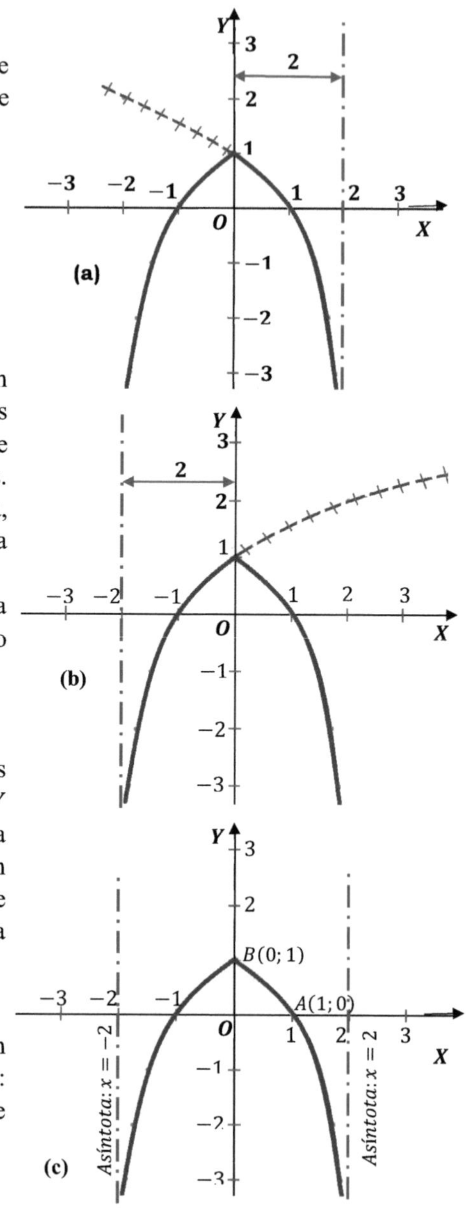

Fig. 117

3) Los puntos característicos son:
   a) El punto de intersección con el eje X: para $y = 0$, es decir, cuando $\log_2(2 - |x|) = 0,\ \ 2 - |x| = 1;\ |x| = 1;$
   $x = \pm 1$. Para la parte derecha tenemos el punto $A(1; 0)$;
   b) El punto de intersección con el eje Y:
   Para $x = 0 \quad y = \log_2(2 - 0) = \log_2 2 = 1;$
   Tenemos el punto $B(0; 1)$;
   c) $\lim\limits_{x\to 2} y = \lim\limits_{x\to 2}(2 - x) = -\infty$; la recta $x = 2$ (y también la recta $x = -2$ de la rama izquierda) es la asíntota vertical.

De las comparaciones realizadas en este acápite se puede ver, que las estrategias de apoyo para la construcción de gráficas de funciones logarítmicas no tienen tanta ventaja, como en la construcción de gráficas de las funciones lineales, potenciales y fraccionarias lineales, que se desarrollaron en los parágrafos anteriores.

§27. GRÁFICA DE FUNCIONES EXPONENCIALES

En los siguientes ejemplos se muestra la construcción de gráficas de funciones exponenciales mediante los dos métodos aplicados para otras funciones.

1. $y = 3^{x+1}$ (fig.118).

Primer método

La función inicial es $y = 3^x$.

El eje Y se mueve en $(+1)$. Es necesario además verificar el punto de intersección de la gráfica con el eje Y. Las coordenadas de este punto se + ||calculan más adelante en la construcción de la gráfica con el segundo método.

Segundo método

1. La región de existencia de la función es toda la recta numérica de las x.
2. El intervalo de variación de la función es: $0 < x < \infty$.

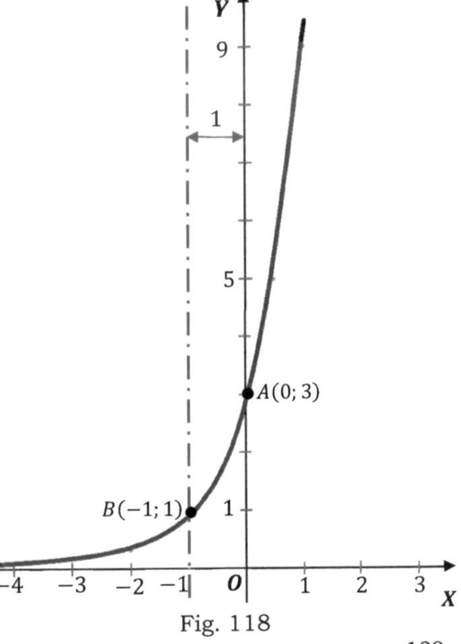

Fig. 118

3. La función es de la forma general.
4. Los puntos característicos son:
   a) La gráfica no se interseca con el eje de las x.
   b) El punto de intersección con el eje Y: para $x = 0 \quad y = 3^{0+1} = 3$; es el punto $A(0;3)$.
   c) Los valores límites de la función:
   $\lim_{x\to\infty} y = \lim_{x\to\infty} 3^{x+1} = \infty$; por eso la función crece más rápido que el argumento;
   $\lim_{x\to\infty} y = \lim_{x\to-\infty} 3^{x+1} = 0$; el eje X es la asíntota horizontal.

Adicionalmente se determina el punto: $x = -1$; $y = 3^0 = 1$, $B(-1;1)$ para mayor precisión.

2. $\boldsymbol{y = 3^{|x|+1}}$ (fig.119)

Primer método

Se advierte que la función es par, por ello al principio es suficiente construir solamente la parte derecha de la gráfica. Para $x \geq 0$ la función se escribe así: $y = 3^{x+1}$. Consideremos la función inicial: $y = 3^x$. El eje Y se mueve en $(+1)$, después de esto, la parte izquierda de la gráfica obtenida se borra, y la rama izquierda de la gráfica buscada se construye simétrica a la derecha.

El punto de intersección con el eje Y, que es el punto común para las partes derecha e izquierda de la gráfica, hay que calcular adicionalmente.

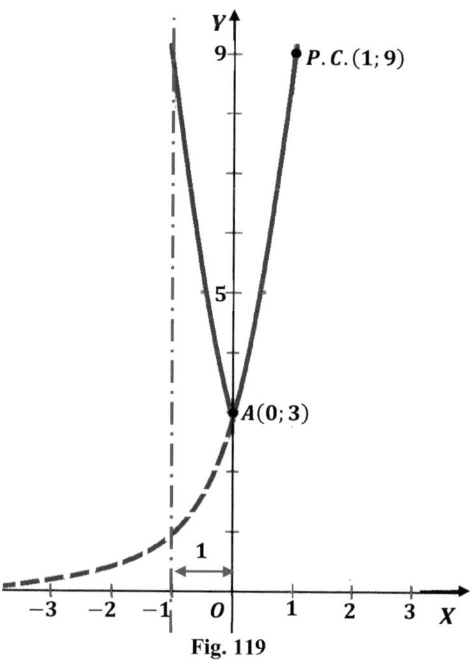

Fig. 119

Segundo método

1. La región de definición de la función es el intervalo: $(-\infty; \infty)$.

   1 a. El intervalo de variación de la función se determina de la condición:

$|x| \geq 0;\ y \geq 3^{0+1};\ y \geq 3$; es decir, $3 \leq y < \infty$.

2. La función es par.
3. El punto de intersección con el eje Y: para $x = 0$, $y = 0$; el punto $A(0;3)$ es común para la rama derecha e izquierda de la gráfica.
4. Cuando $x \to \pm\infty \quad y \to \infty$.
5. En el tramo a la derecha del eje Y, es decir, para $x > 0$, la función es creciente, la curva es cóncava.
6. El punto de control para $x = 1 \quad y = 3^{1+1} = 9, P.C.(1;9)$.

3. $\boldsymbol{y = 3^{|x+1|}}$ (fig.120)

Primer método

Consideremos la función inicial:

$y = 3^{|x|}$. El eje Y se traslada en $(+1)$.

Segundo método

1. La región de existencia de la función es el intervalo $(-\infty;\ \infty)$.

   1ª) El intervalo de variación de la función se determina de la condición: $|x+1| \geq 0$; se obtiene, $y \geq 3^0; y \geq 1$;
   $1 \leq y \leq \infty$.
2. La función es de la forma general y tiene dos ramas:
   a) Para $x + 1 \geq 0$, es decir, para $x \geq -1, \quad y = 3^{x+1}$;
   b) Para $x + 1 \leq 0$, es decir, para $x \leq -1, y = 3^{-(x+1)}$,
   $y = \left(\frac{1}{3}\right)^{x+1}$.

   El punto común; para $x + 1 = 0$, es decir, $x = -1, y^{-1+1} = 3^0 = 1$: tiene coordenadas $A(-1;1)$.
3. El punto de intersección con el eje de las y: $x = 0; \quad y = 3^1 = 3; \quad B(0;3)$

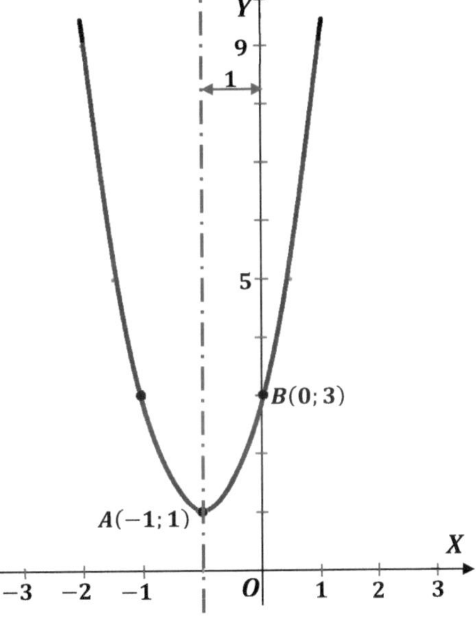

Fig. 120

Nota: *Las coordenadas de los puntos A y B, se deberían calcular también en la construcción de la gráfica por el primer método en calidad de puntos de control.*

4. $\lim_{x\to\pm\infty} y = \lim_{x\to\pm\infty} 3^{|x+1|} = \infty$.

para $x+1>0$, la función $y=3^{x+1}$ es creciente;

para $x+1<0$, la función $y=3^{-(x+1)}$ es decreciente.

El crecimiento y el decrecimiento de la función es más brusco que el crecimiento del argumento.

4. $y = 3^{||x|-1|}$ (fig. 121)

Primer método

Se advierte, que la función es par, porque $|x| = |-x|$, y por ello indagamos solamente la parte derecha de la gráfica (para $x \geq 0$). En este caso la función tiene la forma: $y = 3^{|x-1|}$.

La función inicial es: $y = 3^{|x|}$. El eje Y se traslada en (-1) y se dibuja solamente la parte derecha de la gráfica (para $x \geq 0$); todo, lo que está a la izquierda el eje trasladado, se borra. Luego, se construye la parte izquierda de la gráfica (para $x \leq 0$) simétrica a la derecha.

El punto común de la parte derecha e izquierda de la gráfica se calcula a continuación (segundo método, p. 2).

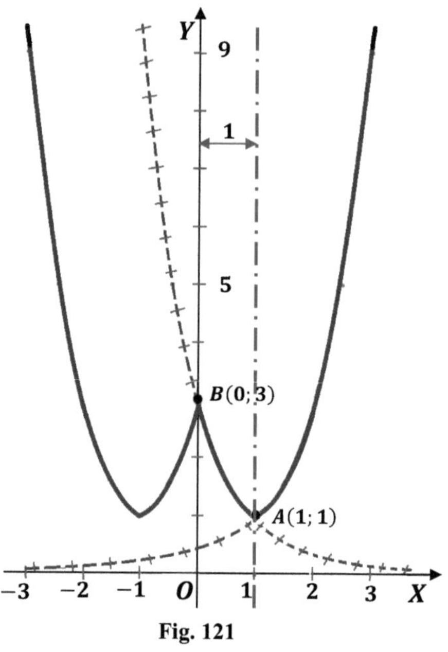

Fig. 121

Segundo método

1. La región de definición de la función es el intervalo: $(-\infty;\ \infty)$.

   1ª) El intervalo de variación de la función se encuentra de la condición:

   $\big||x|-1\big| \geq 0$, de donde $y \geq 3^0$, es decir, $y \geq 1$.

2. La función es par. La ecuación de la parte derecha de la grafica tiene la forma: $y = 3^{|x-1|}$. Por tanto, la parte derecha de la gráfica (para $x \geq 0$) está compuesta de dos ramas, cuyas ecuaciones son:

   para $x-1 \geq 0$, es decir, para $x \geq 1$, $y = 3^{x-1}$;

para $x - 1 \leq 0$, es decir, para $x \leq 1$, $y = 3^{-(x-1)}$ o $y = \left(\frac{1}{3}\right)^{x-1}$.

El punto común para ambas ramas:

Para $x - 1 = 0$, vale decir, par $x = 1$, $y = 3^0 = 1$; es el punto $A(1; 1)$.

3. El punto de intersección con el eje Y: para $x = 0$ (es decir, para $x - 1 < 0$)

   $y = \left(\frac{1}{3}\right)^{-1} = 3$; es el punto $B(0; 3)$.

4. $\lim\limits_{x\to\infty} y = \lim\limits_{x\to\infty} 3^{|x-1|} = \infty$.

En base a estos datos se construye fácilmente la parte derecha de la gráfica. La parte izquierda es simétrica a ella.

La comparación de las construcciones de las funciones exponenciales con diferentes métodos muestra, que en general la aplicación de estrategias de apoyo facilita la construcción de las gráficas de funciones exponenciales, especialmente si en esto consideramos las propiedades generales de la función, tales como la paridad y otras.

§28. GRÁFICA DE FUNCIONES TRIGONOMÉTRICAS

1. $\boldsymbol{y = 2 + \cos\left(x + \frac{\pi}{3}\right)}$ (Fig. 122).

Primer método

Reescribamos la función de esta manera:

$$y = \cos\left(x + \frac{\pi}{3}\right) + 2$$

Construyamos la gráfica de la función inicial $y = \cos x$.

El eje Y se mueve en $\left(+\frac{\pi}{3}\right)$ en dirección horizontal. Luego, el eje X se traslada en (-2), es decir, en 2 unidades hacia abajo.

Segundo método

1. La región de existencia de la función es toda la recta numérica de las x.
2. El intervalo de variación de la función se determina de la condición:

$$-1 \leq \cos\left(x + \frac{\pi}{3}\right) \leq 1$$

$$2 - 1 \leq 2 + \cos\left(x + \frac{\pi}{3}\right) \leq 2 + 1$$

$$1 \leq y \leq 3$$

3. La función no tiene las propiedades de paridad o no paridad por la presencia del incremento al argumento.
4. La función es periódica, con periodo 2π, por cuanto

$$2+\cos\left(x+\frac{\pi}{3}\right)=2+\cos\left[\left(x+\frac{\pi}{3}\right)+2k\pi\right]$$

Por ello, calculamos los puntos característicos de la gráfica solamente para un periodo, por ejemplo para

$$0\le x+\frac{\pi}{3}\le 2\pi,\text{ es decir, } -\frac{\pi}{3}\le x\le\frac{5\pi}{3}.$$

5. Los puntos característicos son:

$x=-\frac{\pi}{3};\quad y=2+\cos 0=3;\quad A\left(-\frac{\pi}{3};3\right);$

$x=-\frac{\pi}{3}+\frac{\pi}{2}=\frac{\pi}{6};\quad y=2+\cos\frac{\pi}{2}=2;\quad B\left(\frac{\pi}{6};2\right);$

$x=-\frac{\pi}{3}+\pi=\frac{2\pi}{3};\quad y=2+\cos\pi=1;\quad C\left(\frac{2\pi}{3};1\right);$

$x=-\frac{\pi}{3}+\frac{3}{2}\pi=1\frac{1}{6}\pi;\quad y=2+\cos\frac{3\pi}{2}=2;\quad D\left(1\frac{1}{6}\pi;2\right);$

$x=-\frac{\pi}{3}+2\pi=1\frac{2}{3}\pi;\quad y=2+\cos 2\pi=3;\quad E\left(1\frac{2}{3}\pi;3\right);$

En la figura 122 el gráfico de la función dada para un solo periodo se ha remarcado con línea gruesa.

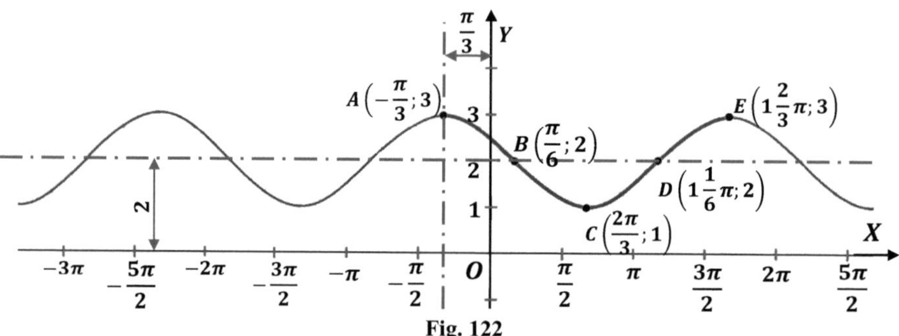

Fig. 122

2. $\boldsymbol{y=1,5-2\,\text{sen}\left(3x+\frac{\pi}{4}\right)}$ (fig. 123)

Primer método.

Escribamos la funcion en la siguiente forma:

$$y=-2\,\text{sen}\left(3x+\frac{\pi}{4}\right)+1{,}5$$

Transformemos la expresión entre paréntesis de tal manera que, se pueda extraer el incremento al argumento.

$$y = -2\,\text{sen}\left[3\left(x + \frac{\pi}{12}\right)\right] + 1{,}5.$$

Construyamos la gráfica de la función inicial $y = -\,\text{sen}\,x$.

La deformación por el eje horizontal (compresión triple) obligatoriamente antecede al traslado horizontal del eje Y en $\left(+\frac{\pi}{12}\right)$, y la deformación por el eje vertical (estiramiento doble) deberá anteceder a la traslación vertical del eje X en $(-1{,}5)$.

El orden de la construcción de la gráfica es el siguiente:

1) Se construye la gráfica de la función $y = -\,\text{sen}\,x$;
2) La gráfica se comprime por el eje de las x en tres veces;
3) El eje Y se traslada por la horizontal en $\left(+\frac{\pi}{12}\right)$;
4) La gráfica se estira por el eje Y en dos veces;
5) El eje de las x se traslada por la vertical en $(-1{,}5)$.

Se puede realizar la construcción tambien con la siguiente secuencia. Primero, se realiza la deformación de la gráfica inicial en ambas direcciones, a continuación se mueve ambos ejes. Sin embargo, no se debe mover los ejes en alguna de las direcciones antes de la deformación de la gráfica en esta dirección.

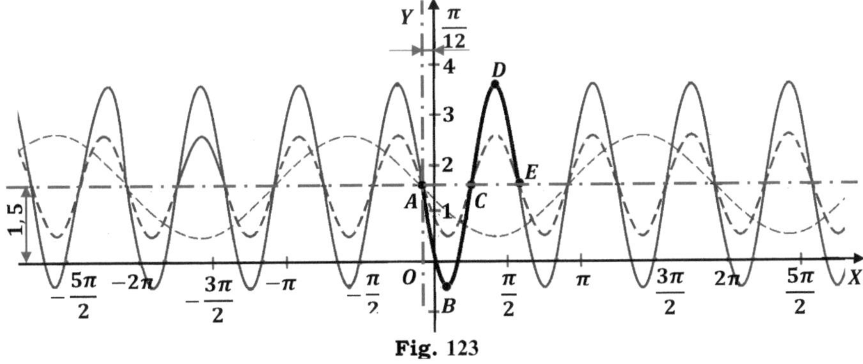

Fig. 123

Segundo método.

$$y = 1{,}5 - 2\,\text{sen}\left(3x + \frac{\pi}{4}\right);$$

$$y = 1{,}5 - 2\,\text{sen}\left[3\left(x + \frac{\pi}{12}\right)\right].$$

1. La región de existencia de la función está definida por el intervalo: $(-\infty;\ \infty)$.

   1ª) El intervalo de variación de la función se determina de la condición:

   $$-1 \le \text{sen}\left(3x + \frac{\pi}{4}\right) \le 1; \quad (-1)(-2) \ge (-2)\,\text{sen}\left(3x + \frac{\pi}{4}\right) \ge (1)(-2)$$

   $$-2 \le -2\,\text{sen}\left(3x + \frac{\pi}{4}\right) \le 2; \quad 1{,}5 - 2 \le 1{,}5 - 2\,\text{sen}\left(3x + \frac{\pi}{4}\right) \le 1{,}5 + 2$$

   $$-0{,}5 \le y \le 3{,}5.$$

2. La función no tiene las propiedades de paridad o no paridad.

   2ª) La función es periódica, con periodo $\frac{2\pi}{3}$, por cuanto

   $$\text{sen}\left(3x + \frac{\pi}{4}\right) = \text{sen}\left[\left(3x + \frac{\pi}{4}\right) + 2k\pi\right] = \text{sen}\left\{3\left[\left(x + \frac{\pi}{12}\right) + \frac{2k\pi}{3}\right]\right\}.$$

3. Los puntos característicos para un periodo, por ejemplo para el periodo $-\frac{\pi}{12} \le x \le -\frac{\pi}{12} + \frac{2\pi}{3}$, es decir, $-\frac{\pi}{12} \le x \le \frac{7\pi}{12}$, expresemos mediante $\frac{1}{4}$ de periodo, es decir, mediante $\frac{2\pi}{3\cdot 4} = \frac{\pi}{6}$:

   a) $x = -\frac{\pi}{12}$; $y = 1{,}5 - 2\cdot 0 = 1{,}5$; el punto $A\left(-\frac{\pi}{12}; 1{,}5\right)$;

   b) $x = -\frac{\pi}{12} + \frac{\pi}{6} = \frac{\pi}{12}$; $y = 1{,}5 - 2\cdot 1 = -0{,}5$; el punto $B\left(\frac{\pi}{12};\ -0{,}5\right)$;

   c) $x = \frac{\pi}{12} + \frac{\pi}{6} = \frac{\pi}{4}$; $y = 1{,}5 - 2\cdot 0 = 1{,}5$; el punto $C\left(\frac{\pi}{4}; 1{,}5\right)$;

   d) $x = \frac{\pi}{4} + \frac{\pi}{6} = \frac{5\pi}{12}$; $y = 1{,}5 - 2\cdot(-1) = 3{,}5$; el punto $D\left(\frac{5\pi}{12}; 3{,}5\right)$;

   e) $x = -\frac{\pi}{12} + \frac{2\pi}{3} = \frac{7\pi}{12}$; $y = 1{,}5 - 2\cdot 0 = 1{,}5$; el punto $E\left(\frac{7\pi}{12}; 1{,}5\right)$.

3. $y = 0,5\ \text{tg}\left(\frac{2}{3}x + \frac{\pi}{6}\right) - 1$ (fig.124)

Primer método

Transformemos la función en la forma:

$$y = 0{,}5\,\text{tg}\left[\frac{2}{3}\left(x + \frac{\pi}{4}\right)\right] - 1$$

Gráfica inicial es la función tangente: $y = \text{tg}\,x$.

Por la línea horizontal la gráfica crece en 1,5 veces $\left(\frac{1}{\frac{2}{3}} = 1.5\right)$.

La dilatación de la gráfica hay que empezar desde la traslación de la asíntota vertical y los puntos nulos de la función, luego trasladar los puntos, correspondientes a $\operatorname{tg} x = \pm 1$. En lo sucesivo también seguir por estos puntos.

En la dirección vertical la gráfica se comprime en $\frac{1}{0{,}5} = 2$ veces. En tanto, los puntos nulos de la función se matienen así nulos; la compresión por el eje Y es mejor empezar por los puntos, correspondientes a los valores $\operatorname{tg} x = \pm 1$.
Seguidamente se realiza el traslado de los ejes coordenados:

- $*$ el eje Y se mueve en $\left(+\frac{\pi}{4}\right)$;
- $*$ el eje X se mueve en $(+1)$.

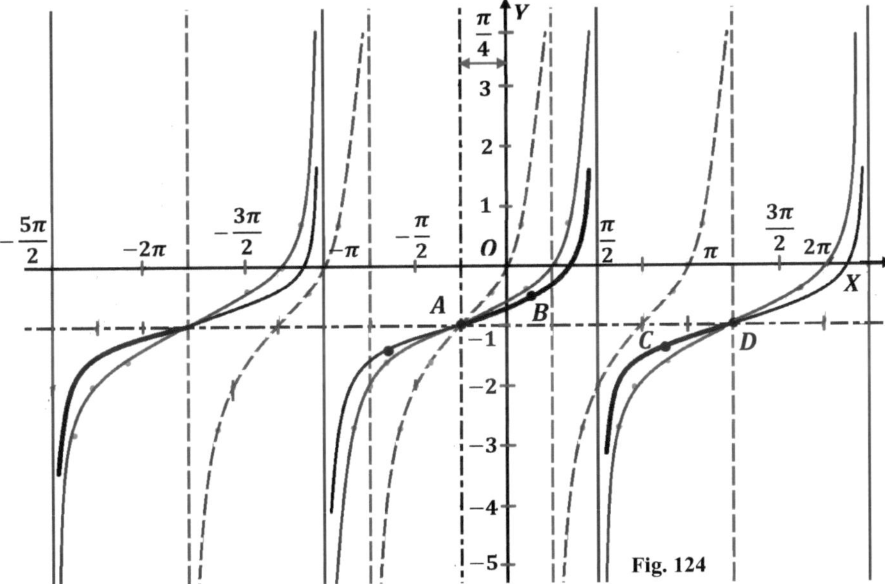

Fig. 124

Representación (fig. 124):

— · — · — *Coordenadas de apoyo*
– – – – *Grafica inicial y su asíntota*
——— *Gráfica estirada por el eje X*
——— *Grafica final*
▬▬▬ *Grafica para un periodo construido con el segundo método*

Segundo método

1. La región de definición se encuentra de la condición:

$$\frac{2}{3}x+\frac{\pi}{6}\neq\frac{\pi}{2}+\pi n\to\frac{2}{3}x\neq\frac{\pi}{2}-\frac{\pi}{6}+\pi n;$$

$$\frac{2}{3}x\neq\frac{\pi}{3}+\pi n\to\ x\neq\frac{\pi}{2}+\frac{3}{2}\pi n;$$

Obtenemos el conjunto de intervalos

$\frac{\pi}{2}+\frac{3}{2}\pi n<x<\frac{\pi}{2}+\frac{3}{2}\pi(n+1)$ o su forma equivalente:

$$\frac{\pi}{2}+\frac{3}{2}\pi n<x<2\pi+\frac{3}{2}\pi$$

2. La función es periódica. Le periodo hallamos de la condición:

$$\operatorname{tg}\left(\frac{2}{3}x+\frac{\pi}{6}\right)=\operatorname{tg}\left[\left(\frac{2}{3}x+\frac{\pi}{6}\right)+\pi n\right]=\operatorname{tg}\frac{2}{3}\left[\left(x+\frac{\pi}{4}\right)+\frac{3}{2}\pi n\right]$$

El periodo de la función es $\frac{3}{2}\pi$.

3. Los puntos característicos para un periodo, por ejemplo para el periodo

$$-\frac{\pi}{4}<x<\frac{5}{4}\pi$$

Este periodo se ha elegido de esta manera, para que en los puntos extremos de la tangente sea igual a cero. Los puntos característicos se ha elegido a través de un $\frac{1}{4}$ periodo, es decir, a través de $\frac{3}{8}\pi$, tal como se muestra a continuación.

1) $x=-\frac{\pi}{4};\quad y=0{,}5\operatorname{tg}\left(-\frac{2\pi}{3\cdot4}+\frac{\pi}{6}\right)-1=-1$; el punto $\boldsymbol{A}\left(-\frac{\pi}{4};-1\right)$;

2) $x=\frac{\pi}{8};\ y=0{,}5\operatorname{tg}\left(\frac{2}{3}\cdot\frac{\pi}{8}+\frac{\pi}{6}\right)-1=0.5\operatorname{tg}\frac{\pi}{4}-1=0{,}5;\ \boldsymbol{B}\left(\frac{\pi}{8};-0{,}5\right)$;

3) $x\to\frac{\pi}{2};\ \lim_{x\to\frac{\pi}{2}}y=0{,}5\operatorname{tg}\left(\frac{2}{3}\cdot\frac{\pi}{2}+\frac{\pi}{6}\right)-1=0{,}5\operatorname{tg}\frac{\pi}{2}-1=\pm\infty.$

a) $\lim_{x\to\frac{\pi}{2}-0}y=+\infty\left(\text{a la izquierda de }x=\frac{\pi}{2}\right)$;

b) $\lim_{x\to\frac{\pi}{2}+0}y=-\infty\left(\text{a la derecha de }x=\frac{\pi}{2}\right)$;

4) $x=\frac{7\pi}{8};\ y=0{,}5\operatorname{tg}\left(\frac{2}{3}\cdot\frac{7\pi}{8}+\frac{\pi}{6}\right)-1=0{,}5\operatorname{tg}\frac{3\pi}{4}-1=-1{,}5;\ \boldsymbol{C}\left(\frac{7\pi}{8};-1{,}5\right)$;

5) $x = \frac{5\pi}{4}$; $y = 0{,}5\,\mathrm{tg}\left(\frac{2}{3}\cdot\frac{5\pi}{4}+\frac{\pi}{6}\right) - 1 = 0{,}5\,\mathrm{tg}\,\pi - 1 = -1$; $\boldsymbol{D}\left(\frac{5\pi}{4}; -1\right)$.

En la figura 124, por los puntos calculados, se ha construido la gráfica para un periodo (se ha marcado con linea gruesa con los puntos característicos marcados). Luego, se precisa la marcación de las asíntotas mediante $\frac{1}{2}$ periodo $\left(\frac{3\pi}{4}\right)$ de los puntos extremos del primer periodo $\left(\frac{3}{2}\pi\right)$ uno de otro; después de esto, la construcción de toda la gráfica no ofrece dificultad.

4. $\boldsymbol{y = 2 + \mathbf{sen}\left(|x| + \frac{\pi}{3}\right)}$ (fig. 125).

Primer método

No se debe tomar por función primigénia $y = \mathrm{sen}|x|$, porque $|x|$ no es un argumento independiente, es una función ($f(x) = |x|$), y el incremento $\left(+\frac{\pi}{3}\right)$ no se relaciona al argumento x, se relaciona a esta función.

En realidad, la función dada se descompone en dos:

1) Para $x \geq 0$ $\quad y = 2 + \mathrm{sen}\left(x + \frac{\pi}{3}\right)$;

2) Para $x \leq 0$ $\quad y = 2 + \mathrm{sen}\left(-x + \frac{\pi}{3}\right)$

En estas expresiones la funciones primigéneas son diferentes:

1) $y = \mathrm{sen}\,x$,

2) $y = -\,\mathrm{sen}\,x$.

Los incrementos a los argumentos son también diferentes:

1) $\left(+\frac{\pi}{3}\right)$,

2) $\left(-\frac{\pi}{3}\right)$.

Como consecuencias de esto hubiera sido necesario trasladar para la parte derecha de la gráfica el eje Y en $\left(+\frac{\pi}{3}\right)$, y para la parte izquierda en $\left(-\frac{\pi}{3}\right)$, que, se supone, no se puede realizar en una misma gráfica.

Sin embargo, esto no es necesario. Es importante notar inmediatamente, que la función dada es par, por cuanto $|x| = |-x|$. En este caso, como ya sabemos, es suficiente realizar la construcción solamente, de una parte, por ejemplo, la parte derecha de la gráfica (para $x \geq 0$), y luego construir la parte izquierda, simétrica a la derecha en relación al eje Y.

Para $x \geq 0$ la función dada se escribe así:

$$y = 2 + \operatorname{sen}\left(x + \frac{\pi}{3}\right) \quad \text{ó}$$

$$y = \operatorname{sen}\left(x + \frac{\pi}{3}\right) + 2$$

La construccion siguiente es sumamente sencilla.

Construyamos la gráfica de la función primigénea $y = \operatorname{sen} x$ (sinusoide).

El eje Y movemos en $\left(+\frac{\pi}{3}\right)$, es decir a la derecha.

El eje X movemos en (-2), es decir, hacia abajo.

Luego todo lo que resultó a la izquierda del eje Y, se puede borrar y contruir la parte izquierda de la gráfica, simétrica a la parte restante de la derecha.

Encontremos el punto común para ambas partes de la gráfica (para $x = 0$):

$$y = 2 + \operatorname{sen}\frac{\pi}{3} = 2 + \frac{\sqrt{3}}{2} \approx 2{,}87; \text{ es el punto } (0; 2{,}87).$$

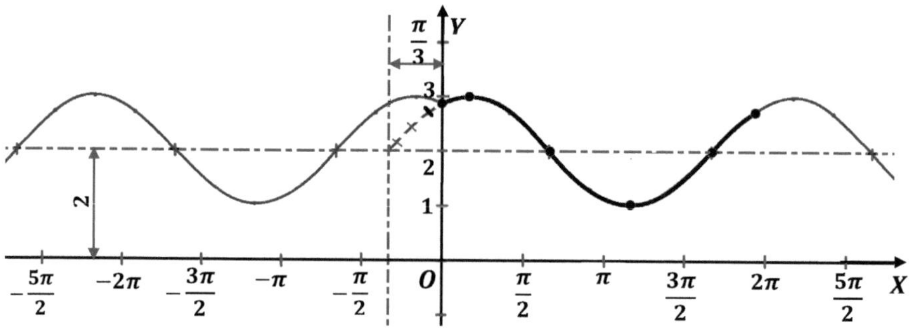

Fig. 125

Segundo método

1. La región de existencia es el intervalo: $(-\infty; \infty)$.

   1ª) El conjunto de los valores de la función se determina de la condición:

$$-1 \le \operatorname{sen}\left(|x| + \frac{\pi}{3}\right) \le 1 \ ,$$

$$2 - 1 \le 2 + \operatorname{sen}\left(|x| + \frac{\pi}{3}\right) \le 2 + 1 \,,$$

$$1 \le y \le 3$$

2. La función es par y periódica con periodo 2π.
3. Determinemos los puntos característicos para un periodo, por ejemplo para el periodo $0 \le x \le 2\pi$:

   a) $x_0 = 0$; $y_0 = 2 + \operatorname{sen}\frac{\pi}{3} \approx 2{,}87$- es el punto común para ambas ramas de la gráfica, la coordenada del cual $(0; 2{,}87)$ se obtuvo arriba.

b) La función tiene máximo para $x + \frac{\pi}{3} = \frac{\pi}{2}$, es decir, para $x_1 = \frac{\pi}{2} - \frac{\pi}{3} = \frac{\pi}{6}$;

$y_1 = 2 + \operatorname{sen}\frac{\pi}{2} = 3$; en el punto $\left(\frac{\pi}{6}; 3\right)$.

c) Seguidamente tomemos puntos cada $\frac{\pi}{2}$:

* para $x_2 = \frac{\pi}{6} + \frac{\pi}{2} = \frac{2\pi}{3}$ $\quad y_2 = 2 + \operatorname{sen}\left(\frac{2\pi}{3} + \frac{\pi}{3}\right) = 2 + \operatorname{sen}\pi = 2$; el punto $\left(\frac{2\pi}{3}; 2\right)$;

* para $x_3 = \frac{5\pi}{3}$, $y_3 = 2 + \operatorname{sen}\left(\frac{5\pi}{3} + \frac{\pi}{3}\right) = 2 + \operatorname{sen}2\pi = 2 - 1 = 1$; el punto $\left(\frac{5\pi}{3}; 1\right)$.

4. Puntos de frontera para $x_4 = 2\pi$ $\quad y_4 = 2 + \operatorname{sen}\frac{\pi}{3} = 2 + \frac{\sqrt{3}}{2} \approx 2{,}87$; es el punto $(2\pi; 2{,}87)$.

En la figura 125 se ha resaltado la curva con línea gruesa para este periodo.

5. $\boldsymbol{y = 2 - \operatorname{sen}\left|x + \frac{\pi}{3}\right|}$ (fig. 126)

Primer método

Escribamos la función así:

$$y = -\operatorname{sen}\left|x + \frac{\pi}{3}\right| + 2.$$

Construyamos la gráfica de la función primigénea $y = -\operatorname{sen}|x|$. El eje Y traslademos en $\left(+\frac{\pi}{3}\right)$, y el eje X en (-2).

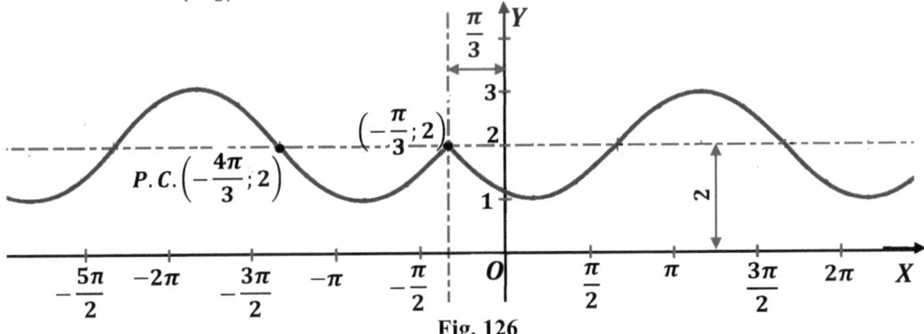

Fig. 126

Segundo método

La gráfica tiene dos ramas, cuyas ecuaciones son diferentes:

1) Para $x + \frac{\pi}{3} \geq 0$, es decir, para $x \geq -\frac{\pi}{3}$,

$$y = -\operatorname{sen}\left(x + \frac{\pi}{3}\right) + 2 ;$$

2) Para $x+\frac{\pi}{3}\le 0$, es decir, para $x\le -\frac{\pi}{3}$,

$$y=-\operatorname{sen}\left[-\left(x+\frac{\pi}{3}\right)\right]+2\,,$$

$$y=\operatorname{sen}\left(x+\frac{\pi}{3}\right)+2\,,$$

Desarrollemos la indagación de la función:

1. La región de existencia de la función es el intervalo: $(-\infty;\ \infty)$.

   1ª) El intervalo de variación de la función determinamos de la condición:

$$-1\le \operatorname{sen}\left(x+\frac{\pi}{3}\right)\le 1,$$

$$-1\le -\operatorname{sen}\left(x+\frac{\pi}{3}\right)\le 1$$

$$2-1\le 2-\operatorname{sen}\left(x+\frac{\pi}{3}\right)\le 2+1$$

$$1\le y\le 3$$

2. La función no tiene la propiedad de paridad o no paridad.

   2ª) La función es periódica con periodo 2π. Exactamente deberíamos decir, que las dos funciones (funciones de ambas ramas) son periódicas, con periodo 2π.

3. El punto común para las dos ramas de la gráfica:

   $x=-\frac{\pi}{3};\quad y=-\operatorname{sen}|0|+2=2$; es el punto $\left(-\frac{\pi}{3};2\right)$.

4. Los otros puntos característicos de un periodo de la rama derecha de la gráfica son:

   a) $x+\frac{\pi}{3}=\frac{\pi}{2};\ x=\frac{\pi}{2}-\frac{\pi}{3}=\frac{\pi}{6};\ y=-\operatorname{sen}\frac{\pi}{2}+2=1$; es el punto $\left(\frac{\pi}{6};1\right)$;

   b) $x=\frac{\pi}{6}+\frac{\pi}{2}=\frac{2\pi}{3};\ y=-\operatorname{sen}\pi+2=2$; es el punto $\left(\frac{2\pi}{3};2\right)$;

   c) $x=\frac{2\pi}{3}+\frac{\pi}{2}=\frac{7\pi}{6};\ y=-\operatorname{sen}\frac{3\pi}{2}+2=1+2=3$; es el punto $\left(\frac{7\pi}{6};3\right)$;

   d) $x=-\frac{\pi}{3}+2\pi=\frac{5\pi}{3};\ y=2$; es el punto $\left(\frac{5\pi}{3};2\right)$.

5. Los otros puntos característicos para un periodo de la rama izquierda de la gráfica son:

   a) $x+\frac{\pi}{3}=-\frac{\pi}{2};\ \ x=-\frac{\pi}{2}-\frac{\pi}{3}=-\frac{5\pi}{6};\ y=\operatorname{sen}\left(-\frac{5\pi}{6}+\frac{\pi}{3}\right)+2=$ $\operatorname{sen}\left(-\frac{\pi}{2}\right)+2=-1+2=1$; es el punto $\left(-\frac{5\pi}{6};1\right)$;

   b) $x=-\frac{5\pi}{6}-\frac{\pi}{2}=-\frac{4\pi}{3};\ y=\operatorname{sen}(-\pi)+2=2$; es el punto $\left(-\frac{4\pi}{3};2\right)$;

   c) $x=-\frac{4\pi}{3}-\frac{\pi}{2}=-\frac{11\pi}{6};\ \ y=\operatorname{sen}\left(-\frac{3\pi}{2}\right)+2=3$; es el punto $\left(-\frac{11\pi}{6};3\right)$;

d) $x = -\frac{\pi}{3} - 2\pi = -\frac{7\pi}{3}$; $y = 2$; es el punto $\left(-\frac{7\pi}{3}; 2\right)$.

La construcción de la gráfica por tal cantidad de puntos no ofrece ninguna dificultad. En la figura 126 se ha señalado el punto común para ambas ramas de la gráfica $\left(-\frac{\pi}{3}; 2\right)$ y además un punto de control $\left(-\frac{4\pi}{3}; 2\right)$.

6. $\boldsymbol{y = 1 + 0,75\left|\mathrm{tg}\left(\frac{\pi}{6} - \frac{x}{2}\right)\right|}$ (fig.127).

Primer método

Antes que todo transformemos la expresión dada con la finalidad de extraer la magnitud del incremento de x:

$$y = 0{,}75\left|\mathrm{tg}\left[-\frac{1}{2}\left(x - \frac{\pi}{3}\right)\right]\right| + 1 = 0{,}75\left|-\mathrm{tg}\frac{1}{2}\left(x - \frac{\pi}{3}\right)\right| + 1;$$

$$y = 0{,}75\left|\mathrm{tg}\frac{1}{2}\left(x - \frac{\pi}{3}\right)\right| + 1.$$

Construyamos la gráfica de la función primigénea $y = |\mathrm{tg}\, x|$. Esta gráfica inicial se deforma de la siguiente manera:

a) en dirección horizontal se estira en 2 veces (compresión en $\frac{1}{2}$ veces), para ello primero se traslada los puntos nulos de la gráfica inicial y sus asíntotas vericales;
b) en dirección vertical la ordenadas se disminuyen, haciendo el 0,75 de la ordenada de la gráfica inicial.

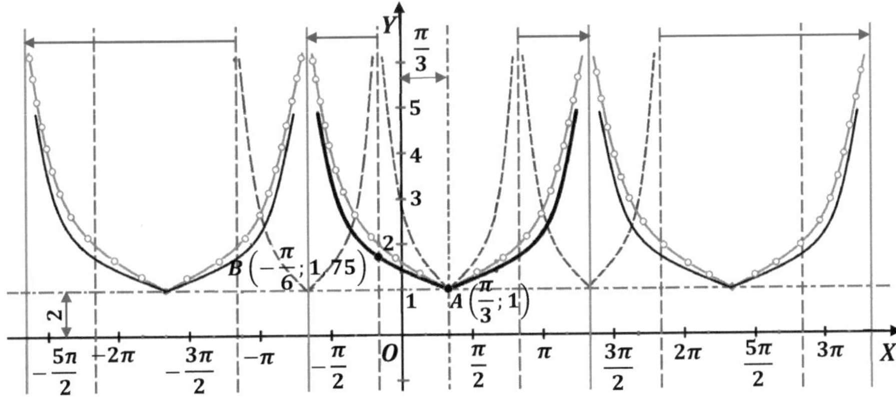

Fig. 127

Representación ***(fig. 127):***

— · — · — *Coordenadas de apoyo*
— — — - *Gráfica inicial y su asíntota*
-o-o-o-o- *Gráfica dilatada por el eje X*
———— *Gráfica final*
———— *Gráfica para un periodo construida por el segundo método*
———→ *Desplazamiento de las asíntotas verticales*

c) Se traslada los ejes coordenados de la siguiente manera:
  * el eje Y en $\left(-\frac{\pi}{3}\right)$;
  * el eje X en (-1).

Segundo método

$$y = 1 + 0{,}75\left|\mathrm{tg}\left(\frac{\pi}{6} - \frac{x}{2}\right)\right|.$$

1. La región de existencia de la función es el conjunto de intervalos, definidas de la condición:

$$-\frac{\pi}{2} + 2\pi n < \frac{\pi}{6} - \frac{x}{2} < \frac{\pi}{2} + 2\pi n\,,$$

Obtenemos:

$$-\frac{2\pi}{3} + 2\pi n < -\frac{x}{2} < \frac{\pi}{3} + 2\pi n\,,$$

De donde

$$\frac{4\pi}{3} + 2\pi n > x > -\frac{2\pi}{3} + 2\pi n\,, \qquad \text{ó}$$

$$-\frac{2\pi}{3} + 2\pi n < x < \frac{4\pi}{3} + 2\pi n$$

1ª) El intervalo de variación de la función se determina de la condición:

$\left|\mathrm{tg}\left(\frac{\pi}{6} - \frac{x}{2}\right)\right| \geq 0$, de donde se obtiene $y \geq 1$.

2. La función no tiene la propiedad de paridad o no paridad.
2ª) La función es periódica con periodo 2π, porque

$$\mathrm{tg}\left(\frac{\pi}{6} - \frac{x}{2}\right) = \mathrm{tg}\left(\frac{\pi}{6} - \frac{x}{2} - \pi n\right) = \mathrm{tg}\left(\frac{\pi}{6} - \frac{x + 2\pi n}{2}\right)$$

3. Puntos característicos para un periodo.
En base a la indagación, desarrollado en el punto 1, seleccionamos el periodo: $-\frac{2\pi}{3} < x < \frac{4\pi}{3}$. Calculamos las coordenadas de los puntos a través de intervalos, iguales a $\frac{1}{4}$ de periodo, es decir, a través de $\frac{\pi}{2}$.

a) $x_0 = -\frac{2\pi}{3}$; $y_0 = 1 + 0{,}75\left|\text{tg}\left(\frac{\pi}{6} + \frac{2\pi}{3\cdot 2}\right)\right| = 1 + 0{,}75\left|\text{tg}\left(\frac{\pi}{2}\right)\right| =$

$= 1 + 0{,}75\,\text{tg}\frac{\pi}{2}$, no existe, por ello calculamos el límite:

$$\lim_{x\to -\frac{2\pi}{3}+0} y_0 = 1 + 0{,}75\left|\text{tg}\left[\frac{\pi}{6} - \left(-\frac{2\pi}{6} + 0\right)\right]\right| = 1 + 0{,}75\left|\text{tg}\left(\frac{\pi}{2} - 0\right)\right|$$

$$= 1 + 0{,}75\,\text{tg}\left(\frac{\pi}{2} - 0\right) = +\infty$$

b) $x_1 = -\frac{2\pi}{3} + \pi = \frac{\pi}{3}$; $y_1 = 1 + 0{,}75\,\text{tg}\,\pi = 1$; el punto $A\left(\frac{\pi}{3}; 1\right)$.

c) $x_2 = -\frac{2\pi}{3} + 2\pi = \frac{4\pi}{3}$; y_2 no existe, calculamos el límite:

$$\lim_{x\to \frac{4\pi}{3}-0} y_2 = 1 + 0{,}75\left|\text{tg}\left[\frac{\pi}{6} - \left(\frac{2\pi}{3} - 0\right)\right]\right| = 1 + 0{,}75\left|\text{tg}\left(-\frac{\pi}{2} + 0\right)\right|$$

$$= |-\infty| = +\infty\,.$$

d) Evidentemente es necesario, para precisión de la gráfica, tomar un punto más, por ejemplo, en el intervalo entre los puntos x_0 y x_1:

$x_3 = -\frac{2\pi}{3} + \frac{\pi}{2} = -\frac{\pi}{6}$; $y_3 = 1 + 0{,}75\left|\text{tg}\left[\frac{\pi}{6} - \left(-\frac{\pi}{12}\right)\right]\right| = 1 + 0{,}75\left|\text{tg}\frac{\pi}{4}\right| =$
$= 1 + 0{,}75 = 1{,}75$;

Tenemos el punto $B\left(-\frac{\pi}{6}; 1{,}75\right)$.

Por los puntos calculados construimos la gráfica para un periodo (en la figura 127 con líneas gruesas), y luego para la serie de periodos.

La comparación de diferentes métodos de construcción de la gráfica de funciones trigonométricas muestra, que los métodos de construcción de apoyo, significativamente facilitan la resolución del problema, especialmente si para ello se utiliza las propiedades evidentes de la función dada como la simetría y la periodicidad.

§29. GRÁFICA DE FUNCIONES TRIGONOMÉTRICAS INVERSAS

A continuación, desarrollamos algunos ejemplos de construcción de gráficas complejas de funciones trigonométricas inversas.

1. $\boldsymbol{y = \pi + \text{arcsen}(x + 1)}$ (fig.128)

Primer método

Construyamos la gráfica de la función primigenia $y = \operatorname{arcsen} x$. El eje Y se mueve en $(+1)$, y el eje X en $(-\pi)$.

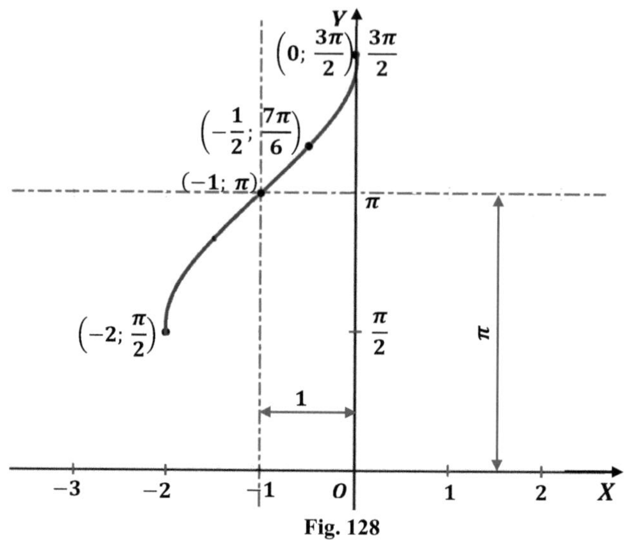

Fig. 128

Segundo método

1. La región de definición de la función se determina de la condición:

$$-1 \leq x + 1 \leq 1, \qquad \text{ó} \quad -2 \leq x \leq 0\,.$$

1ª) El conjunto de los valores de la función se determina con la canción:

$$-\frac{\pi}{2} \leq \operatorname{arcsen}(x+1) \leq \frac{\pi}{2}\,,$$

De donde, $\pi - \frac{\pi}{2} \leq y \leq \pi + \frac{\pi}{2}, \quad \frac{\pi}{2} \leq y \leq \frac{3\pi}{2}$.

2. La función es de la forma general.
3. Los puntos característicos son los siguientes:
   a) Valores de frontera:

   $x = -2;\ \ y = \pi + \operatorname{arcsen}(-1) = \pi - \frac{\pi}{2} = \frac{\pi}{2}$. Es el punto $\left(-2;\ \frac{\pi}{2}\right)$;

   $x = 0;\ \ y = \frac{3\pi}{2}$. Es el punto $\left(0;\ \frac{3\pi}{2}\right)$.

   b) Los puntos intermedios son los siguientes:
   $x = -1;\ \ y = \pi + \operatorname{arcsen} 0 = \pi$. El punto $(-1;\ \pi)$;

$x = -\frac{1}{2}$; $y = \pi +$ arcsen $\frac{1}{2} = \frac{7\pi}{6}$. El punto $\left(-\frac{1}{2}; \frac{7\pi}{6}\right)$.

2. $\boldsymbol{y = \pi - 3\,\mathbf{arccos}\left(\frac{x}{2} + 1\right)}$ (fig.129)

Primer método

Transformemos la función dada:

$$y = -3\,\text{arccos}\left[\frac{1}{2}(x + 2)\right] + \pi$$

Construyamos la gráfica de la función primigenia: $y = -\arccos x$. A continuación, realicemos las deformaciones de la gráfica: En dirección horizontal la gráfica se dilata en 2 veces (compresión en $\frac{1}{2}$ veces); por el eje vertical – se estira en 3 veces. El eje Y se mueve en $(+2)$, y el eje X en $(-\pi)$.

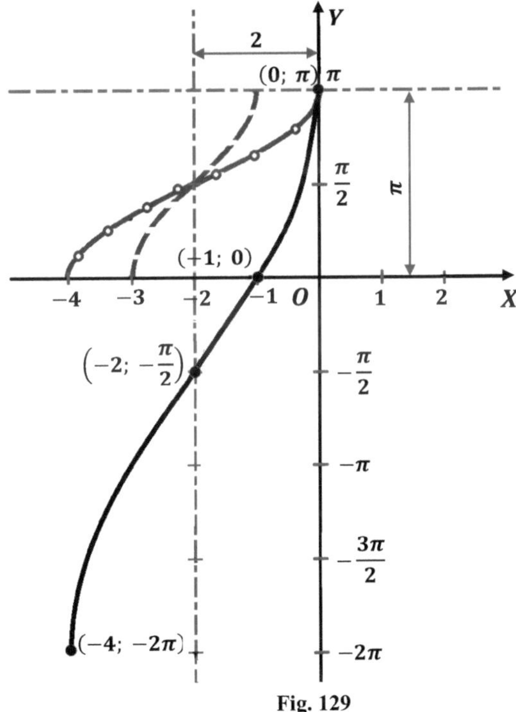

Fig. 129

Representación (fig.129):

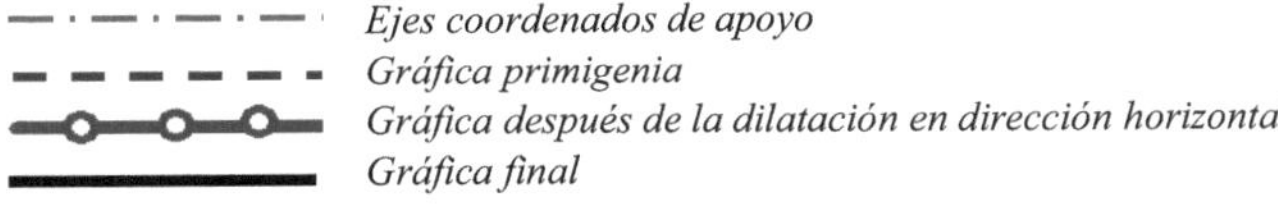

Segundo método

$$y = \pi - 3\arccos\left(\frac{x}{2} + 1\right)$$

1. La región de existencia de la función se determina de la condición:

$$-1 \leq \frac{x}{2} + 1 \leq 1, \text{ de donde}$$

$$-2 \leq \frac{x}{2} \leq 0,$$

$$-4 \leq x \leq 0\,.$$

1ª) La región de variación de la función se determina de la condición:

$$0 \leq \arccos\left(\frac{x}{2} + 1\right) \leq \pi, \text{ de donde}$$

$$-\pi \leq -\arccos\left(\frac{x}{2} + 1\right) \leq 0,$$

$$-3\pi \leq -3\arccos\left(\frac{x}{2} + 1\right) \leq 0,$$

$$-2\pi \leq \pi - 3\arccos\left(\frac{x}{2} + 1\right) \leq \pi,$$

$$-2\pi \leq y \leq \pi\,.$$

2. La función es de la forma general.
3. Puntos característicos:
   a) Los valores de frontera son:
   $x = -4$; $y = \pi - 3\arccos(-2 + 1) = \pi - 3\pi = -2\pi$; el punto $(-4;\ -2\pi)$;
   $x = 0$; $y = \pi - 3\arccos 1 = \pi$; el punto $(0;\ \pi)$.
   b) Los puntos intermedios son:
   $x = -2$; $y = \pi - 3\arccos(-1 + 1) = \pi - \frac{3\pi}{2} = -\frac{\pi}{2}$; el punto $\left(-2;\ -\frac{\pi}{2}\right)$;
   $x = -1$; $y = \pi - 3\arccos\left(-\frac{1}{2} + 1\right) = \pi - 3\arccos\frac{1}{2} = \pi - \frac{10\pi}{3} = 0$; el punto $(-1;\ 0)$.

3. $\boldsymbol{y = \frac{\pi}{2} + \mathrm{arcctg}(0{,}4x + 1)}$ (fig.130)

Primer método

Es preciso, antes que todo, transformar la ecuación dada de tal manera, que se explicite la magnitud del incremento al argumento x:

$$y = \mathrm{arcctg}\left[0{,}4\left(x + \frac{1}{0{,}4}\right)\right] + \frac{\pi}{2},$$

$$y = \operatorname{arcctg}[0{,}4(x + 2{,}5)] + \frac{\pi}{2}.$$

La gráfica de la función primigenia $y = \operatorname{arcctg} x$ se dilata en dirección horizontal en $\frac{1}{0{,}4} = 2{,}5$ veces.

Luego se realiza el movimiento por los ejes coordenados: el eje Y se mueve en $(+2{,}5)$, y el eje X se mueve en $\left(-\frac{\pi}{2}\right)$.

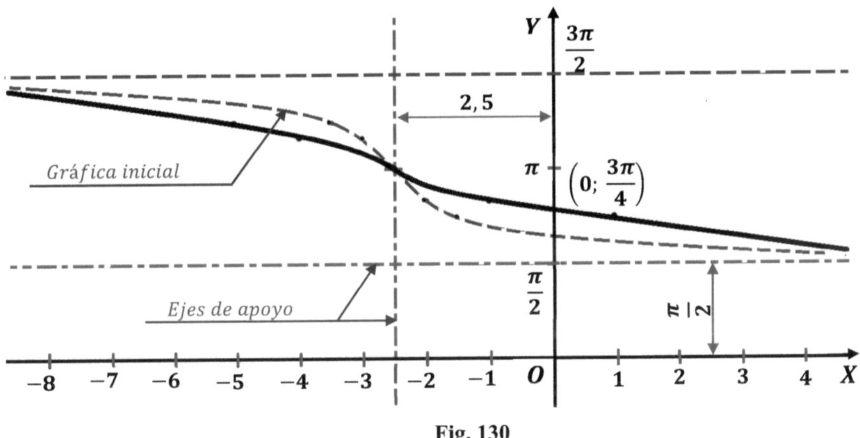

Fig. 130

Segundo método

1. La región de existencia de la función define el intervalo: $(-\infty;\ \infty)$.

   1ª) El intervalo de variación de la función se define de la condición:

   $0 < \operatorname{arcctg}(0{,}4x + 1) < \pi$. Obtenemos: $\frac{\pi}{2} + 0 \leq y \leq \frac{\pi}{2} + \pi$,

$$\frac{\pi}{2} < y < \frac{3\pi}{2}.$$

2. La función es de la forma general.
3. Los puntos característicos son:
   a) Los valores de frontera:

$$\lim_{x \to -\infty} y = \frac{\pi}{2} + \pi = \frac{3\pi}{2},$$

$$\lim_{x \to +\infty} y = \frac{\pi}{2} + 0 = \frac{\pi}{2}.$$

b) El punto de intersección de la gráfica con el eje Y:

$$x = 0;\ y = \frac{\pi}{2} + \operatorname{arcctg} 1 = \frac{3\pi}{4},\ \text{es el punto } \left(0;\ \frac{3\pi}{4}\right).$$

Estos datos son suficientes para construir la gráfica.

4. $\boldsymbol{y = 2\,\mathrm{arcsen}|x + 0,5| - \frac{\pi}{2}}$ (fig.131)

Primer método

La gráfica de la función inicial $y = \mathrm{arcsen}|x|$ se estira en 2 veces por el eje Y. Luego se traslada el eje Y en $(+0{,}5)$, y el eje X en $\left(+\frac{\pi}{2}\right)$.

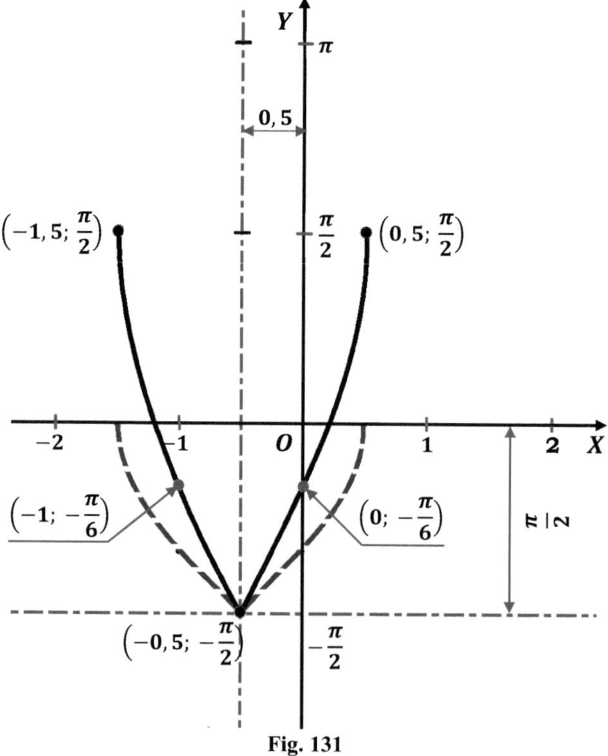

Fig. 131

Nota: *Con líneas punteadas se han representado la función inicial y los ejes referenciales.*

Segundo método

1. La región de definición de la función se determina de la condición:

   $-1 \leq x + 0{,}5 \leq 1$, de donde $-1{,}5 \leq x \leq 0{,}5$.

2. La región de variación de la función se determina de la condición:

   $0 \leq \operatorname{arcsen}|x + 0{,}5| \leq \frac{\pi}{2}$, de donde $-\frac{\pi}{2} \leq y \leq 2 \cdot \frac{\pi}{2} - \frac{\pi}{2}$,

$$-\frac{\pi}{2} \leq y \leq \frac{\pi}{2}.$$

3. La función es de la forma general.

4. Los puntos característicos son:

   a) Valores de frontera

   $x = -1{,}5; \quad y = 2\operatorname{arcsen}|-1| - \frac{\pi}{2} = \frac{\pi}{2}$; el punto $\left(-1{,}5; \frac{\pi}{2}\right)$

   $x = 0{,}5; y = \frac{\pi}{2}$; el punto $\left(0{,}5; \frac{\pi}{2}\right)$.

   b) Puntos intermedios:

   $x = -1; y = 2\operatorname{arcsen}|-0{,}5| - \frac{\pi}{2} = 2\left(\frac{\pi}{6}\right) - \frac{\pi}{2} = -\frac{\pi}{6}$; el punto $\left(-1; -\frac{\pi}{6}\right)$;

   $x = -0{,}5; \quad y = 2\operatorname{arcsen} 0 - \frac{\pi}{2} = -\frac{\pi}{2}$; el punto $\left(-0{,}5; -\frac{\pi}{2}\right)$;

   $x = 0; \quad y = 2\operatorname{arcsen}|0{,}5| - \frac{\pi}{2} = 2\left(\frac{\pi}{6}\right) - \frac{\pi}{2} = -\frac{\pi}{6}$; el punto $\left(0; -\frac{\pi}{6}\right)$;

Nota. El punto (3), como el punto de intersección con el eje Y, tocaría encontrar también en este caso, cuando la gráfica se construye solamente por el primer método.

5. $y = |\operatorname{arctg}(x + 1)| + \pi$ (fig. 132)

Primer método

Construyamos la gráfica de la función inicial $y = |\operatorname{arctg} x|$. El eje Y se traslada en $(+1)$, y el eje X en $(-\pi)$.

Segundo método

1. La región de existencia de la función es el intervalo $(-\infty; \infty)$.

   1ª) El conjunto de los valores de la función hallamos de la condición:

$$0 \leq |\operatorname{arctg}(x + 1)| < \frac{\pi}{2}, \text{ de donde}$$

$$0 + \pi \leq |\operatorname{arctg}(x + 1)| + \pi < \frac{\pi}{2} + \pi; \text{ obtenemos: } \pi \leq y < \frac{3\pi}{2}.$$

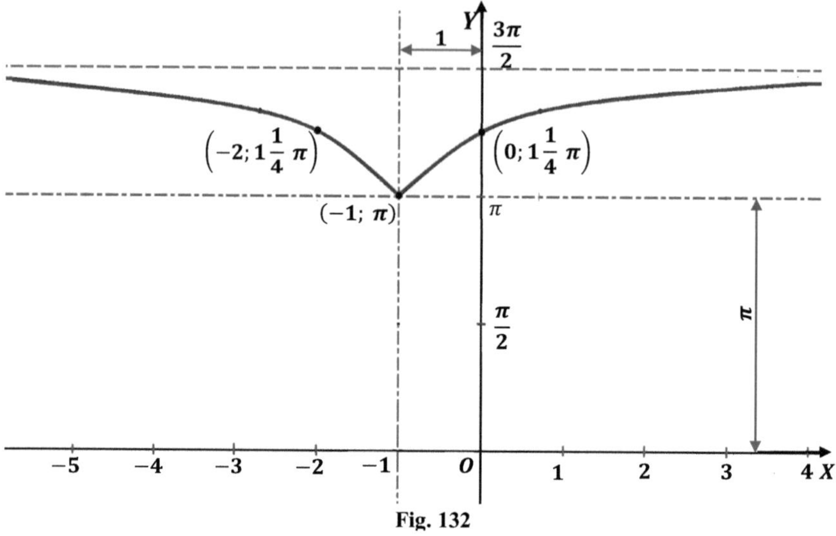

Fig. 132

2. La función es de la forma general.
3. Puntos característicos.
   a) Valores fronterizos:

$$\lim_{x\to\pm\infty} y = \frac{\pi}{2} + \pi = \frac{3\pi}{2}.$$

   b) Puntos intermedios:

$x = 0;\ \ y = \operatorname{arctg} 1 + \pi = 1\frac{1}{4}\pi$. El punto $\left(0; 1\frac{1}{4}\pi\right)$;

$x = -1;\ \ y = \operatorname{arctg} 0 + \pi = \pi$. El punto $(-1; \pi)$;

$x = -2;\ \ y = |\operatorname{arctg}(-1)| + \pi = 1\frac{1}{4}\pi$. El punto $\left(-2; 1\frac{1}{4}\pi\right)$.

La comparación de diferentes métodos de construcción de gráficas de funciones trigonométricas inversas muestra, que las estrategias de apoyo para construcción de gráficas lleva más rápido al objetivo, especialmente si en la expresión de la función entra el módulo, debido a que la construcción de estas gráficas por el método general requiere calcular las coordenadas de una mayor cantidad de puntos.

Ejercicios

Construir las gráficas de las siguientes funciones:

61. $y = |x+1| + 2.$

62. $y = 1 - 2|1 - x|.$

63. $|y| = 1 - 2x.$

64. $y = |3 - 2x^2|.$

65. $y = -x^2 + 3|x|.$

66*. $y = -2x^2 - 3|x+4| + 4.$

67. $y = |2 - x|(x+3).$

68*. $y = (6 - 3|x|)(0{,}5|x| + 1).$

69. $y = 2 + 3\sqrt{x-1}.$

70. $y = \sqrt[3]{8-x} - 1.$

71. $y = \sqrt{0{,}5|2-x|} - 1.$

72. $y = \sqrt{x + |x-1|}\,.$

73*. $y = \left|\sqrt[3]{|x|+3} - 6\right|.$

74. $y = \frac{2+x}{x-5}\,.$

75. $y = \frac{x-1}{|x|}\,.$

76. $y = \frac{2|x|-3}{x-2}.$

77*. $y = \left|\frac{|x|+2}{|x|-4}\right|.$

78. $y = 3 - 2^{|x|-1}.$

79*. $y = 2 + 3^{|1-|x||}.$

80. $y = \log_3(x-2)^2.$

81. $y = \log_2(|x| - 1) - 1.$

82. $y = |\log_2|x-3|| - 1.$

83. $y = 2\cos\left(x + \frac{\pi}{3}\right) - 1.$

84. $y = 1 - \left|\operatorname{sen}\left(x - \frac{\pi}{4}\right)\right|.$

85. $y = \left|\sec\left(x - \frac{\pi}{4}\right)\right|.$

86. $y = \left|\operatorname{sen}\left|x + \frac{\pi}{6}\right|\right|.$

87. $y = 1 - \left|\operatorname{ctg}\left(0{,}5x + \frac{\pi}{4}\right)\right|$

88. $y = \frac{\pi}{3} - |\operatorname{arctg}(x-2)|.$

89. $y = \pi + |\operatorname{arcsen}|x-2||.$

90. $y = \arccos(0{,}50 - |x|).$

Capítulo V

CONSTRUCCIÓN DE GRÁFICAS DE ALTA COMPLEJIDAD

§30. GRÁFICAS DE FUNCIONES COMPUESTAS

Se llaman funciones compuestas en matemática a las funciones de funciones, cuando la función depende del argumento no directamente, sino, a través de funciones intermedias.

$$y = f[\varphi(x)] \tag{1}$$

Aquí la función $\boldsymbol{y}$ depende del argumento $\boldsymbol{x}$ no directamente, sino indirectamente a través de una función "intermedia" $\varphi(x)$. Si representamos $\varphi(x)$ como v, obtenemos:

$$y = f(v); \text{ donde } v = \varphi(x) \tag{1a}$$

La función intermedia $v = \varphi(x)$ se llama función interna, y la función $y = f(v)$, externa.

Ejemplos de funciones compuestas:

$$y = \log \operatorname{sen} x, \text{ aquí } v = \operatorname{sen} x;$$

$$y = \operatorname{sen} \arccos x, \quad v = \arccos x;$$

$$y = \cos \sqrt{x} \quad v = \sqrt{x}.$$

En el ejemplo de función compuesta $y = \sqrt{\log \operatorname{sen} x}$ tenemos la dependencia funcional de la función y del argumento x, en "tres etapas".

$$y = \Phi\{f[\varphi(x)]\}, \tag{2}$$

Donde,

$$v = \varphi(x) = \operatorname{sen} x \text{ - función trigonométrica;}$$

$$u = f(v) = \log v \text{ – función logarítmica;}$$

$$y = \Phi(u) = \sqrt{u} \text{ – función potencial.}$$

Podemos imaginarnos funciones compuestas con mayor cantidad de "etapas". Hay que advertir, sin embargo, que el término función "compuesta" en matemática no es contraria al concepto de simplicidad del dibujo o análisis de la función; muestra la forma de la "construcción" de la dependencia funcional.

La gráfica de funciones compuestas se puede construir, como la gráfica de funciones sencillas, en base a la investigación general de la función. Por ejemplo, las funciones $y = \frac{1}{x^2}$ y $y = \frac{1}{y^3}$, cuyas gráficas fueron construidas en el §12 (fig.33), en esencia son funciones compuestas, aquí las funciones potenciales internas $v = x^2$ y $v = x^3$, y las funciones externas, expresan la relación inversa:

$$y = \frac{1}{v}$$

En la investigación de las funciones compuestas hay ser especialmente cuidadosos en la definición de la región de existencia de la función y en la determinación de aquellas propiedades generales de la función, como la paridad, no paridad, periodicidad de la función, y también en la determinación de la forma de la gráfica cercana a la frontera y en la frontera de la región de definición de la función.

En la región de definición de la función compuesta (1) ingresa solamente aquellos valores del argumento de la región de existencia de la función interna $v = \varphi(x)$, para los cuales los valores correspondientes de la función interna v, considerada como el argumento de la función externa, ingresa en la región de existencia de la función $y = f(v)$. Para las otras x de la función (1) no tiene sentido.

En muchos casos, la construcción de la gráfica se simplifica significativamente, si antes esquematizamos con líneas punteadas la gráfica de la función interna, y luego construimos la gráfica de la función dada, suponiendo las ordenadas de la gráfica punteada como argumento de la función externa.

Se puede recomendar también los siguientes procedimientos, que simplifican la construcción de la gráfica de funciones compuestas:

a) Construir la gráfica con ayuda de la gráfica referencial de la función interna (con líneas punteadas), y luego realizar la investigación general de la función como verificación.

b) Construir la gráfica en base a la investigación general de la función compuesta dada, luego dibujar la gráfica de la función interna con la finalidad de comprobar los puntos característicos de la gráfica dada.

c) Explicitar anticipadamente las propiedades fundamentales de la función dada (periodicidad, paridad), que simplifican la construcción de la gráfica, luego construir la gráfica de apoyo de la función interna y la gráfica de la función dada para el tramo, limitado: por un periodo – para las funciones periódicas, de la parte derecha de la gráfica – para funciones pares e impares, etc.

d) Si la gráfica se construye fácilmente en base a la indagación general de la función, entonces se puede limitar con esto, comprobando la corrección de la construcción con uno o dos puntos de control.

Ejemplos

1. $\boldsymbol{y = \log\cos x}$ (fig.133).

1) La región de existencia de la función dada hallamos en base a los siguientes razonamientos.

La región de existencia de la función interna $v = \cos x$ es toda la recta numérica del eje X; pero por cuanto esta función es el argumento de la función externa (logarítmica), entonces en la región de definición de la función dada ingresa solamente aquellos valores del argumento x, para los cuales $v = \cos x > 0$.

Por otro lado, el conjunto de los valores positivos de la función interna $v = \cos x$ se limita por arriba con la unidad: $\cos x \leq 1$.

De esta manera, la región de definición de la función dada se determina de la condición:

$$0 < \cos x \leq 1.$$

Obtenemos un conjunto de intervalos:

$$2\pi n - \frac{\pi}{2} < x < 2\pi n + \frac{\pi}{2}$$

1ª) El intervalo de variación de la función dada se determina de la misma condición: $0 < \cos x \leq 1$, de donde

$$-\infty < \log\cos x \leq 0.$$

2) La función es par, porque $\cos x = \cos(-x)$.

2ª) La función es periódica, con periodo 2π, igual al periodo de la función interna $v = \cos x$.

En base a las propiedades (2) y (2ª) limitamos la definición de los puntos característicos de la función dada a un semiperiodo, por ejemplo:

$$0 \leq x < \frac{\pi}{2}.$$

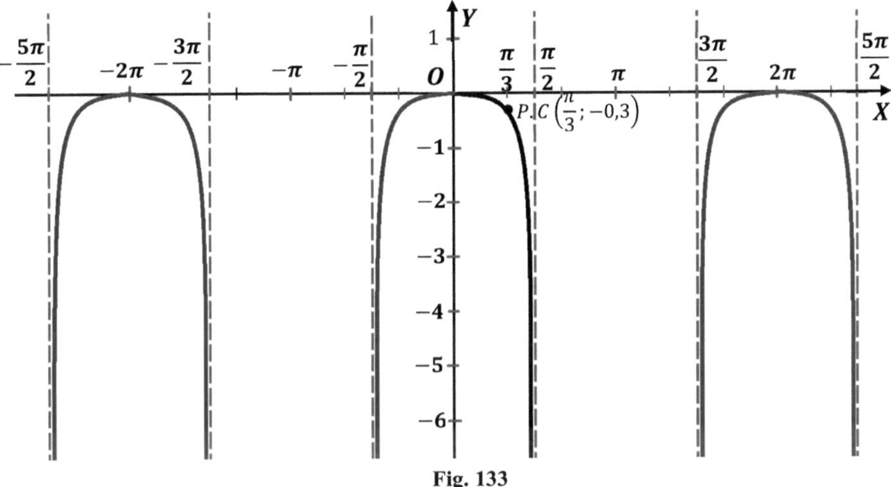

Fig. 133

3) Puntos característicos en los límites del semiperiodo:

   a) para $x = 0$ $\quad \cos x = 1;\quad y = \log\cos x = \log 1 = 0$; el punto $(0; 0)$;

   b) para $x = \frac{\pi}{2}$ $\quad \cos x = 0;\quad y = \log\cos x = \log 0$ no existe.

   Hallemos el límite:

   $\lim_{x\to\frac{\pi}{2}} y = \lim_{x\to\frac{\pi}{2}} \log\cos x = -\infty$, aquí nosotros tenemos la asíntota vertical, cuya ecuación es $x = \frac{\pi}{2}$.

4) Punto de control:

   $x = \frac{\pi}{3}; y = \log\cos\frac{\pi}{3} = \log\frac{1}{2} \approx -0{,}3$. Este punto tiene coordenadas $\left(\frac{\pi}{3};\ -0{,}3\right)$.

Por estos puntos se construye la parte derecha de la gráfica (para un semiperiodo); la parte izquierda es simétrica a la derecha en relación al eje Y.

La construcción de la gráfica de una función de función con la construcción previa de la gráfica de la función interna se muestra en el siguiente ejemplo.

2. $\boldsymbol{y = 2\log_4 \operatorname{sen} x}$ (fig.134)

El argumento para la función externa (logarítmica) $y = 2\log_4 v$ son las ordenadas de la gráfica (con líneas punteadas) de la función interna (sinusoide). La sinusoide está dibujada solo para un periodo:

$$0 < x < 2\pi,$$

Este debido a que la función compleja dada tiene el mismo periodo que la función interna.

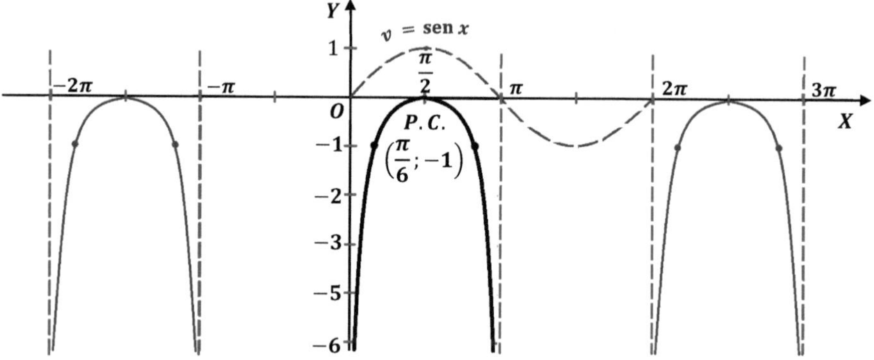

Fig. 134

Observando la gráfica con líneas punteadas, se determina que:

a) Para $x = 0$ y $x = \pi$, $\sin x = 0$, y la función dada no existe. Por ello, determinando los límites por derecha e izquierda

$$\lim_{x \to +0} y = \lim_{x \to +0} 2 \log_4 \text{sen}\, x = -\infty,$$

$$\lim_{x \to \pi - 0} y = \lim_{x \to \pi - 0} 2 \log_4 \text{sen}\, x = -\infty.$$

establecemos que, por los puntos $x = 0$ y $x = \pi$ pasan asíntotas verticales;

b) Para $x = \frac{\pi}{2}$, $\text{sen}\, x = 1$ y $y = 2 \log_4 \text{sen}\, x = 2 \log_4 1 = 0$; tenemos el punto $\left(\frac{\pi}{2}; 0\right)$;

c) Para $\pi \leq x \leq 2\pi$ la función dada no existe, por cuando $\text{sen}\, x \leq 0$.

d) El punto de control, que es la que da precisión tiene coordenadas:

$$x = \frac{\pi}{6};\ \text{sen}\, x = \frac{1}{2};\ y = 2 \log_4 \frac{1}{2} = 2\left(-\frac{1}{2}\right) = -1;\ \text{Es el punto } \left(\frac{\pi}{6};\ -1\right).$$

De la comparación de los métodos de construcción de gráficas de los ejemplos 1 y 2 se puede ver fácilmente, que la construcción preliminar de la gráfica de la función interior facilita el proceso de construcción de la gráfica, en especial si se considera algunas propiedades de la función dada como la simetría y la periodicidad.

3. $\boldsymbol{y = \log \operatorname{tg} x}$ (fig. 135).

Esta función es periódica, con periodo $\omega = \pi$, porque $\log \operatorname{tg} x = \log \operatorname{tg}(x + \pi)$. Por ello, la gráfica de la función de apoyo (interior) $v = \operatorname{tg} x$ ha sido construida en la figura 135 solamente para un periodo $\left(-\frac{\pi}{2}; \frac{\pi}{2}\right)$.

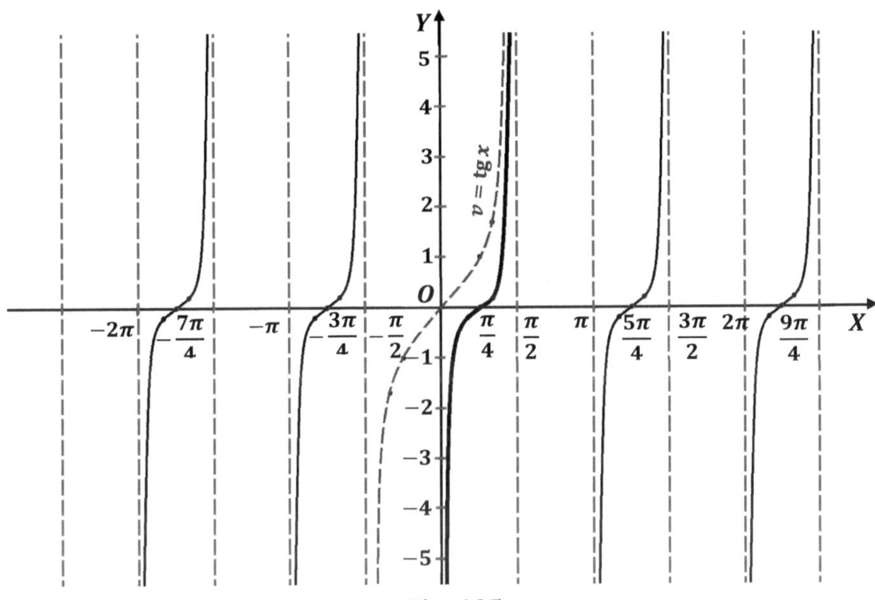

Fig. 135

Para este periodo tenemos:

a) Cuando $\operatorname{tg} x \to \infty, \quad y = \log \operatorname{tg} x \to \infty$;

b) cuando $\operatorname{tg} x \to 0, \quad y = \log \operatorname{tg} x \to -\infty$;

c) $y = 0$, cuando $\operatorname{tg} x = 1$, es decir, para $x = \frac{\pi}{4}$.

Con estos datos fue construida la gráfica.

4. $\boldsymbol{y = \sqrt{\log \cos x}}$ (fig.136).

La región de existencia de la función se encuentra de la condición: $\log \cos x \geq 0$, lo que es posible para $\cos x \geq 1$; pero por cuanto $\cos x$ no puede ser mayor que la unidad, queda solamente el valor $\cos x = 1$, que tiene lugar para $x = 2\pi n$. Para esto

$$y = \sqrt{\log \cos 2\pi n} = \sqrt{\log 1} = 0.$$

En consecuencia, la gráfica de la función dada representa a un conjunto de puntos $(2\pi n; 0)$; es decir, puntos en el eje de las x, para $x = 2\pi n$. A esta conclusión se puede llegar inmediatamente, si observamos la gráfica de la función $y = \log\cos x$ (ver la fig.133).

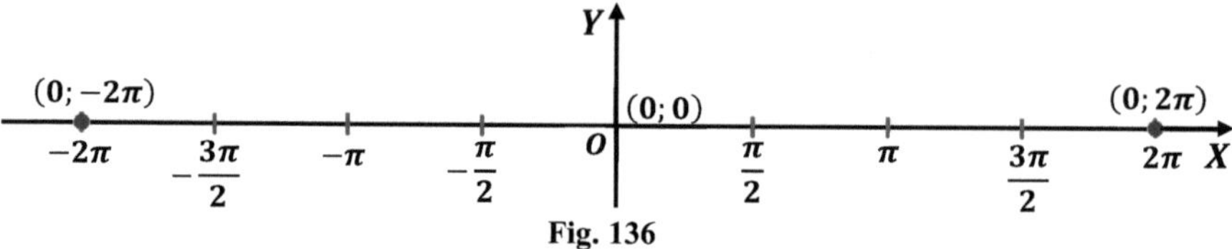

Fig. 136

5. $y = \sqrt{\log \operatorname{tg} x}$ (fig.137).

La región de existencia de la función se determina de la condición: $\log \operatorname{tg} x \geq 0$, es decir, $\operatorname{tg} x \geq 1$, que corresponde al conjunto de semi intervalos:

$$\frac{\pi}{4} + \pi n \leq x < \frac{\pi}{2} + \pi n.$$

La función es periódica, con periodo $\omega = \pi$, por cuanto $\sqrt{\log \operatorname{tg} x} = \sqrt{\log \operatorname{tg}(x + \pi)}$. En los puntos $x = \frac{\pi}{4} + \pi n$, $y = \sqrt{\log 1} = 0$. Para $x \to \frac{\pi}{2} + \pi n$ $y \to \infty$; las rectas $x = \frac{\pi}{2} + \pi n$ son las asíntotas verticales. La gráfica con estos datos se ha construido en la figura 137.

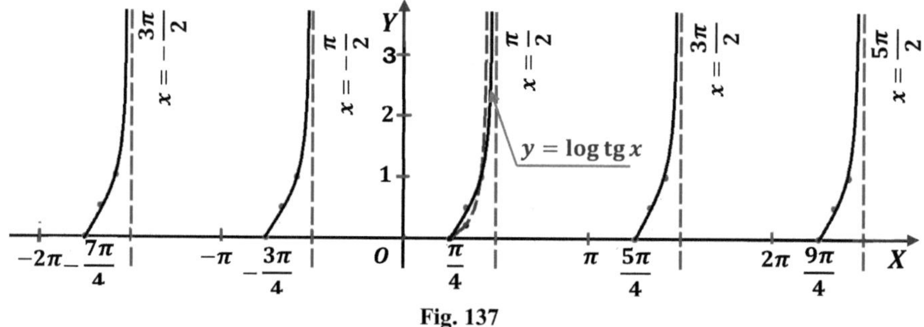

Fig. 137

Esta gráfica se puede construir también en base a la gráfica de la función $y = \log \operatorname{tg} x$ (ver la fig.135). En la figura 137, la gráfica de esta función, como intermedia ($v = \log \operatorname{tg} x$), se ha dibujado para un periodo. La gráfica dada $y = \sqrt{\log \operatorname{tg} x}$ se intersecta con la gráfica de apoyo en los puntos donde $y = 1$; para $y < 1$ la gráfica dada pasa por encima, para $y > 1$ debajo de la gráfica referencial.

6. $\boldsymbol{y = \mathrm{sen}^2 x}$ (fig.138).

La gráfica de esta función se construye en base a la gráfica de referencia- sinusoide $v = \mathrm{sen}\, x$. En la figura138 esta gráfica se ha realizado con líneas punteadas para el intervalo $0 \leq x \leq 2\pi$.

Los puntos $v = 0$ y $v = 1$ de la sinusoide coinciden con los puntos $y = 0$ y $y = 1$ de la función dada. En los tramos de la gráfica, donde las ordenadas de la sinusoide son positivas, la gráfica de esta función pasa por debajo de la sinusoide, porque los cuadrados de los números, menores a la unidad, son menores que los mismos números. En los tramos de la gráfica, donde las ordenadas de la sinusoide son negativos, la gráfica de la función pasa, asimismo, por encima del eje de las x.

Para precisión de la gráfica tomemos el siguiente punto de control:

Para $x = \frac{\pi}{4}$ $\quad y = \sin^2 \frac{\pi}{4} = \left(\frac{\sqrt{2}}{2}\right)^2 = \frac{1}{2}$; punto de control $\left(\frac{\pi}{4}; \frac{1}{2}\right)$.

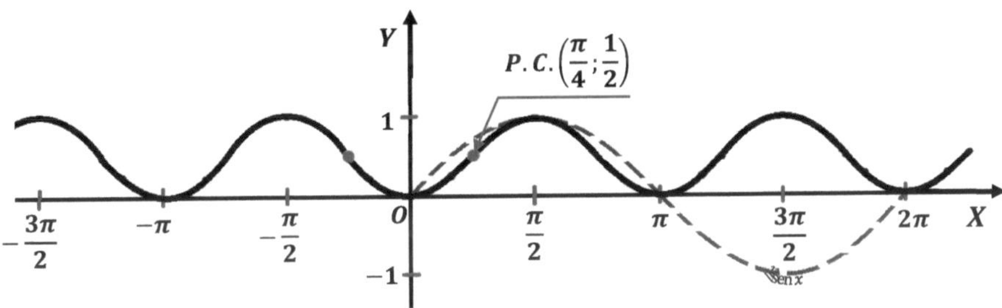

Fig. 138

Nota. *Esta gráfica se puede construir fácilmente, si previamente se transforma la función* $sin^2 x = \frac{1-\cos 2x}{2} = \frac{1}{2} - \frac{1}{2}\cos 2x$ *y construir la gráfica de la función* $y = \frac{1}{2} - \frac{1}{2}\cos 2x$. *Construido la gráfica de la función de referencia* $y = -\cos x$, *comprimir al doble en dirección horizontal y vertical y trasladar el eje X en* $\left(-\frac{1}{2}\right)$.

7. $\boldsymbol{y = \mathrm{tg}\frac{x^2}{2}}$ (fig. 139)

En la gráfica de la función de ayuda $v = \frac{x^2}{2}$ marcamos los puntos correspondientes a $v = 0;\ \frac{\pi}{2};\ \pi; \frac{3\pi}{2};\ 2\pi$; etc. Es suficiente marcar estos puntos solo en la rama derecha de la gráfica de apoyo, porque la función interna $\left(v = \frac{x^2}{2}\right)$ es par, en consecuencia, la función dada también es par:

$$\operatorname{tg}\frac{x^2}{2} = \operatorname{tg}\frac{(-x)^2}{2}, \text{ por que } x^2 = (-x)^2.$$

Por las abscisas de los puntos, señalados en la gráfica de apoyo, se ha construido la gráfica de la función dada $y = \operatorname{tg}\frac{x^2}{2} = \operatorname{tg} v$.

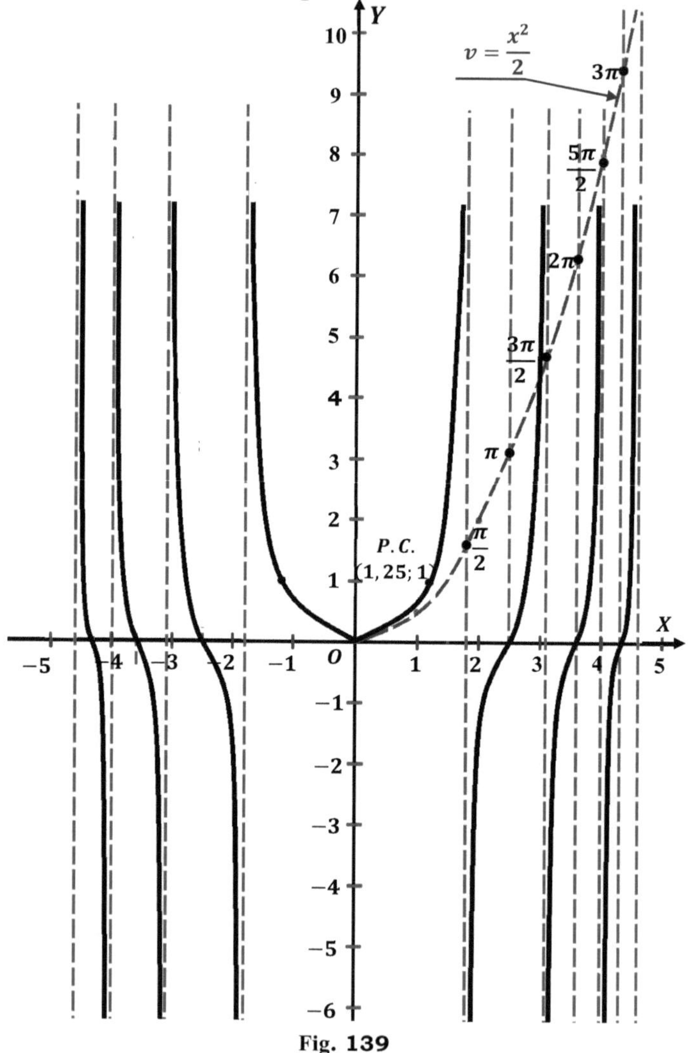

Fig. 139

8. $y = \text{sen}\frac{x^3}{20}$ (fig. 140).

La gráfica de la función interna de apoyo $v = \frac{x^3}{20}$ se ha construido solamente a la derecha del eje vertical, por cuanto la función dada es impar.

La rama derecha de la gráfica mostrada se ha construido con las mismas estrategias, que la gráfica anterior. La parte izquierda es coso simétrico a ella.

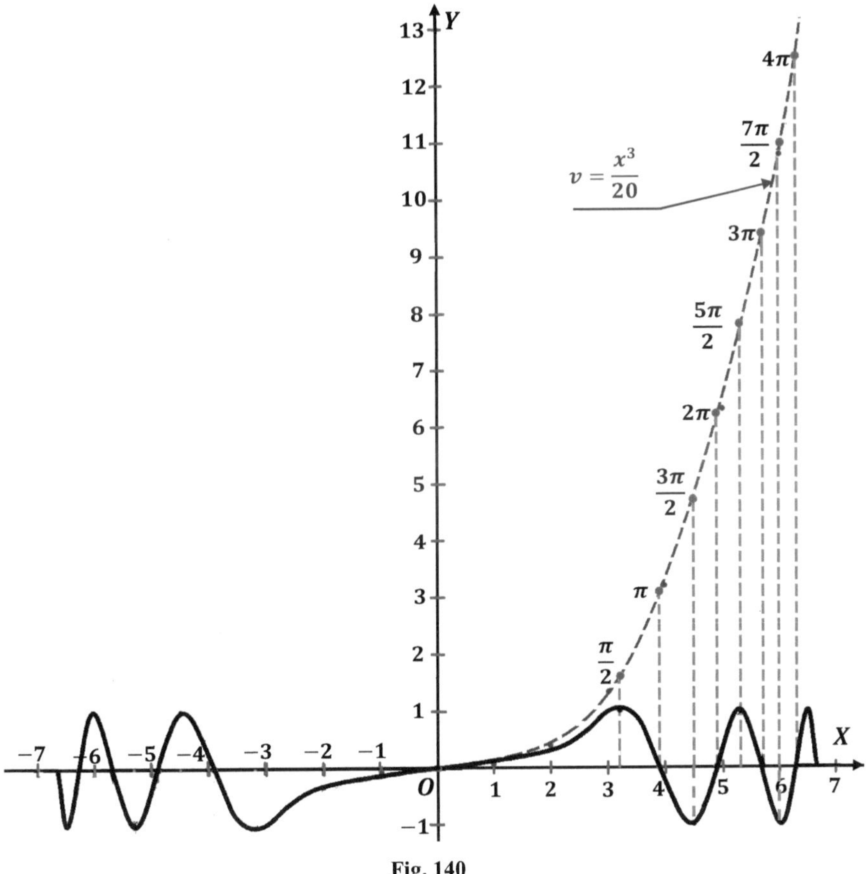

Fig. 140

9. $\boldsymbol{y = \cos 2^{0,5x}}$ (fig.141)

En la gráfica de la función interna que sirve de apoyo $v = 2^{0,5x}$ se han marcado los puntos con las coordenadas $v = \frac{\pi}{2}$; π; $\frac{3\pi}{2}$; etc.

Estos puntos se han bajado en el eje de las abscisas, y por éstos se ha construido la gráfica de la función dada.

Notemos, que $v > 0$; cuando $v \to 0$, entonces $y = \cos v \to 1$, porque la recta $y = 1$ es la asíntota de la rama izquierda de la gráfica.

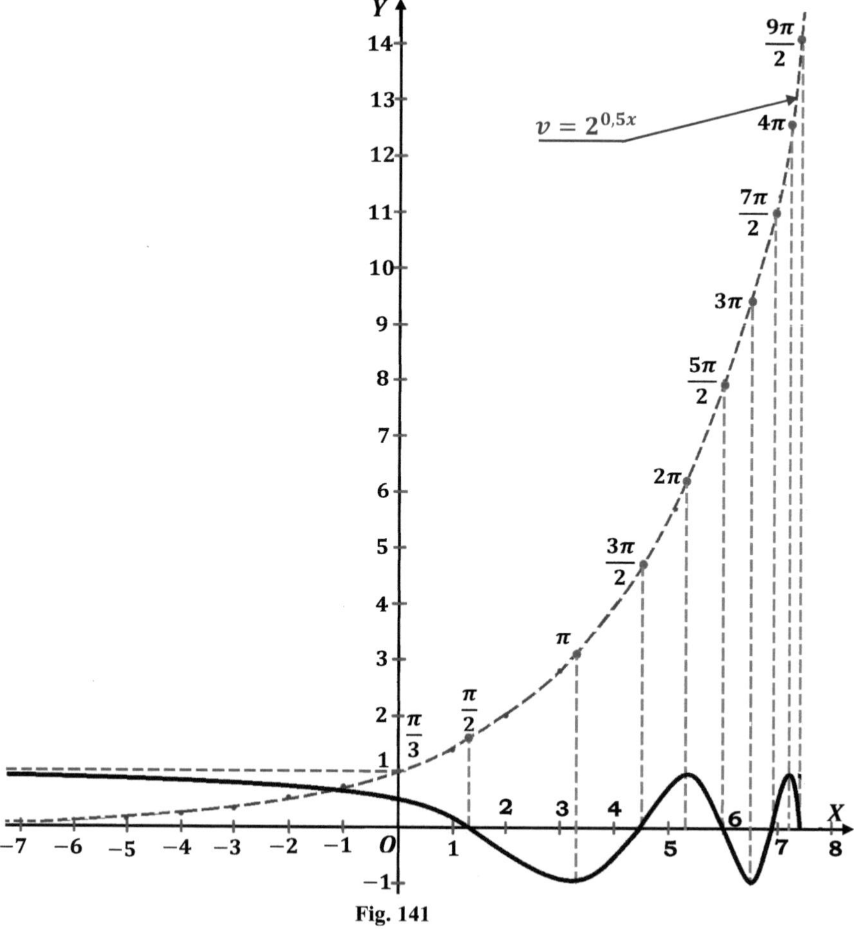

Fig. 141

10. $\boldsymbol{y = \text{ctg} \log_2 x^2}$ (fig.142).

Esta función, así como la función de apoyo, es par. Por ello, la construcción se realizó solamente para la parte derecha de la gráfica (para $x > 0$).

La parte izquierda de la gráfica es simétrica de la derecha. La función interna, que se esquematizó con líneas punteadas para la parte derecha de la gráfica, previamente se ha transformado: $v = 2\log_2|x|$.

El resto de la construcción de la gráfica se realiza en forma análoga a la anterior.

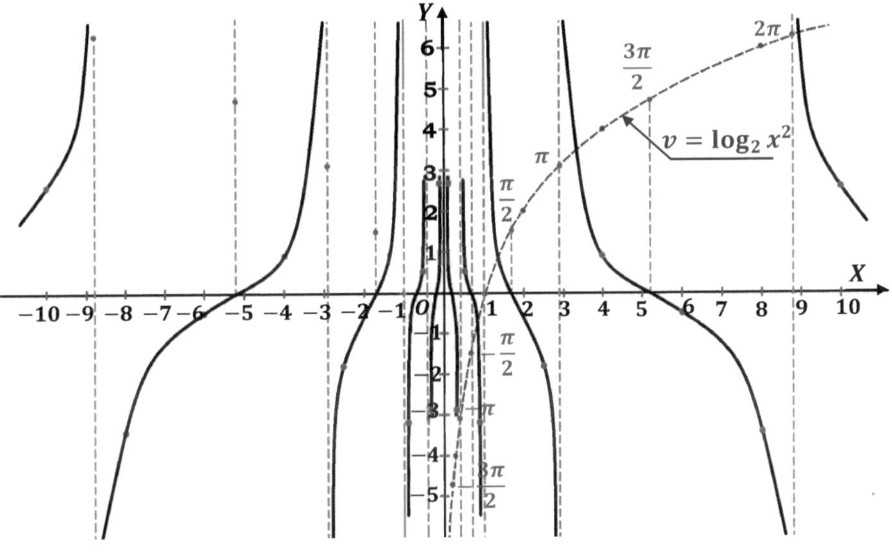

Fig. 142

11. $\boldsymbol{y = \text{sen}\left(\frac{2}{x}\right)}$ (fig. 143).

La gráfica de la función de apoyo $v = \frac{2}{x}$ se ha construido solamente para la rama derecha (para $x > 0$), porque la función dada es impar. La rama izquierda de la gráfica dada se ha construido coso simétrico de la derecha.

En la figura 143 la escala vertical para la gráfica de apoyo se ha disminuido con la finalidad de lograr mayor compactación de la gráfica. La variación de sólo una escala vertical para la gráfica de apoyo de la función interna es permitida, por cuanto no influye en la construcción de la gráfica dada.

Para la construcción del extremo derecho de la rama derecha de la gráfica se ha considerado, que para $v < \frac{\pi}{2}$, $\operatorname{sen} v < v$.

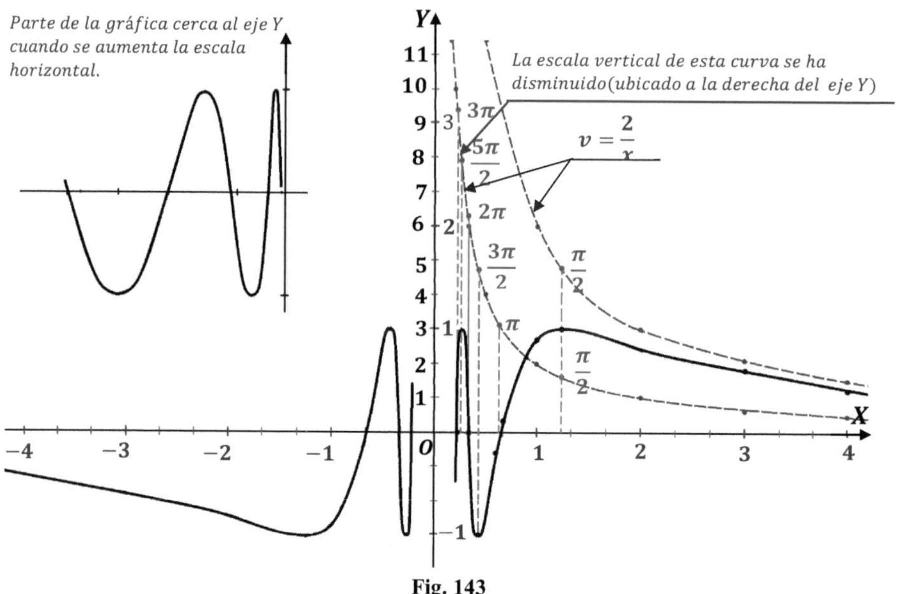

Fig. 143

12. $y = \cos\left(\frac{1}{x}\right)$ (fig.144)

Notemos, que la función dada es par, por cuanto $\cos\left(-\frac{1}{x}\right) = \cos\frac{1}{x}$. Por ello, al principio realicemos la construcción solamente de la parte derecha de la gráfica, para tal efecto primero construyamos la parte derecha de la gráfica de la función interna $\left(v = \frac{1}{x}\right)$. En ella remarquemos los puntos correspondientes a $v = \frac{\pi}{2}, \pi, \frac{3\pi}{2}, 2\pi$, etc. Para estos valores de v hallemos los valores de la función dada $y = \cos v$ y señalemos estos para los valores correspondientes del argumento x.

La rama izquierda de la gráfica (para $x < 0$) se construye simétrica a la derecha. Cuando $x \to \infty$, $v \to 0$ y $y \to 1$. Consecuentemente, la recta $y = 1$ es la asíntota horizontal de la gráfica.

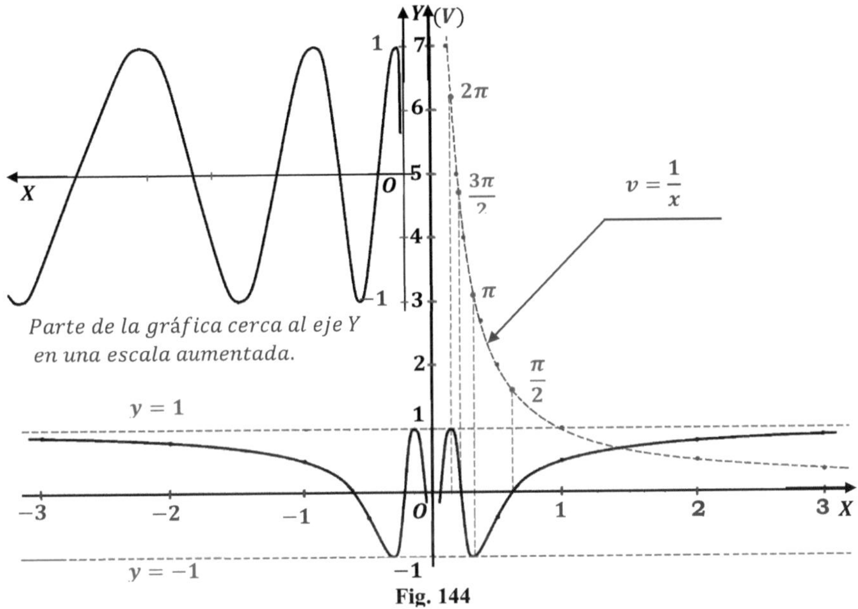

Fig. 144

13. $\boldsymbol{y = \text{sen} \log_{0,5} x}$ (fig.145)

En la gráfica de la función interna $v = \log_{0,5} x$ se han marcado los puntos $v = \frac{\pi}{2}$; π; $-\frac{\pi}{2}$; $-\pi$. Estos puntos se han proyectado sobre el eje de las abscisas, y por ellos se ha construido la función dada para el intervalo $-\pi \leq v \leq \pi$.

En la figura 145, arriba a la derecha, en una escala ampliada se da la forma general de la gráfica para un mayor diapasón de los valores del argumento x.

14. $\boldsymbol{y = \text{sen} \log_{0,5} |x|}$ (fig.146)

La función es par, por que $|-x| = |x|$ y $\text{sen} \log_{0,5} |-x| = \text{sen} \log_{0,5} |x|$.

La parte derecha de la gráfica (para $x > 0$) representa la gráfica de la función $y = \text{sen} \log_{0,5} x$ (fig. 145), por cuanto para $x > 0$ $|x| = x$ y $\text{sen} \log_{0,5} |x| = \text{sen} \log_{0,5} x$. La parte izquierda de la gráfica es simétrica a la derecha.

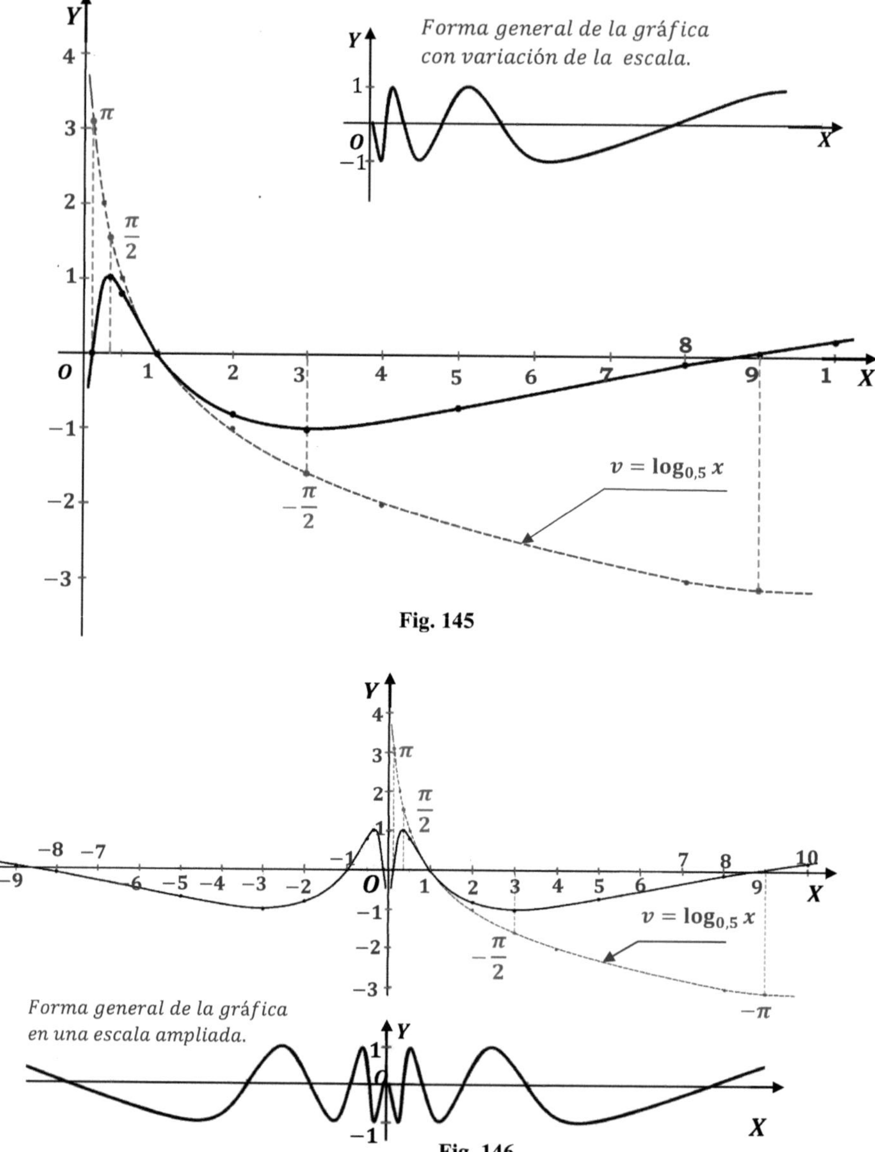

Fig. 145

Fig. 146

15. $\boldsymbol{y = |\mathrm{sen}\log_{0,5} x|}$ (fig.147).

Se dibuja la gráfica de la función $y_1 = \sin\log_{0,5} x$, que se muestra en la figura 145. Luego parte de la gráfica, dispuesta debajo del eje X, se realiza la imagen especular en relación a este eje.

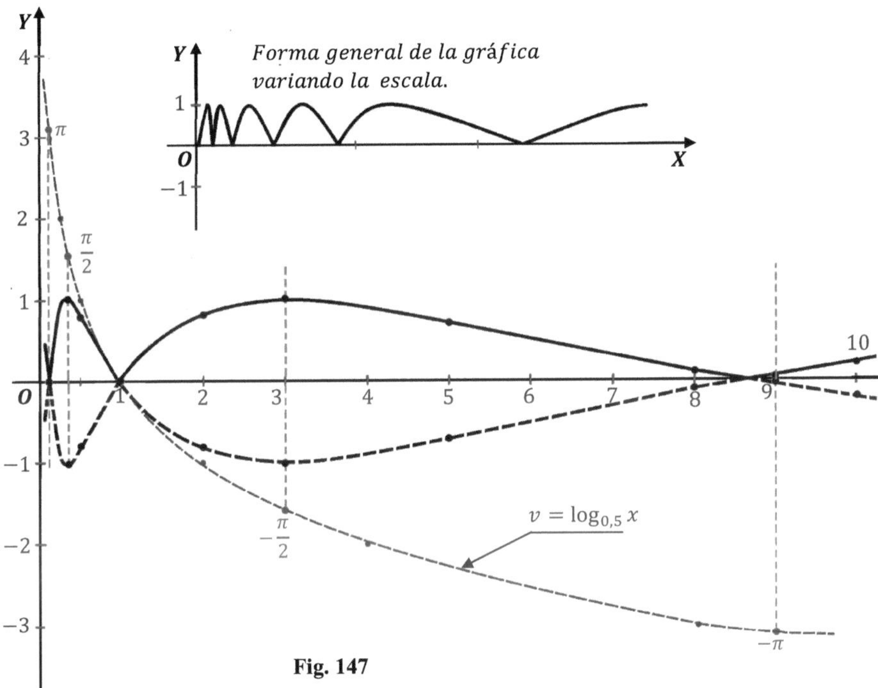

Fig. 147

16. $\boldsymbol{y = a^{x^2}}$ (fig. 148)

La función dada es par. La función de apoyo es $v = x^2$; la parte derecha de la gráfica de esta función se ha dibujado con líneas punteadas.

La gráfica de la función dada $y = a^v$ para $a > 1$ pasa por encima de la función de apoyo v e interseca el eje Y en el punto $(0; 1)$, porque para $x = 0$ $y = 1$. La rama izquierda de la gráfica es simétrica a la derecha.

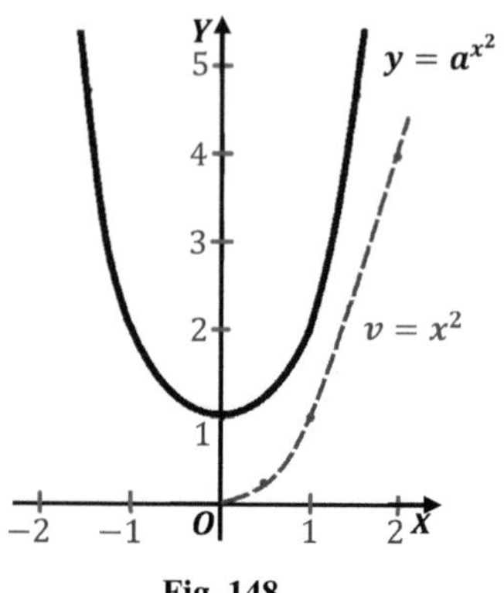

Fig. 148

17. $\boldsymbol{y = 2^{\log x}}$ (fig. 149).

La gráfica de la función interna $v = \log x$ se ha hecho con líneas punteadas. Hallemos los puntos característicos.

1) Para $x = 1,\ \ v = \log 1 = 0;\ \ y = 2^0 = 1$; el punto $(1; 1)$.
2) Para $x = 10,\ \ v = \log 10 = 1\,;\ \ y = 2^1 = 2$; el punto $(10; 2)$.
3) $\lim\limits_{x \to 0} y = \lim\limits_{x \to 0} 2^{\log x} = \lim\limits_{v \to -\infty} 2^v = 0$, es decir, para $x \to 0;\ \ y \to 0$; el punto $(0; 0)$ no existe.

No queda claro el paso de la función cerca de la frontera izquierda de la región de definición. Por ello, aquí se exige la indagación suplementaria de la función dada.

Transformemos la parte izquierda de la función dada.

$$2^{\log x} = 2^{\frac{\log_2 x}{\log_2 10}} = 2^{\log_2 x \log_{10} 2} = \left(2^{\log_2 x}\right)^{\log_{10} 2}.$$

En consecuencia, en el conjunto $x > 0,\ 2^{\log x} = x^{\log 2}$, y la función dada se puede expresar así:

$$y = x^{\log 2}\ \text{, en el conjunto } x > 0.$$

Por cuanto $\log 2 \approx 0{,}3 \approx \frac{1}{3{,}3}$, entonces podemos escribir:

$$y = \sqrt[3{,}3]{x}\ \text{, en el conjunto } x > 0.$$

Esta es una *función potencial*, la gráfica de la cual, como se mostró en el capítulo I, es tangente al eje vertical en el origen de coordenadas.

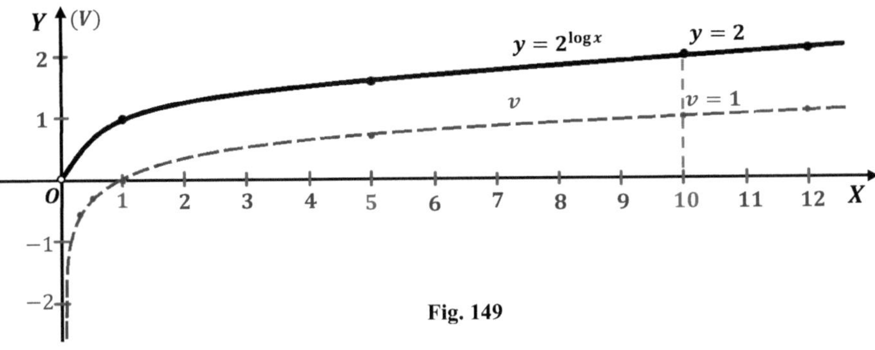

Fig. 149

18. $\boldsymbol{y = 2^{\operatorname{sen} x}}$ (fig.150)

La función dada es periódica, con periodo 2π, debido a que $2^{\sin x} = 2^{\sin(x+2k\pi)}$. Por ello, es suficiente construir la gráfica para un periodo, por ejemplo, para $0 \leq x \leq 2\pi$, como está mostrado en la figura con líneas gruesas.

La gráfica de la función interna $v = \operatorname{sen} x$ para el periodo $0 \leq x \leq 2\pi$ se ha trazado con líneas punteadas. Para este mismo periodo hallamos los puntos característicos de la gráfica de la función dada.

1) Para $x = 0, \pi, 2\pi, \dots\ \ v = \operatorname{sen} x = 0; y = 2^0 = 1$; el punto $(0; 1)$.
2) Para $x = \frac{\pi}{2}, v = \operatorname{sen}\frac{\pi}{2} = 1; y = 2^1 = 2$; el punto $\left(\frac{\pi}{2}; 2\right)$.
3) Para $x = \frac{3\pi}{2},\ v = \operatorname{sen}\frac{3\pi}{2} = -1; y = 2^{-1} = \frac{1}{2}$; el punto $\left(\frac{3\pi}{2}; \frac{1}{2}\right)$.

Por estos puntos en la gráfica se ha trazado la curva gruesa $y = 2^{\operatorname{sen} x}$ para un periodo, y luego con línea delgada para otros valores del argumento.

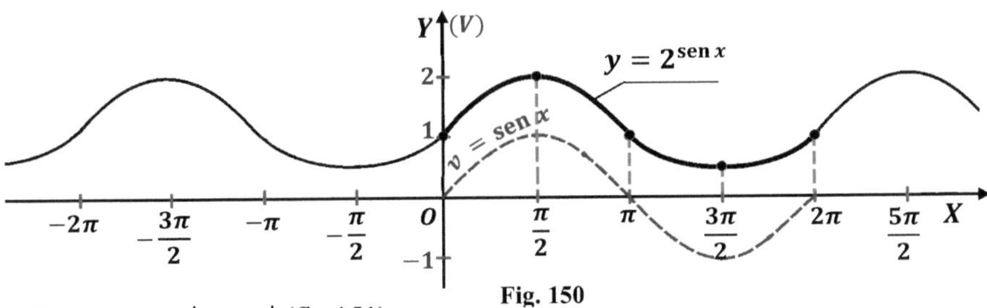

Fig. 150

19. $\boldsymbol{y = \cos|\operatorname{sen} x|}$ (fig.151).

La función dada es periódica, con periodo π, y, además par porque $\cos[\sin(-x)] = \cos(-\operatorname{sen} x) = \cos\operatorname{sen} x$. Por ello, se podría construir al principio la gráfica solamente para un semiperiodo. Sin embargo, en este caso es más cómodo construir desde el principio para todo el periodo, porque la curva tiene una serie de puntos de inflexión, y juzgar de su característica es más confiable, si la gráfica se construye para todo el periodo. El resto de la construcción se ha realizado de la misma manera que en el caso anterior.

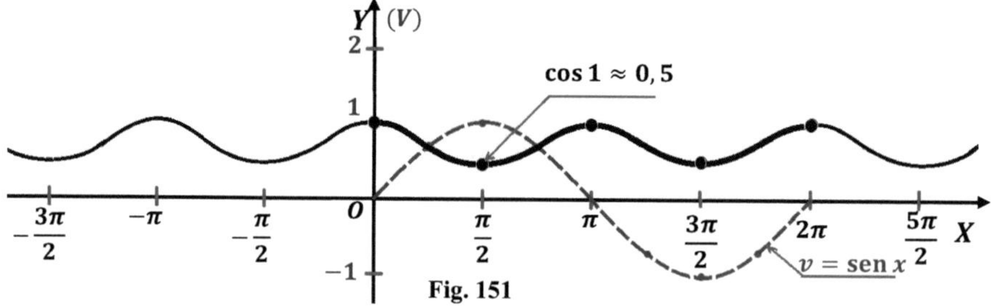

Fig. 151

20. $\boldsymbol{y = \operatorname{ctg}(\operatorname{sen} x)}$ (fig.152)

La función es impar, periódica, con periodo 2π. Las rectas $x = \pi n$ son las asíntotas verticales de la gráfica.

La secuencia de construcción de la gráfica es la misma, que en los ejemplos anteriores.

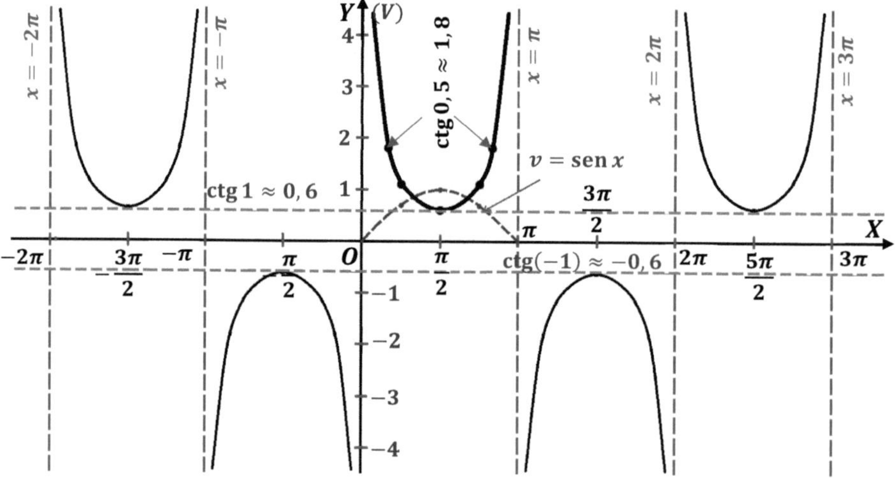

Fig. 152

21. $y = \mathbf{sec(sen}\,x\mathbf{)}$ (fig.153).

La secuencia de construcción de la gráfica es la misma.

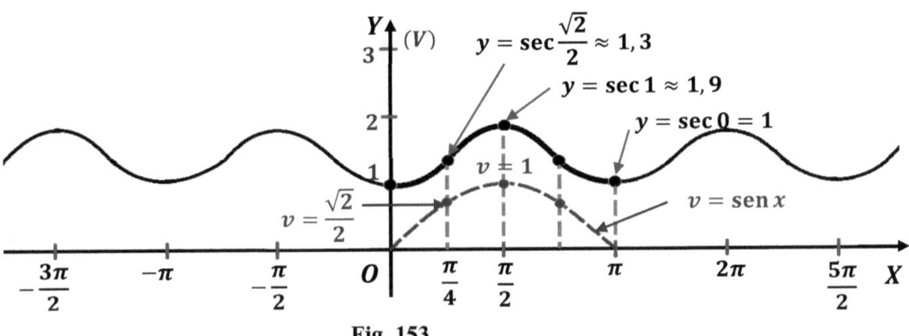

Fig. 153

22. $y = \mathbf{arccos}\,\sqrt{x}$ (fig.154).

Por cuanto la región de definición de la función interna $v = \sqrt{x}$ es el semi intervalo $[0;\ \infty)$, y para la función externa $-1 \leq v \leq 1$; es decir$-1 \leq x \leq 1$, entonces la región de existencia de la función dada será el segmento $[0; 1]$.

Determinamos las coordenadas de los puntos fronterizos de la gráfica.

Para $x = 0 \quad v = \sqrt{0} = 0$.

$y = \arccos 0 = \frac{\pi}{2}$; el punto $\left(0;\ \frac{\pi}{2}\right)$;

Para $x = 1 \quad v = \sqrt{1} = 1$.

$y = \arccos 1 = 0$; el punto $(1;\ 0)$.

Estos datos son suficientes para la construcción de la gráfica. Para establecer la forma de la gráfica, la función dada se puede expresar así:

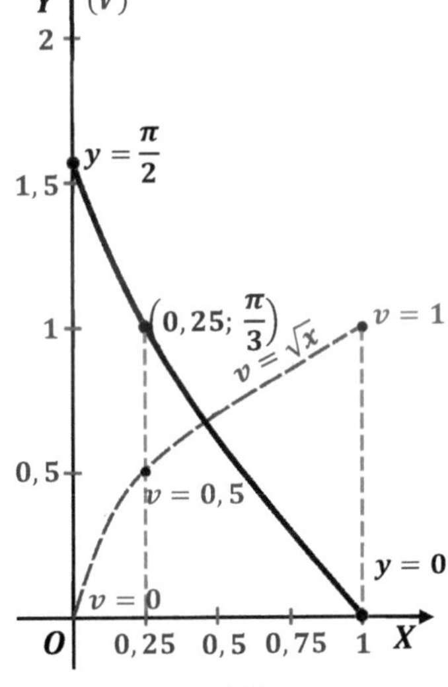

Fig. 154

$$\sqrt{x} = \cos y,$$

O también $x = \cos^2 y$ para $0 \leq y \leq \frac{\pi}{2}$, porque $0 \leq x \leq 1$.

La gráfica de la función $x = \cos^2 y$ se ha construido en la figura 154 con líneas punteadas de manera análoga como fue construida la figura 138. La gráfica de la función dada es parte de la gráfica con líneas punteadas para $0 \leq y \leq \frac{\pi}{2}$.

Para precisión hallemos dos puntos de control:

1) $x = 0{,}25$, $\sqrt{x} = 0{,}5$; $y = \arccos 0{,}5 = \frac{\pi}{3}$; el punto $\left(0{,}25; \frac{\pi}{3}\right)$;

2) $x = 0{,}75$, $\sqrt{x} = \frac{\sqrt{3}}{2}$; $y = \arccos \frac{\sqrt{3}}{2} = \frac{\pi}{6}$; el punto $\left(0{,}75; \frac{\pi}{6}\right)$;

23. $\boldsymbol{y = \operatorname{arcctg} x^2}$ (fig.155).

La función es par. La función interna es una parábola $v = x^2$. En la figura se ha construido solamente la parte derecha de su gráfica. Los puntos de frontera son los siguientes:

$$\lim_{x\to\pm\infty} y = \lim_{v\to\pm\infty} y = \lim_{v\to\pm\infty} \operatorname{arctg} v = 0.$$

Los puntos intermedios son:

1) para $x = 1, v = 1, y = \operatorname{arctg} 1 = \frac{\pi}{4}$; el punto $\left(1; \frac{\pi}{4}\right)$;

2) para $x = 0, v = 0, y = \operatorname{arctg} 0 = \frac{\pi}{2}$; el punto $\left(0; \frac{\pi}{2}\right)$.

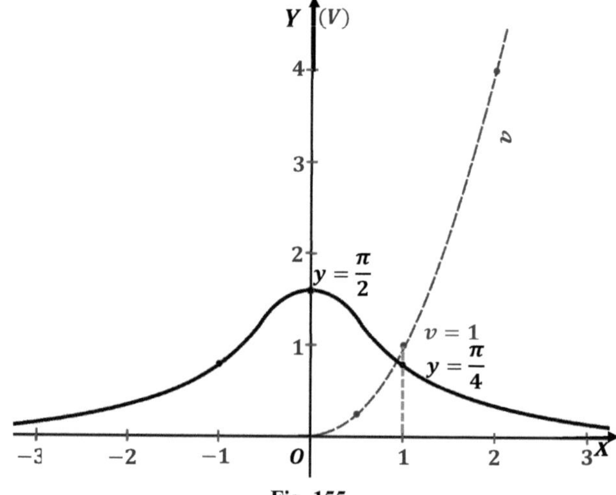

Fig. 155

24. $\boldsymbol{y = \operatorname{arcctg} \frac{1}{x}}$ (fig.156)

La función de apoyo es $v = \frac{1}{x}$.

Los puntos de frontera para la parte derecha de la gráfica son:

1) $\lim\limits_{x\to+0} y = \lim\limits_{v\to\infty} \operatorname{arcctg} v = 0;$

2) $\lim\limits_{x\to\infty} y = \lim\limits_{v\to0} \operatorname{arcctg} v = \frac{\pi}{2}.$

Los puntos de frontera para la parte izquierda de la gráfica son:

1) $\lim\limits_{x\to-0} y = \lim\limits_{v\to-\infty} \operatorname{arcctg} v = \pi;$

2) $\lim\limits_{x\to-\infty} y = \lim\limits_{v\to0} \operatorname{arcctg} v = \frac{\pi}{2}.$

Los puntos intermedios son:

$x = 1;\ v = \frac{1}{x} = 1;\quad y = \operatorname{arcctg} 1 = \frac{\pi}{4}$; el punto $\left(1;\ \frac{\pi}{4}\right)$;

$x = -1;\ v = \frac{1}{x} = -1;\quad y = \operatorname{arcctg}(-1) = \frac{3\pi}{4}$; el punto $\left(-1;\ \frac{3\pi}{4}\right)$;

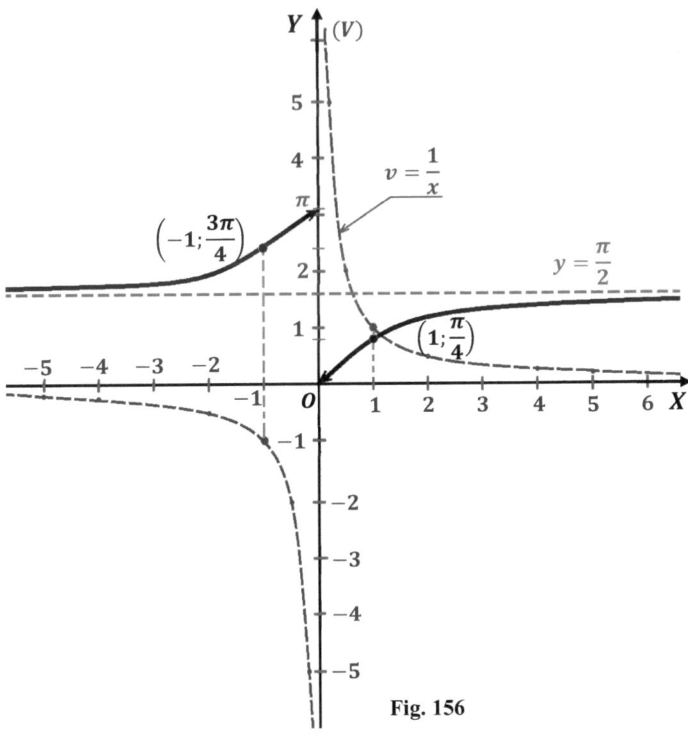

Fig. 156

25. $\boldsymbol{y = \text{arcsen} \log x}$ (fig.157).

La función interna es $v = \log x$. La región de existencia de la función hallamos de la condición: $-1 \leq v = \log x \leq 1$, obtenemos: 0,1$\leq x \leq 10$.
Los puntos característicos de la gráfica son:

para $v = -1$, que corresponde $x = 0{,}1$ $\quad y = -\frac{\pi}{2}$; el punto $\left(0{,}1; -\frac{\pi}{2}\right)$;

para $v = 1$, que corresponde $x = 10$ $\quad y = \frac{\pi}{2}$; el punto $\left(10; \frac{\pi}{2}\right)$;

para $v = 0$, que corresponde $x = 1$ $\quad y = \text{arcsen}\, 0 = 0$; el punto $(1;\ 0)$.

El punto de control:

$x = \frac{1}{\sqrt{10}} \approx \frac{1}{3}; v = \log x = \log 10^{-\frac{1}{2}} = -\frac{1}{2}; y = \text{arcsen}\left(-\frac{1}{2}\right) = -\frac{\pi}{6};\ \left(\frac{1}{3};\ -\frac{\pi}{6}\right)$.

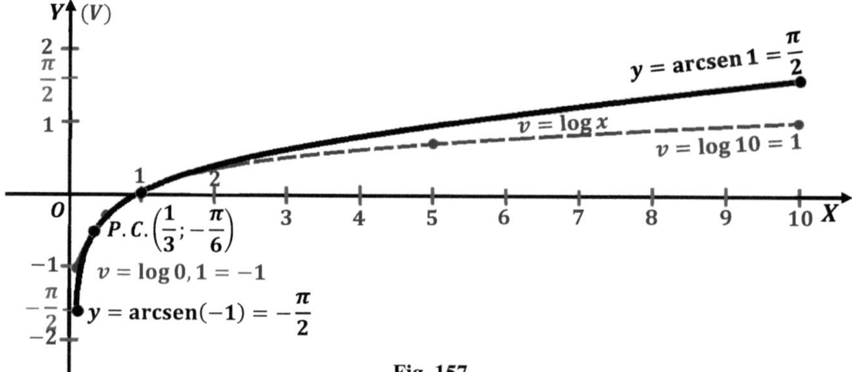

Fig. 157

26. $\boldsymbol{y = \text{arctg}(\log x)}$ (fig.158).

La región de existencia de la función es el intervalo: $(0; \infty)$.

La región de variación de la función: $-\frac{\pi}{2} \leq y \leq \frac{\pi}{2}$.

La función interna es $v = \log x$, cuya gráfica se hizo con líneas punteadas.

Los valores frontera de la función son los siguientes:

Para $x \to 0,\ \ v \to -\infty; y \to \left(-\frac{\pi}{2}\right)$;

Para $x \to \infty, v \to \infty;\ y \to \frac{\pi}{2}$.

Los puntos característicos de la función:

$x = 1; v = \log 1 = 0; y = \text{arctg}\, 0 = 0$; el punto $(1; 0)$;

$x = 10; v = \log 10 = 1; y = \text{arctg}\, 1 = \frac{\pi}{4}$; el punto $\left(10; \frac{\pi}{4}\right)$.

La gráfica se ha dibujado con discontinuidad para mostrar la tendencia.

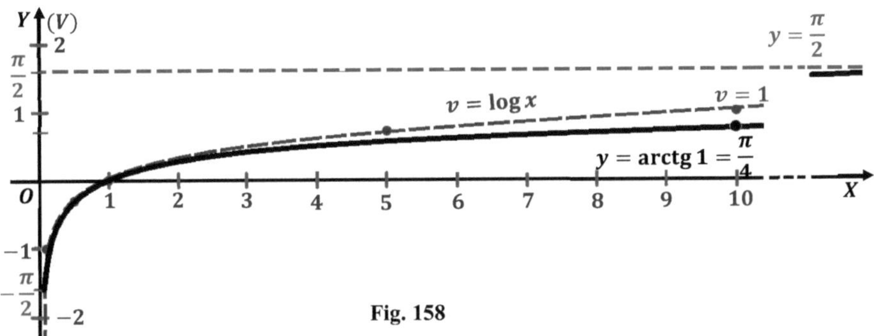

Fig. 158

27. $\boldsymbol{y = \log \text{arcctg}\, x}$ (fig. 159).

La función interna es $v = \text{arcctg}\, x$. Los valores frontera de la función son:

- para $x \to -\infty, v \to \pi, \quad y = \log \pi;$
- para $x \to \infty,\ v \to 0; \quad y \to -\infty.$

Puntos adicionales:

1) Para $x = 0,\ v = \text{arcctg}\, 0 = \frac{\pi}{2};\quad y = \log\frac{\pi}{2}$; el punto $\left(0;\ \log\frac{\pi}{2}\right)$;
2) Para $v = 1,\ x \approx 0{,}6;\quad y = \log 1 = 0$; el punto $(\approx 0{,}6;\ 0)$;
3) Para $x = 10,\ v = \text{arcctg}\, 10 = \text{arctg}\frac{1}{10} \approx 0{,}1;\ y = \log 0{,}1 = -1,$ el punto $(10;\ \approx -1)$.

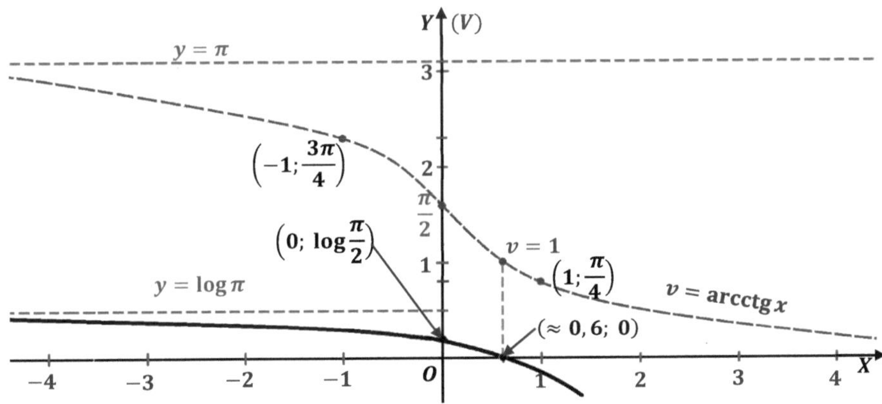

Fig. 159

28. $\boldsymbol{y = \operatorname{arcsen} a^x}$ cuando $\boldsymbol{a > 1}$ (fig.160).

La región de existencia de la función se encuentra de las siguientes condiciones:

1) $a^x > 0$;
2) $-1 \le a^x \le 1$, por cuanto, $a^x = \operatorname{sen} y$.

Teniendo en cuenta estas condiciones, tenemos:

$$0 < a^x \le 1 \text{ de donde } -\infty < x \le 0.$$

La función interna es $v = a^x$; cuya gráfica se ha dibujado en los límites de la región de existencia de la función dada.

Los valores de frontera son:

1) $\lim_{x \to -\infty} y = \lim_{v \to 0} \operatorname{arcsen} v = 0$;
2) $x = 0$; $v = a^0 = 1$; $y = \operatorname{arcsen} 1 = \frac{\pi}{2}$.

En toda su extensión la gráfica de la función $y = \operatorname{arcsen} a^x$ pasa por encima de la gráfica $v = a^x$, porque en el primer cuadrante el arco es mayor que su seno.

Aun no queda claro la forma de la gráfica del extremo izquierdo. Para precisión representemos la función dada en la forma siguiente:

$$a^x = \operatorname{sen} y \text{ cuando } 0 < y \le \frac{\pi}{2};$$
$$x = \log_a \operatorname{sen} y \text{ cuando } 0 < y \le \frac{\pi}{2}.$$

En la figura 160 se ha construido con líneas punteadas la gráfica de la función $x = \log_a \operatorname{sen} y$ para $0 < y < \pi$. La construcción se ha realizado en forma análoga que la gráfica de la función $y = \log \cos x$ en la figura 133.

La gráfica de la función dada es parte de esta gráfica; en la figura 160 se ha remarcado con línea gruesa.

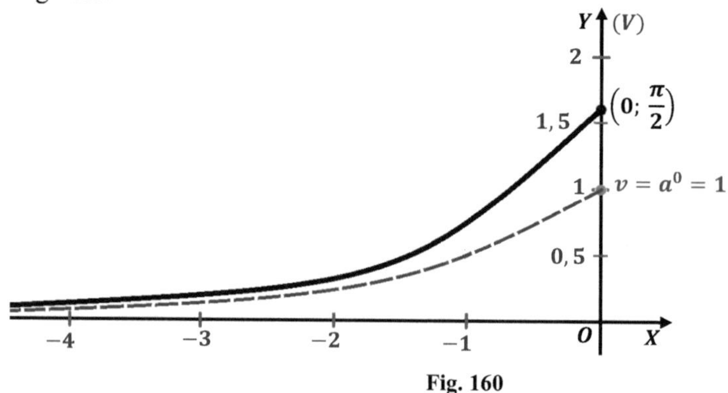

Fig. 160

29. $\boldsymbol{y = \operatorname{arctg} a^x}$ para $\boldsymbol{a > 1}$ (fig.161).

La función interna es $v = a^x$.
Los valores frontera son los siguientes.

1) $\lim_{x\to-\infty} y = \lim_{v\to0} \operatorname{arctg} v = 0;$

2) $\lim_{x\to\infty} y = \lim_{v\to\infty} \operatorname{arctg} v = \frac{\pi}{2}.$

Punto adicional:

$x = 0; \quad v = a^0 = 1; \quad y = \operatorname{arctg}(1) = \frac{\pi}{4}$, el punto $\left(0; \frac{\pi}{4}\right)$.

En toda la extensión de la gráfica de la función dada $y = \operatorname{arctg} a^x$ pasa por debajo de la gráfica de apoyo $v = a^x$, porque en el primer cuadrante el arco es menor que su tangente.

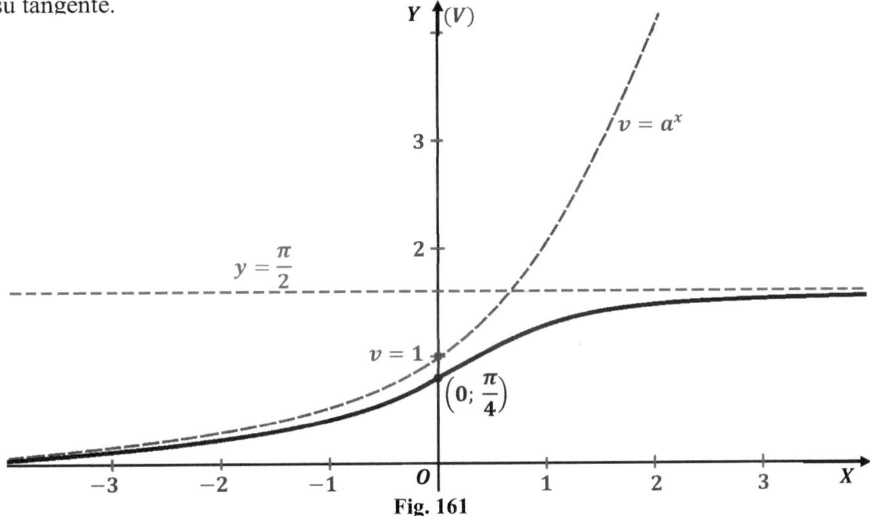

Fig. 161

30. $\boldsymbol{y = \operatorname{sen}(\operatorname{arcsen} x)}$ (fig.162).

La región de existencia de esta función es el intervalo: $[-1; 1]$, porque x es el seno de un ángulo. La gráfica de esta función es más fácil construir directamente, sin dibujar las gráficas de ayuda, utilizando la propiedad simple de la función dada, concretamente en los límites de su región de existencia $\operatorname{sen}(\operatorname{arcsen} x) = x$.

En consecuencia, en la región de existencia la función dada es equivalente a la función $y = x$, cuya grafica es un segmento de recta, que pasa por el origen de coordenadas bajo un ángulo de 45° al eje de las x.

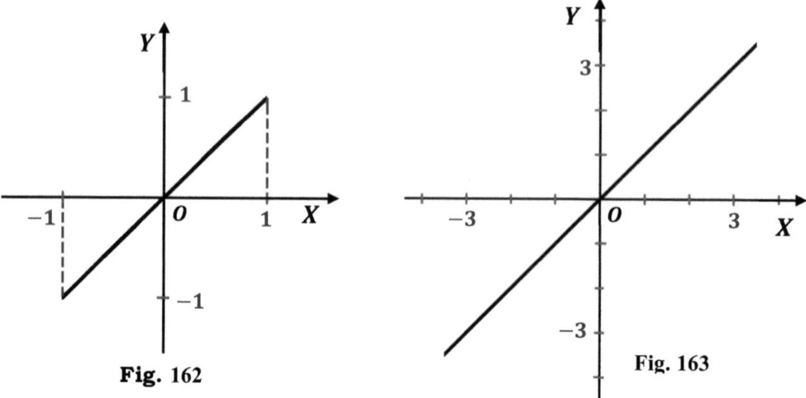

Fig. 162

Fig. 163

31. $y = \mathbf{tg(arctg}\,x)$ (fig.163).

Por cuanto $\operatorname{tg}(\operatorname{arctg} x) = x$, entonces la gráfica de la función dada representa una recta $y = x$, donde $-\infty < x < \infty$.

32. $y = \mathbf{arcsen(sen}\,x)$ (fig.164).

La función dada es periódica, con periodo 2π, por cuanto

$$\operatorname{arcsen}(\operatorname{sen} x) = \operatorname{arcsen}[\operatorname{sen}(2\pi + x)] .$$

La función es impar, debido a que $\operatorname{arcsen}[\operatorname{sen}(-x)] = \operatorname{arcsen}[-\operatorname{sen}(x)] = -\operatorname{arcsen}(\operatorname{sen} x)$. Por ello, es suficiente construir al principio la gráfica para la mitad del periodo: $0 \le x \le \pi$.

Para $0 \le x \le \frac{\pi}{2}$, $\operatorname{arcsen}(\operatorname{sen} x) = x$; es decir, la gráfica representa un segmento de recta $y = x$.

Para $\frac{\pi}{2} \le x \le \pi$ es necesario encontrar aquel arco x_0 en el primer cuadrante para el cual tenga lugar la igualdad $\sin x_0 = \operatorname{sen} x$. Este será el arco $x_0 = \pi - x$, por cuanto $\sin x_0 = \operatorname{sen}(\pi - x)$. Obtenemos $x_0 + x = \pi$, es decir, si el arco se encuentra en el cuadrante II, entonces x_0 se ubica en el primer cuadrante. De esta manera, para $\frac{\pi}{2} \le x \le \pi$, $y = \operatorname{arcsen}[\operatorname{sen}(\pi - x)]$, además, por cuanto el arco $(\pi - x)$ se encuentra en el I cuadrante, entonces $\operatorname{arcsen}[\operatorname{sen}(\pi - x)] = \pi - x$; obtenemos la ecuación de la recta $y = \pi - x$, que se puede construir por dos puntos:

$$\text{Para } x = \frac{\pi}{2},\ y = \pi - \frac{\pi}{2} = \frac{\pi}{2}; \text{ el punto } A\left(\frac{\pi}{2}; \frac{\pi}{2}\right);$$

$$\text{Para } x = \pi,\ y = \pi - \pi = 0; \text{ el punto } B(\pi; 0).$$

En la figura 164 la gráfica para el semiperiodo $[0;\ \pi]$ se ha representado con línea gruesa quebrada; para el segundo semiperiodo $[-\pi; 0]$ la gráfica se ha construido coso simétrico al primero y se ha representado con líneas punteadas gruesas sobre la línea delgada. A continuación, se utiliza la propiedad de la periodicidad de la función.

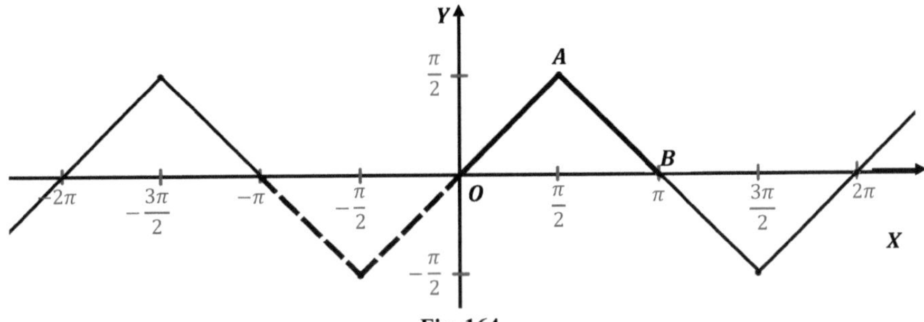

Fig. 164

Nota. *Se puede desde el inicio trazar la recta* $y = x$ *en el segmento* $-\frac{\pi}{2} \leq x \leq \frac{\pi}{2}$.

33. $\boldsymbol{y = \arccos(\cos x)}$ (fig.165).

La función es periódica, con periodo 2π, además par, por cuanto $\arccos[\cos(-x)] = \arccos(\cos x)$. Para el semiperiodo $[0;\ \pi]$ tenemos el segmento de recta $y = x$; para el segundo semiperiodo $[-\pi; 0]$- el segmento, simétrico al primero, se traza en la figura con líneas punteadas gruesas por la línea delgada.

El resto de la gráfica se construye como siempre para la función periódica.

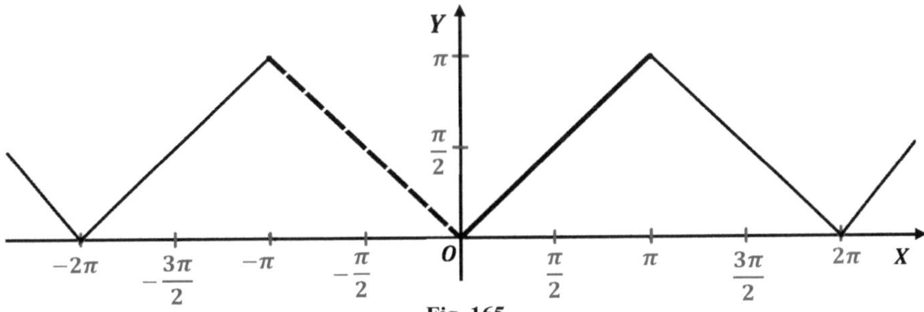

Fig. 165

34. $\boldsymbol{y = \mathrm{arctg}(\mathrm{tg}\, x)}$ (fig.166).

La función es periódica, con periodo π, porque $\mathrm{arctg}(\mathrm{tg}\, x) = \mathrm{arctg}[\mathrm{tg}(x + \pi)]$, e impar, porque $\mathrm{arctg}[\mathrm{tg}(-x)] = \mathrm{arctg}(-\mathrm{tg}\, x) = -\mathrm{arctg}(\mathrm{tg}\, x)$. A pesar de ello, en este caso, es más cómodo construir directamente la gráfica para todo el periodo

$\left(-\frac{\pi}{2};\frac{\pi}{2}\right)$, para la cual $\operatorname{arctg}(\operatorname{tg} x) = x$; obtenemos la recta $y = x$ para el intervalo $\left(-\frac{\pi}{2};\frac{\pi}{2}\right)$; es decir, sin considerar los puntos extremos. El resto de la gráfica se construye, como para la función periódica.

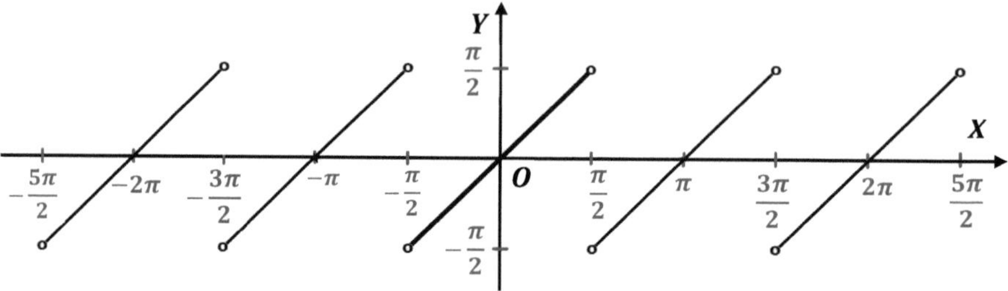

Fig. 166

35. $\mathbf{y = \operatorname{arcctg}(\operatorname{ctg} x)}$ (fig.167).

La función es periódica, con periodo π, porque $\operatorname{arcctg}(\operatorname{ctg} x) = \operatorname{arcctg}[\operatorname{ctg}(x+\pi)]$, e impar porque $\operatorname{arcctg}[\operatorname{ctg}(-x)] = \operatorname{arcctg}[\pi - \operatorname{arcctg} x] \neq \pm \operatorname{arcctg}(\operatorname{ctg} x)$. En este caso, es mejor construir directamente la gráfica para todo el periodo $(0;\ \pi)$, en el cual $\operatorname{arcctg}(c \operatorname{tg} x) = x$; se obtiene la recta $y = x$, para el intervalo $(0;\ \pi)$, sin considerar los puntos extremos. El resto de la gráfica se construye, considerando la periodicidad de la función.

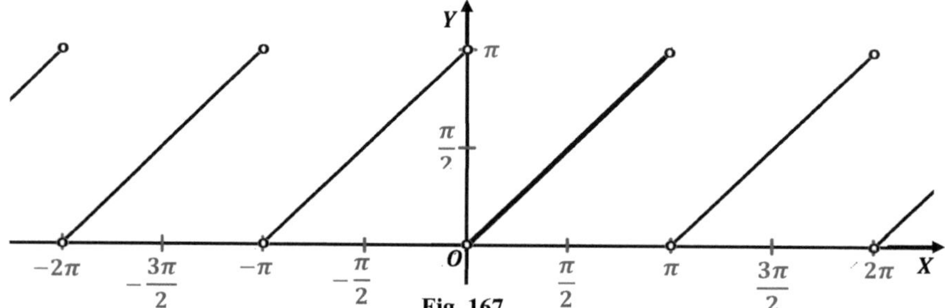

Fig. 167

36. $\mathbf{y = \operatorname{arcctg}(\operatorname{sen} x)}$ (fig.168).

La gráfica de la función interna $v = \operatorname{sen} x$ se ha construido para un periodo $[0; 2\pi]$.

1) Para $x = k\pi,\ v = \operatorname{sen} k\pi = 0;\ y = \operatorname{arctg} 0 = \frac{\pi}{2}$; el punto $\left(k\pi;\ \frac{\pi}{2}\right)$.

2) Para $x = \frac{\pi}{2},\ v = \operatorname{sen}\frac{\pi}{2} = 1;\ y = \operatorname{arctg} 1 = \frac{\pi}{4}$; el punto $\left(\frac{\pi}{2};\ \frac{\pi}{4}\right)$.

3) Para $x = \frac{3\pi}{2}$, $v = \operatorname{sen}\frac{3\pi}{2} = -1$; $y = \operatorname{arctg}(-1) = \frac{3\pi}{4}$; el punto $\left(\frac{3\pi}{2}; \frac{3\pi}{4}\right)$.

En el punto (2) tenemos el mínimo de la función, en el punto (3)-el máximo. Luego la gráfica se construye, como siempre, para una función periódica.

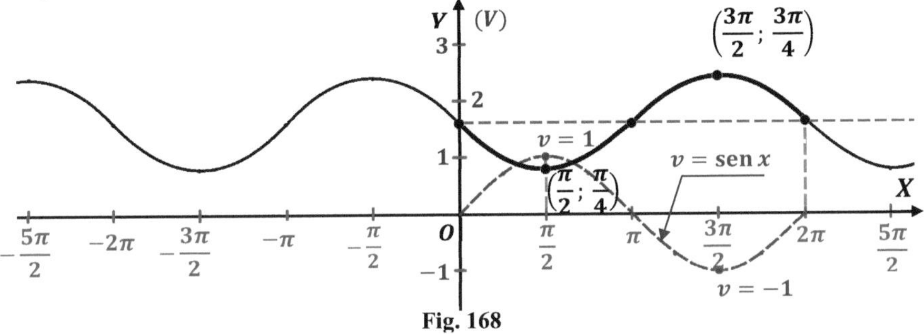

Fig. 168

37. $= \operatorname{arcsen}(\operatorname{arcsen} x)$ (fig.169)

La función interna es $v = \operatorname{arcsen} x$. Los puntos característicos son los siguientes:

1) para $v = -1$, $y = \operatorname{arcsen}(-1) = -\frac{\pi}{2}$ } puntos de frontera;
2) para $v = 1$, $y = \operatorname{arcsen} 1 = \frac{\pi}{2}$, }
3) Para $x = 0$, $v = 0$, $y = \operatorname{arcsen} 0 = 0$; el punto $(0; 0)$.

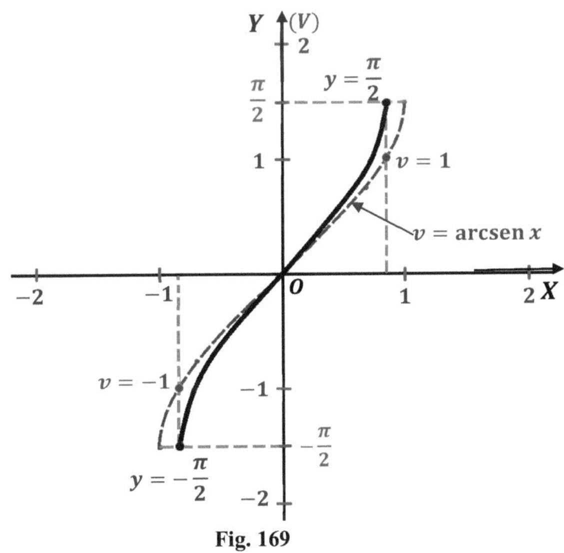

Fig. 169

38. $\boldsymbol{y = \arccos(\arcsin x)}$ (fig.170)

La función interna es $v = \operatorname{arcsen} x$. Los puntos característicos son los siguientes:

1) para $v = -1, y = \arccos(-1) = \pi$
2) para $v = 1, \quad y = \arccos 1 = 0$
3) para $v = 0, \quad y = \arccos 0 = \frac{\pi}{2}$

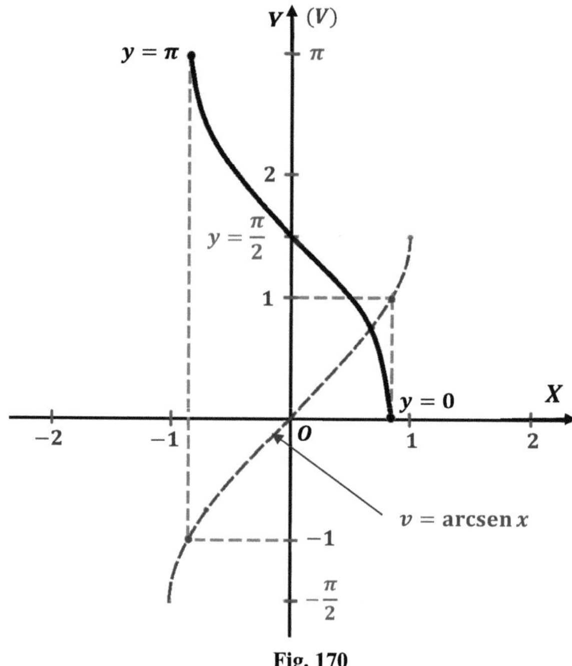

Fig. 170

39. $\boldsymbol{y = \operatorname{arctg}(\operatorname{arctg} x)}$ (fig.171).

La función interna es $v = \operatorname{arcctg} x$. Los puntos característicos son los siguientes:

1) Para $v = -1, \ y = \operatorname{arctg}(-1) = 0$
2) Para $v = 1, \ y = \operatorname{arctg}(1) = \frac{\pi}{4}$
3) Para $v = 0, \ y = \operatorname{arctg}(0) = 0$

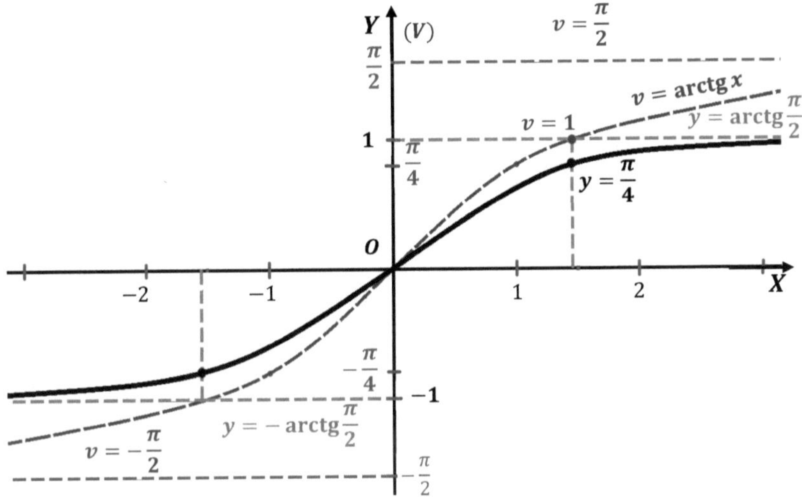

Fig. 171

40. $\boldsymbol{y = \operatorname{arcctg}(\operatorname{arctg} x)}$ (fig.172)

La función interna es $v = \operatorname{arctg} x$.

Los puntos característicos son:

1) Para $v = -1$, $y = \operatorname{arcctg}(-1) = \frac{3\pi}{4}$,
2) Para $v = 1$, $y = \operatorname{arcctg}(1) = \frac{\pi}{4}$,

Los valores en los límites de la región de existencia:

3) $\lim\limits_{x\to\infty} y = \lim\limits_{v\to\frac{\pi}{2}} \operatorname{arctg} v = \operatorname{arcctg}\frac{\pi}{2}$,
4) $\lim\limits_{x\to-\infty} y = \lim\limits_{v\to-\frac{\pi}{2}} \operatorname{arctg} v = \operatorname{arcctg}\left(-\frac{\pi}{2}\right) = \pi - \operatorname{arcctg}\frac{\pi}{2}$

Los valores de la función cerca a la intersección con el eje Y.

5) $\lim\limits_{x\to+0} y = \lim\limits_{v\to 0} \operatorname{arcctg} v = \frac{\pi}{2}$
6) $\lim\limits_{x\to-0} y = \lim\limits_{v\to 0} \operatorname{arcctg} v = \frac{\pi}{2}$

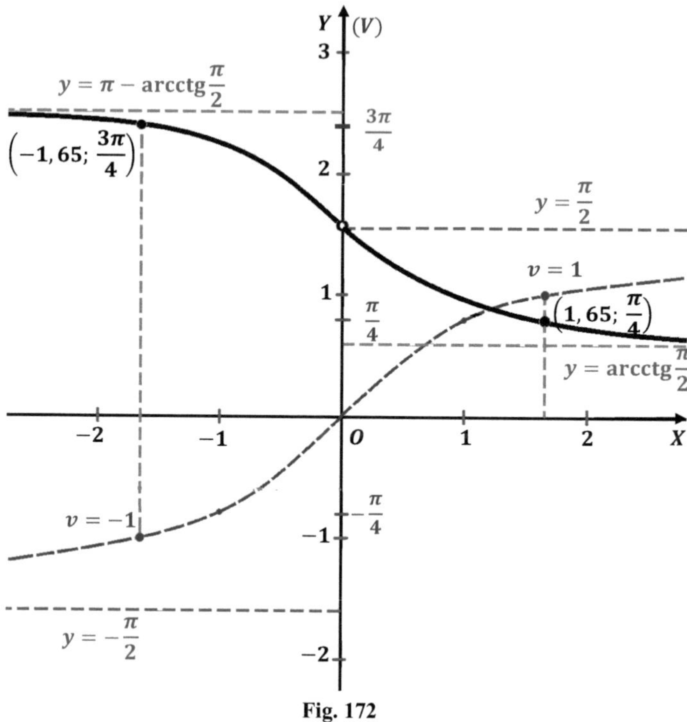

Fig. 172

41. $\boldsymbol{y = \sqrt{x^2 - 1}}$ (fig.173ª)

La función interna $v = x^2 - 1$. La función dada existe para $v \geq 0$ e igual en este caso $y = \sqrt{v}$.

Esta gráfica se construye de manera muy sencilla con el método de investigación directa.

1) La región de existencia de la función se determina de la condición $x^2 - 1 \geq 0$, es decir, $x^2 \geq 1$, de donde encontramos: $x \leq -1$; $x \geq 1$, es decir la región de existencia son los intervalos: $(-\infty; -1]$ y $[1; \infty)$.
2) La función es par.
3) Para $x = \pm 1$, $v = 0$; $y = 0$;

   Cuando $x \to \pm\infty$ $y \to +\infty$.

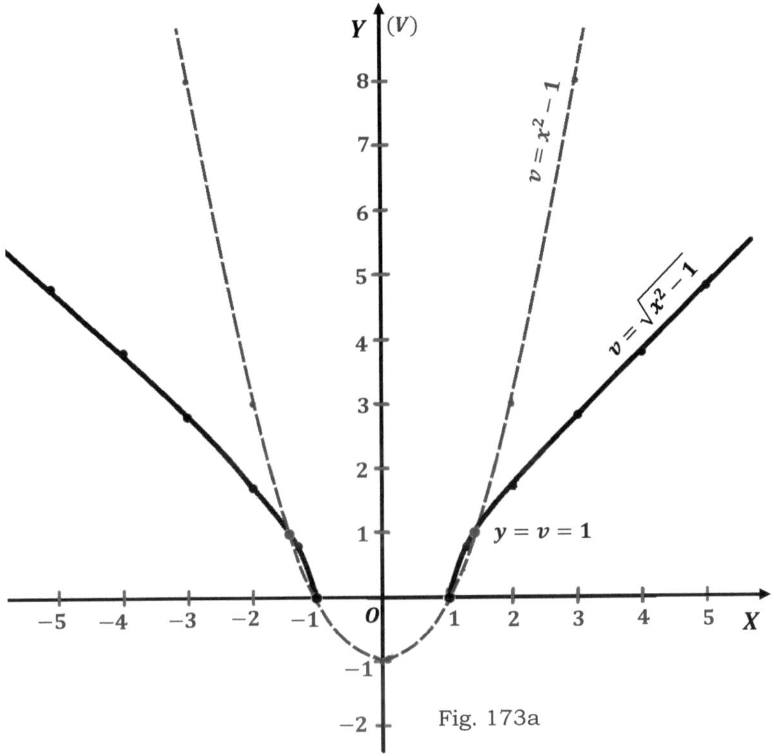

Fig. 173a

Las ordenadas de esta gráfica son iguales a las ordenadas de la función interna para $y = 0$ y $y = 1$. Para $0 < y < 1$ las ordenadas de la función dada son mayores a las ordenadas de la parábola. Para $y > 1$ las ordenadas de la función dada son inferiores a las ordenadas de la parábola.

42. $\boldsymbol{y = \sqrt[3]{x^2 - 1}}$ (fig.173b)

La función interna es la misma que del ejemplo 41, es decir, $v = x^2 - 1$. La función dada se puede escribir así: $y = \sqrt[3]{v}$.

Investigación general de la función.

1) La región de definición es el intervalo: $(-\infty;\ \infty)$.

2) La función es par.
3) El mínimo de la función tiene lugar para $x = 0$.

$$y_{min} = \sqrt[3]{-1} = -1.$$

4) Para $x = \pm 1, \;\; y = 0;$
   Para $x = \pm\infty, \;\; y \to +\infty.$

Las ordenadas de la función dada son iguales a las ordenas de la función interna para $y = 1, y = 0;\; y = -1$. Para $0 < y < 1$ las ordenadas de la gráfica de la función son mayores que las ordenadas de la parábola. En el resto de la región de existencia de la función, sucede lo contrario, tal como se puede apreciar de la gráfica.

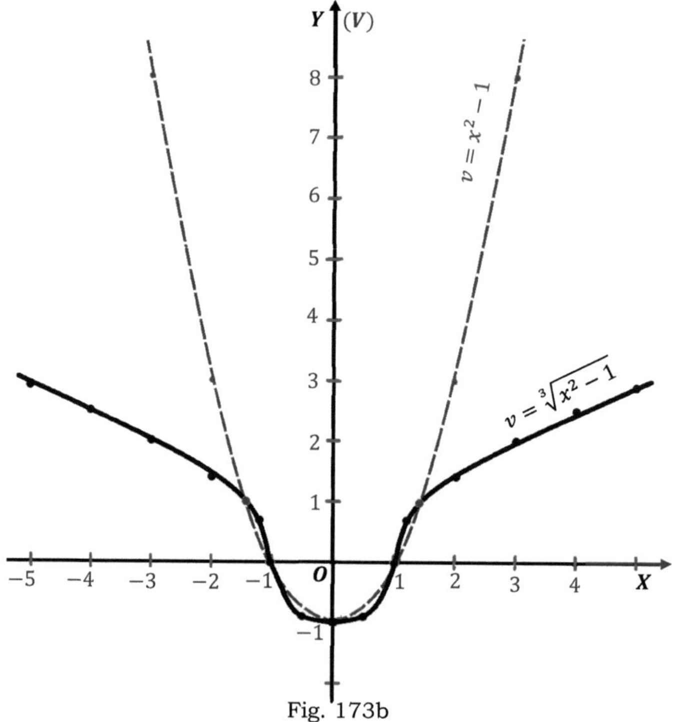

Fig. 173b

43. $\boldsymbol{y = \log(1 - x^2)}$ (fig.174).

La función interna es $v = 1 - x^2$.

Los puntos característicos son:

1) Para $x = 0 \quad y_{max} = \log 1 = 0$;
2) Cuando $x \to \pm 1 \quad y \to -\infty$.

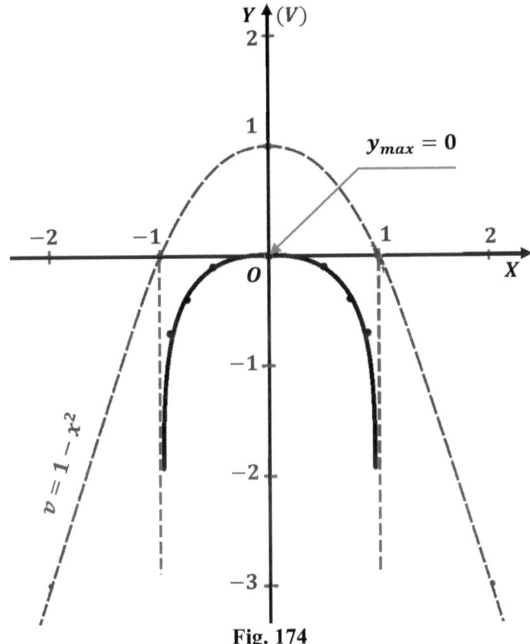

Fig. 174

44. $\boldsymbol{y = \log(x^2 - 1)}$ (fig.175).

La función de apoyo es: $v = x^2 - 1$.

Los puntos característicos son los siguientes:

1) Para $v = 1$ $\left(x = \pm\sqrt{2}\right)$ $y = 0$; los puntos $\left(\pm\sqrt{2}; 0\right)$;
2) Para $v = 10$ $\left(x = \pm\sqrt{11}\right)$ $y = 1$; los puntos $\left(\pm\sqrt{11}; 1\right)$.

Los valores de frontera son los siguientes:

1) Cuando $x \to \pm 1, \quad v \to 0, \quad y \to -\infty$;
2) Cuando $x \to \pm\infty, \quad v \to \infty, y \to \infty$.

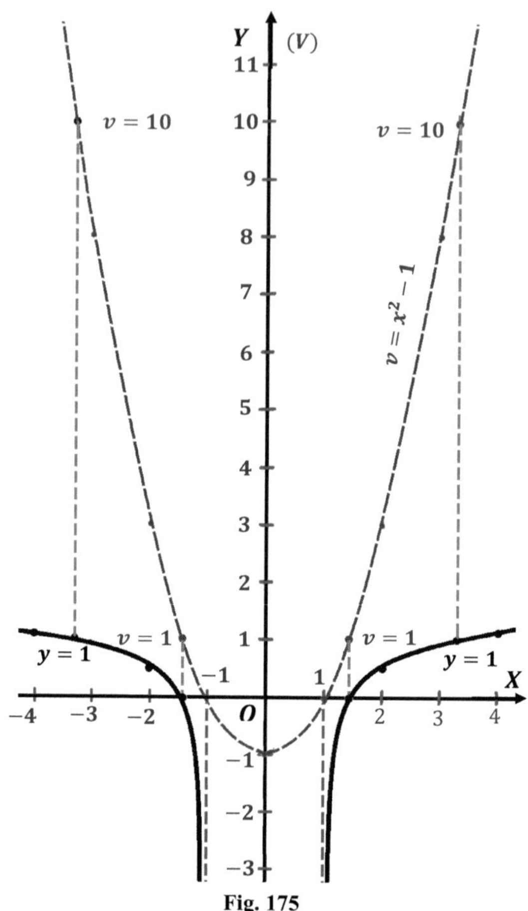

Fig. 175

45. $\boldsymbol{y = \log\log x}$ (fig.176).

La función interna es $v = \log x$.

El punto característico:

Para $x = 10$, $v = \log 10 = 1$, $y = \log 1 = 0$, es el punto $(10; 0)$.

Los valores frontera de la función:

1) Cuando $x \to 1, \quad v \to 0, \quad y \to -\infty$.
2) Cuando $x \to \infty, \quad v \to \infty, \quad y \to \infty$.

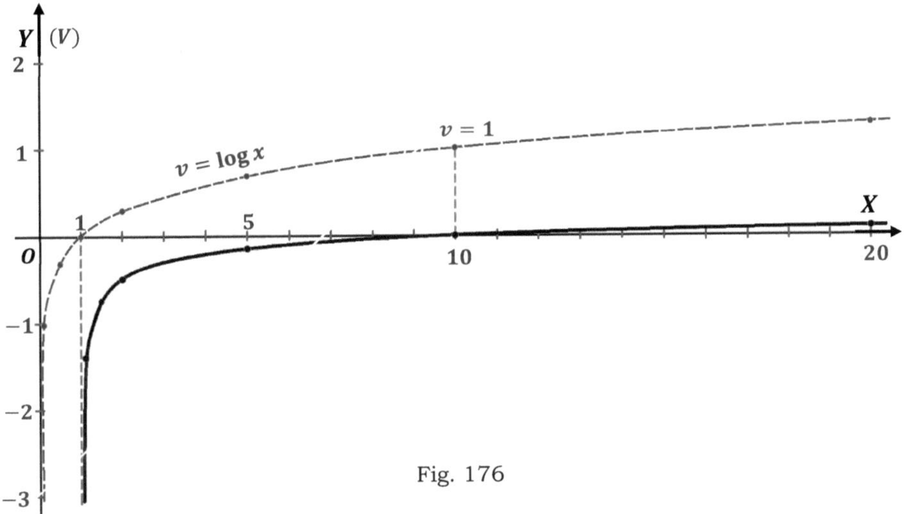

Fig. 176

46. $\boldsymbol{y = 2^{x^2-1}}$ (fig.177)

La función interna es: $v = x^2 - 1$.

Los puntos característicos:

1) Para $x = 0$ la función alcanza el mínimo.

$v = -1; \quad y = 2^{-1} = \frac{1}{2}$; el punto $\left(0; \frac{1}{2}\right)$;

2) Para $x = \pm 1, \quad v = 0; \quad y = 2^0 = 1$; los puntos $(-1; 1)$ y $(1; 1)$;
3) Para $v = 1$ $\left(x = \sqrt{2}\right)$ $y = 2$; el punto $\left(\sqrt{2}; 2\right)$.

En la figura se muestra solamente los puntos característicos de la rama derecha de la gráfica, porque la función dada es par y la gráfica es simétrica en relación al eje de las Y.

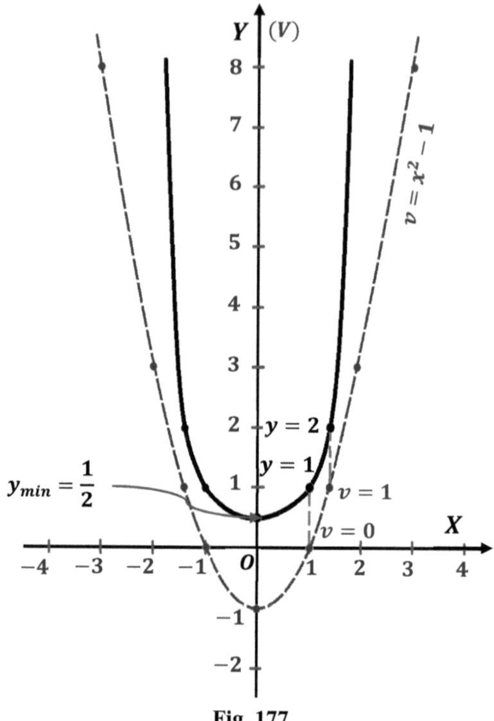

Fig. 177

47. $\boldsymbol{y = a^{1-x^2}}$ para $\boldsymbol{a > 1}$ (fig.178).

La función es par.

La función interna es $v = 1 - x^2$.

Los valore de frontera: para $x \to \pm\infty, \quad v \to -\infty; \quad y \to 0$.

Los puntos característicos:

1) Para $x = 0$ la función tiene máximo:

$$v = 1; \quad y_{max} = a; \text{ el punto } (0; a);$$

2) Para $x = \pm 1, \ v = 0; \ y = a^0 = 1$; el punto $(1; 1)$ y $(-1; 1)$.

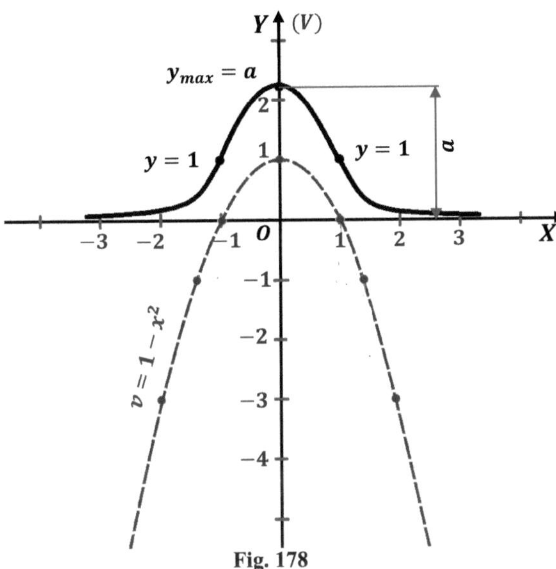

Fig. 178

Nota. *Las gráficas, que se muestran en las figuras 174-179, se construyen fácilmente en base a la investigación directa de la función compleja dada, como se muestra en alguno de ellos. Se puede notar, sin embargo, que el uso de las gráficas de ayuda hace que toda la construcción sea más visual y segura.*

Capítulo VI

GRÁFICAS DE OPERACIONES CON FUNCIONES

§31. GRÁFICAS DE LA ADICIÓN Y SUSTRACCIÓN DE FUNCIONES

El método más general de construcción de gráficas de la adición o la sustracción de dos funciones consiste en, que previamente se construye (con líneas punteadas) dos gráficas para ambas funciones, que entran en la suma o la diferencia, luego se suman o se restan las ordenadas de ambas curvas en los puntos característicos (puntos de intersección de las curvas con los ejes coordenados, máximos y mínimos, puntos de inflexión de las curvas, etc.). Por los puntos obtenidos se construye la gráfica buscada y se realiza la comprobación con algunos puntos de control.

Si la gráfica de la función suma tiene un extremo (máximo o mínimo), entonces la búsqueda de los puntos extremos con los métodos de la matemática elemental es posible solamente en presencia de algunas propiedades especiales de la función dada.

Las estrategias que facilitan la construcción de las gráficas de la suma y la resta de funciones son:

a) Si se da la suma de funciones, entonces se construye la gráfica de una de la ellas, del más fácil (por ejemplo, de la función lineal); luego se adjunta a ella la segunda función, la ordenada de la cual se resta de los puntos de la primera gráfica.
b) Si se da la sustracción de funciones, entonces se construye (con líneas punteadas) la gráfica de la función minuendo y de ella se resta las ordenadas de la función sustraendo, tomado con signo contrario. A veces es más cómodo dibujar (con líneas punteadas) la gráfica de la función sustraendo con signo contrario y sumar las ordenadas de ambas curvas (de la función minuendo y sustraendo con signo contrario).
c) La suma y la resta de dos funciones se transforma en una función, si esto es posible y si la gráfica del sustraendo de esta función es más simple.
d) La construcción de la gráfica de la suma algebraica de funciones se simplifica, si se utiliza la propiedad de la paridad, no paridad, periodicidad, etc.

A continuación, se da ejemplos, que ilustran como método general, así como las mencionadas estrategias simplificadoras de la construcción de gráficos de la suma y la diferencia de dos funciones.

Ejemplos

1. $\boldsymbol{y = x - \text{sen}\, x}$ (fig.179).

Tenemos dos funciones: $\boldsymbol{y_1 = x}$ y $\boldsymbol{y_2 = -\text{sen}\, x}$.

Construyamos la gráfica de la primera función, luego de ella (y no del eje de las x) se agrega las ordenas de la segunda función. Para la facilidad de la construcción de la recta paralela $y_1 = x$ se ha trazado dos rectas de apoyo: $y = x + 1$ y $y = x - 1$. En estas rectas se ubica los vértices de la sinusoide.

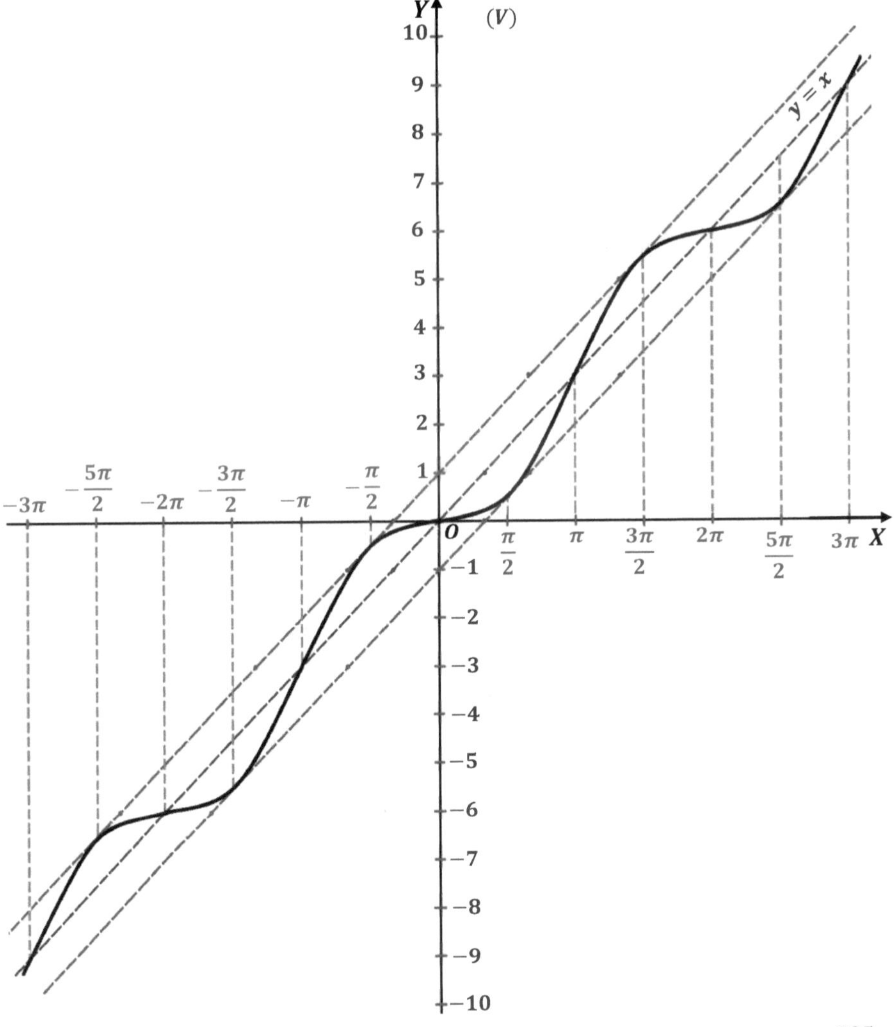

Fig. 179

2. $\boldsymbol{y = x + \operatorname{tg} x}$ (fig.180)

La gráfica de esta función de construye de manera similar al ejemplo anterior.

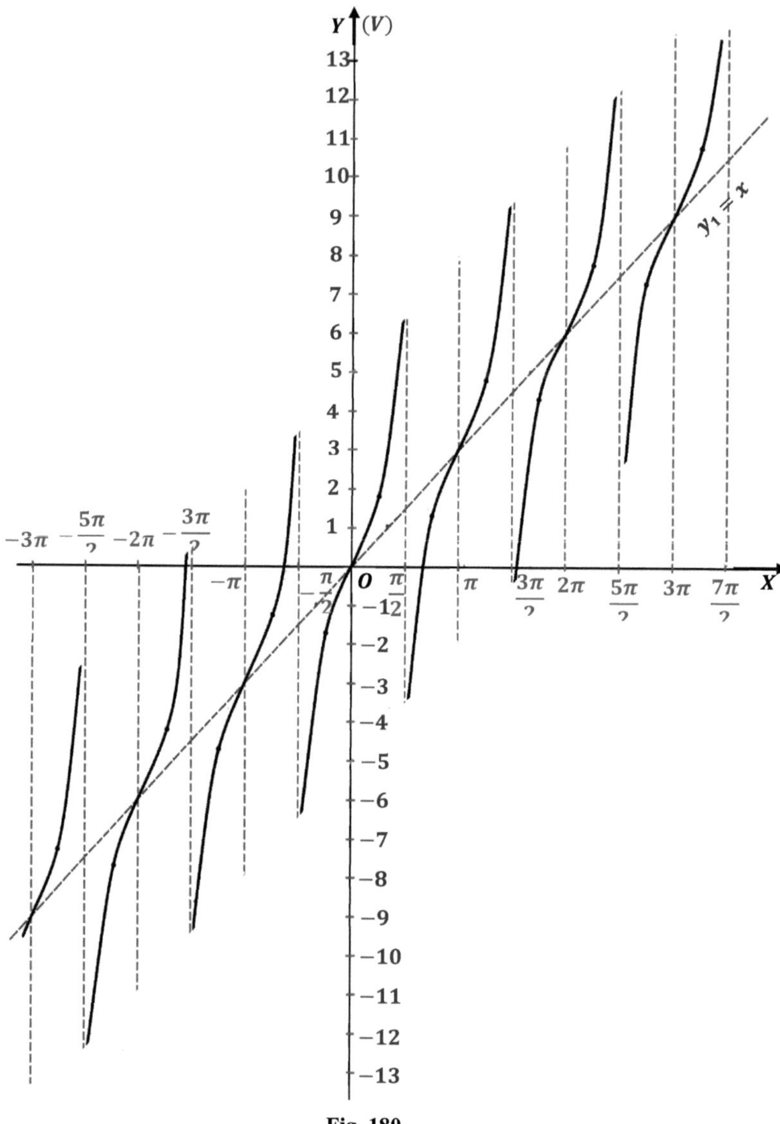

Fig. 180

3. $\boldsymbol{y = x + \log x}$ (fig.181)

Se construye la recta $y_1 = x$.
Los puntos característicos de la función son los siguientes:
1) para $x = 1$, $y_1 = 1$; $y = 1 + \log 1 = 1$; el punto $A(1; 1)$;
2) para $x = 10$, $y_1 = 10$; $y = 10 + \log 10 = 11$; el punto $\mathrm{B}(1; 1)$.
De la figura se puede ver, que la región de existencia de la función dada es el intervalo $(0;\ \infty)$, es decir, es la misma que para el segundo sumando $y_2 = \log x$.

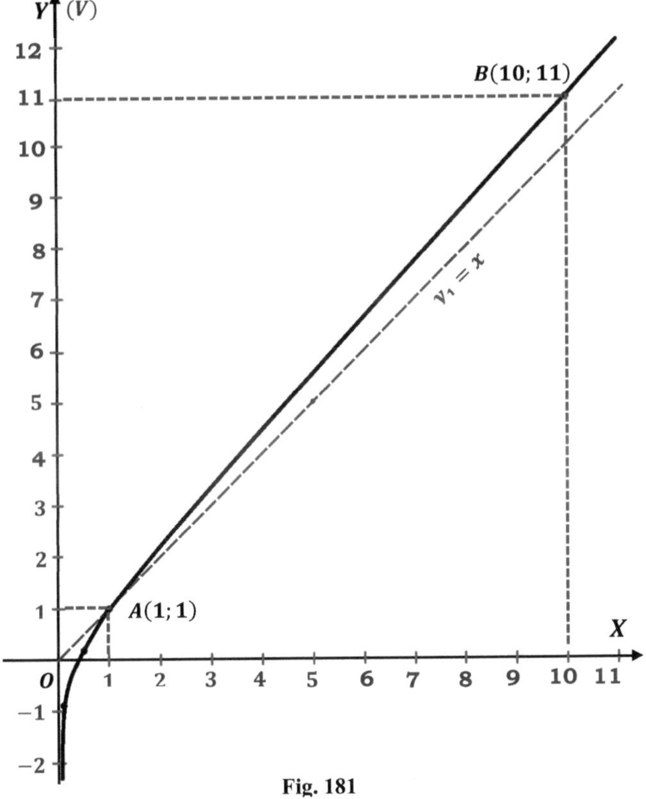

Fig. 181

4. $\boldsymbol{y = x - \mathrm{arcsen}\, x}$ (fig.182).
La función dada es impar, por cuanto

$$(-x) - \mathrm{arcsen}(-x) = -(x - \mathrm{arcsen}\, x).$$

Por ello, la construcción se puede realizar solamente la parte derecha de la gráfica (para $x \geq 0$). Construyamos dos gráficas de apoyo:

$$y_1 = x \text{ y } y_2 = \operatorname{arcsen} x.$$

Las ordenadas de la gráfica buscada resultan de la diferencia: $y_1 - y_2$.

Los puntos característicos son:

1) $x = 0$, $y_1 = 0$; $y_2 = 0$; el punto $(0; 0)$;
2) $x = 1$ (punto de frontera), $y_1 = 1$, $y_2 = \operatorname{arcsen} 1 = \frac{\pi}{2}$, $y = 1 - \frac{\pi}{2} \approx -0{,}57$; $A(1; -0{,}57)$;
3) $x = 0{,}5$, $y_1 = 0{,}5$; $y_2 = \operatorname{arcsen} 0{,}5 = \frac{\pi}{6} \approx 0{,}52$; $y = -0{,}02$; $B(0{,}5; -0{,}02)$.

La parte izquierda de la gráfica se ha construido coso simétrico de la derecha.

De la figura se ve, que la región de existencia da la función dada es la misma, que, del segundo sumando, es decir, de la función $y_2 = \operatorname{arcsen} x$ – el segmento $[-1; 1]$.

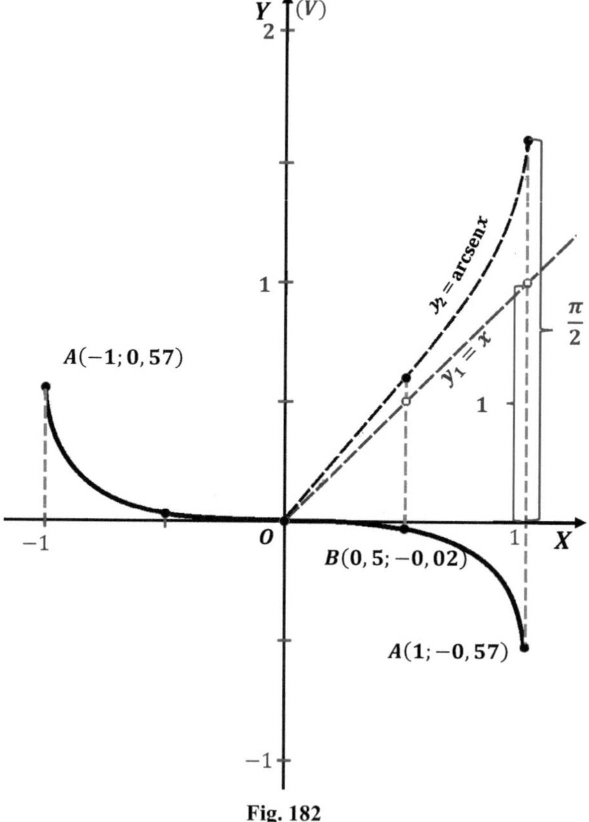

Fig. 182

5. $\boldsymbol{y = \operatorname{arcctg} x - x}$ (fig.183)

Construyamos las funciones de apoyo:

$$\boldsymbol{y_1 = \operatorname{arcctg} x} \ \text{ y } \ \boldsymbol{y_2 = -x}.$$

Las ordenadas de ambas gráficas se suman. Advertimos, que la recta $y_2 = -x$ es la asíntota de la curva dada. La segunda asíntota tiene la ecuación: $y_3 = \pi - x$. El punto característico tiene las coordenadas:

Para $x = 0$, $y = \operatorname{arcctg} 0 = \frac{\pi}{2}$; $\left(0; \frac{\pi}{2}\right)$. Además, $\lim\limits_{x\to-\infty} y = \pi + \infty = \infty$.

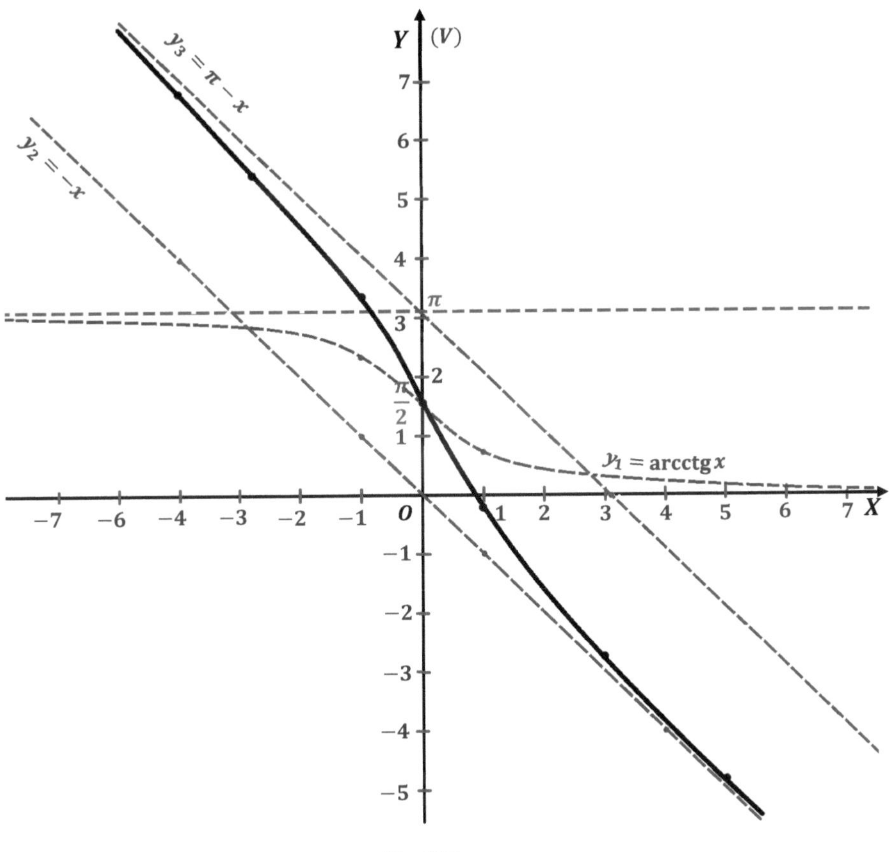

Fig. 183

6. $\boldsymbol{y = \mathrm{sen}(\mathrm{arcsen}\, x) - x}$ (fig.184).

La región de existencia de la función dada es el intervalo $[-1; 1]$ que coincide con la región de existencia de la función $y_1 = \mathrm{sen}(\mathrm{arcsen}\, x)$. En esta región $y_1 = \mathrm{sen}(\mathrm{arcsen}\, x) = x$, también $y_2 = x$. En consecuencia, $y = y_1 - y_2 = 0$. La gráfica de la función – es el segmento sobre eje X entre los límites $[-1;\ +1]$.

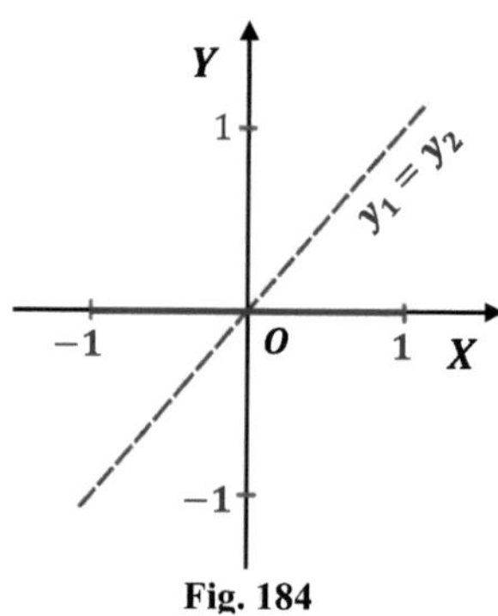

Fig. 184

7. $\boldsymbol{y = x + \mathrm{ctg}(\mathrm{arcctg}\, x)}$ (fig.185).

La región de definición de la función dada – es toda la recta numérica $(-\infty;\ \infty)$.

$$y_1 = x;$$
$$y_2 = \mathrm{ctg}(\mathrm{arcctg}\, x) = x;$$
$$y = y_1 + y_2 = x + x = 2x.$$

La gráfica de la función – es una recta que para por el origen de coordenadas bajo un ángulo α al eje de las equis, donde $\alpha = \mathrm{arcctg}\, 2$

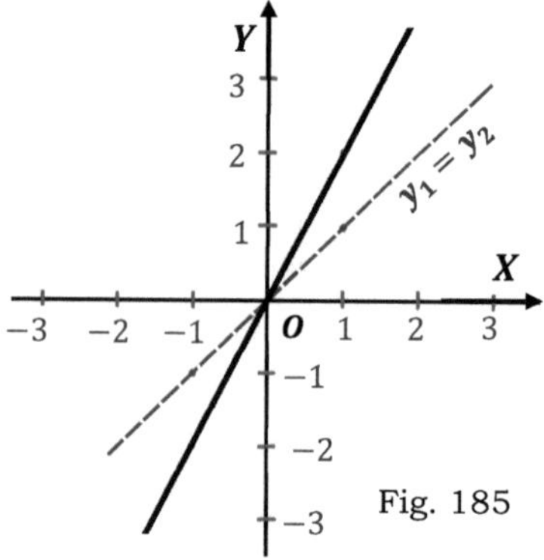

Fig. 185

8. $\boldsymbol{y = x + \mathrm{arcsen}(\mathrm{sen}\, x)}$ (fig.186)

La función dada es impar. Por ello, la construcción de la gráfica se realiza solamente para $x \geq 0$. Construyamos la semirecta $y_1 = x$ y de ella adicionemos los valores correspondientes de la función $y_2 = \mathrm{arcsen}(\mathrm{sen}\, x)$. La parte izquierda de la gráfica se construye coso simétrico de la derecha.

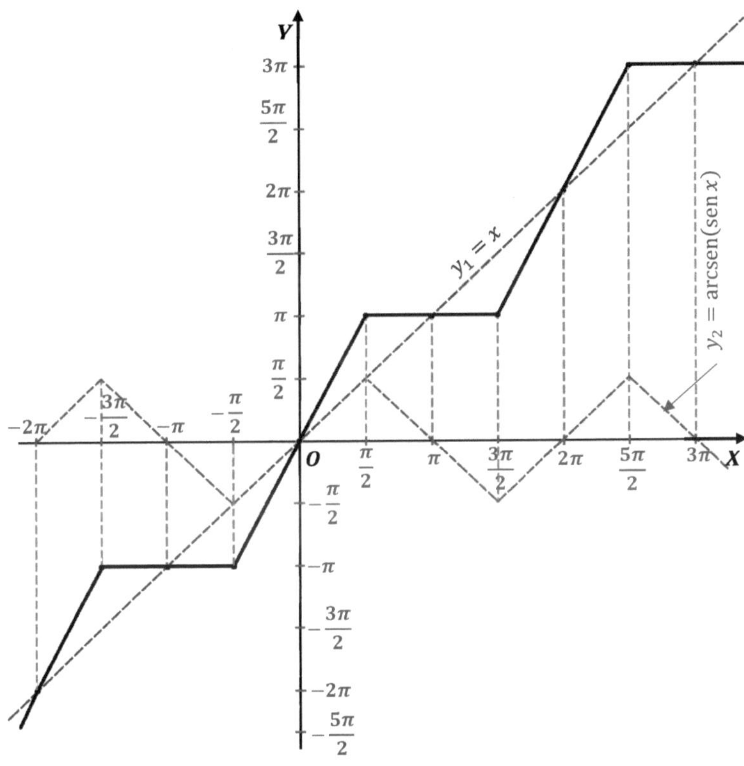

Fig. 186

9. $\boldsymbol{y = x + \mathrm{arctg}(\mathrm{tg}\, x)}$ (fig.187).

La construcción de esta gráfica es semejante a la construcción de la gráfica anterior.

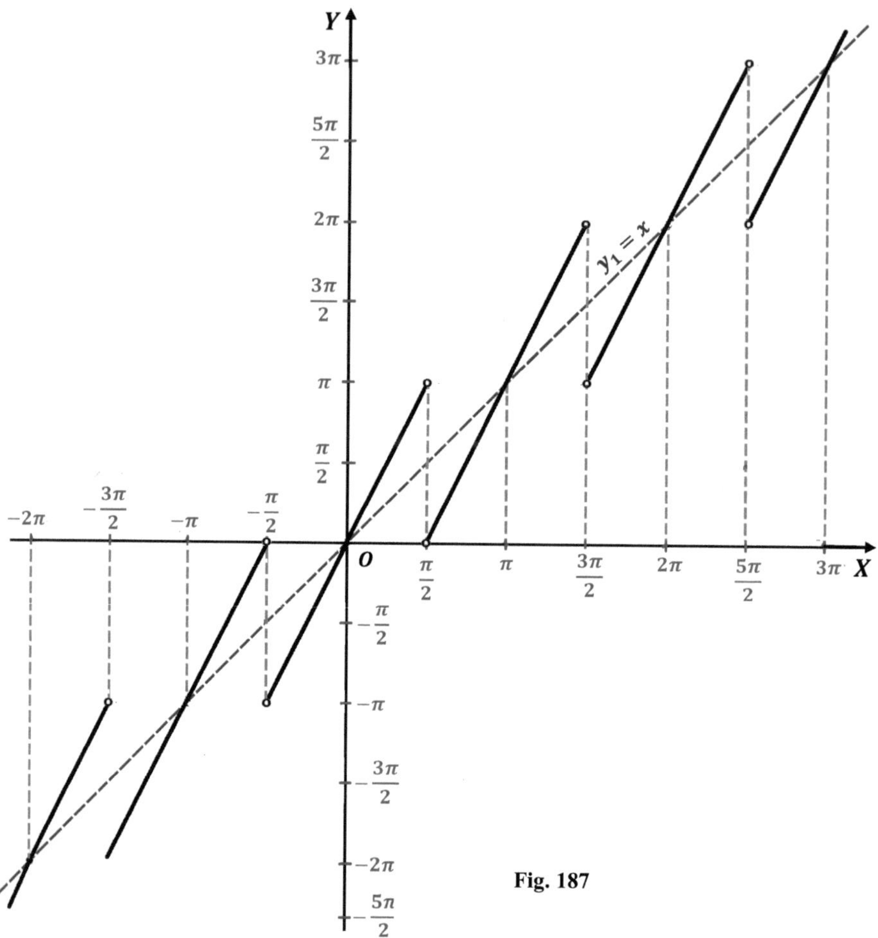

Fig. 187

10. $\boldsymbol{y = x - \arccos(\cos x)}$ (fig.188)

Construyamos dos gráficas de apoyo:

$$\boldsymbol{y_1 = x} \quad \text{y} \quad \boldsymbol{y_2 = \arccos(\cos x)}.$$

A la derecha del eje vertical las ordenadas de la gráfica de la función dada se obtienen como la diferencia de las ordenadas correspondientes de las gráficas de apoyo:

A la izquierda del eje Y se ha realizado la construcción adicional de la gráfica de la función $y_2 = -\arccos(\cos x)$. Luego las ordenadas y_1 y $(-y_2)$ se suman.

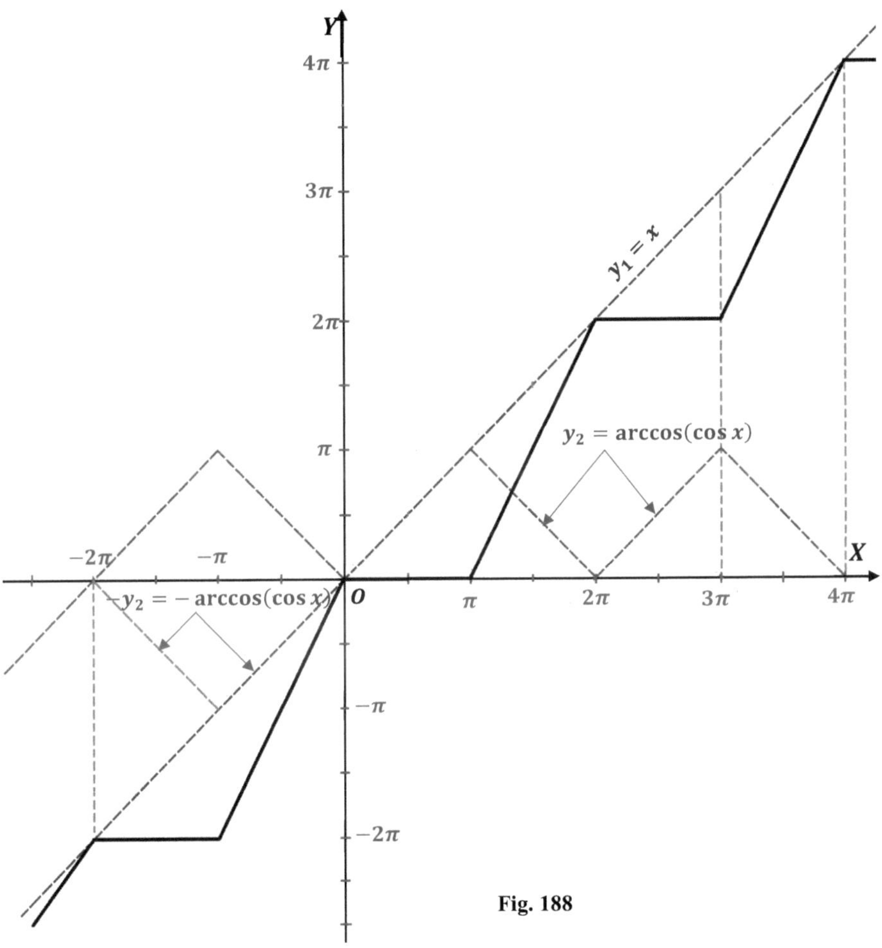

Fig. 188

11. $\boldsymbol{y = x - \operatorname{arcctg}(\operatorname{ctg} x)}$ (fig.189).

La gráfica de esta función se construye como la anterior.

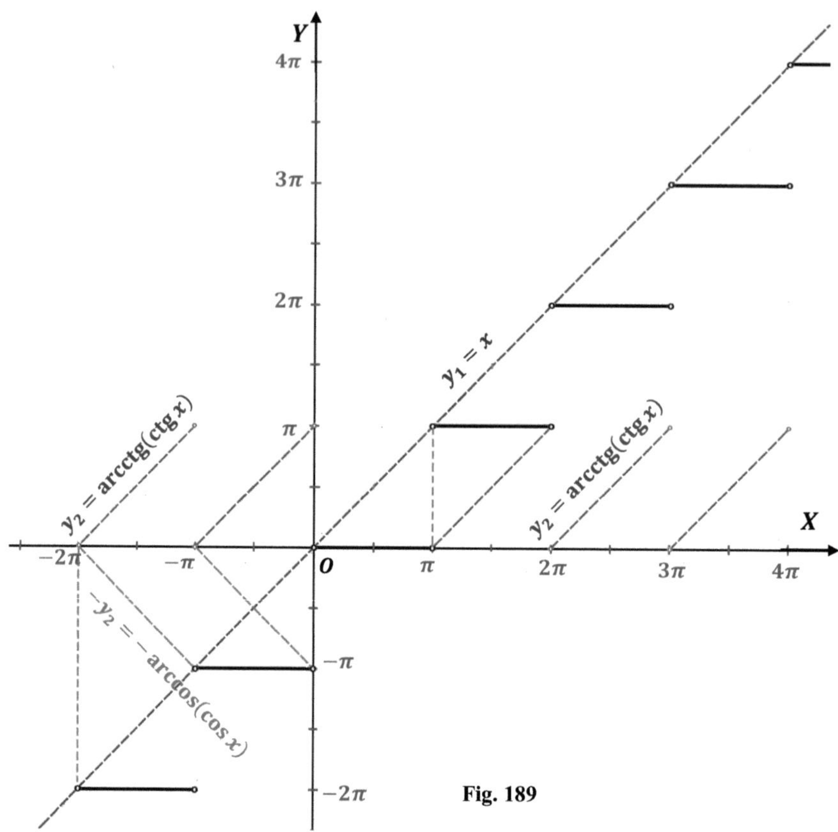

Fig. 189

12. $\boldsymbol{y = \sqrt{x} + \log x}$ (fig.190)

La gráfica referencial es de la función $y_1 = \sqrt{x}$. Las ordenadas de la función $y_2 = \log x$ se desplaza no del eje X, sino de la gráfica de apoyo de la función y_1.

Los puntos característicos son los siguientes:

1) para $x = 1$, $y_1 = \sqrt{1} = 1$; $y_2 = \log 1 = 0$; $y = 1$; el punto $A(1; 1)$;
2) para $x = 10$, $y_1 = \sqrt{10}$; $y_2 = \log 10 = 1$; $y = \sqrt{10} + 1$; el punto $B(10; \sqrt{10} + 1)$;
3) $\lim\limits_{x \to 0} y = -\infty$.

La región de existencia de la función dada es el intervalo $(0;\ \infty)$; es decir, es la misma que de la función $y_2 = \log x$.

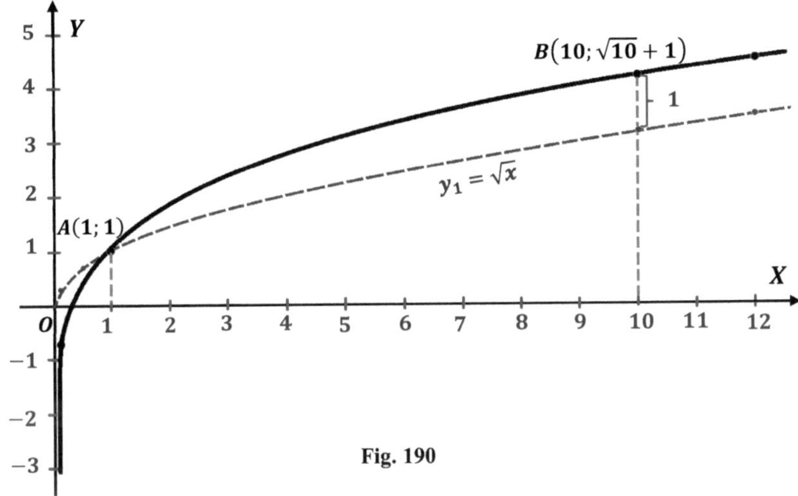

Fig. 190

13. $\boldsymbol{y = \sqrt{x} - \cos x}$ (fig. 191).

Construyamos las gráficas de dos funciones (con líneas punteadas): $y_1 = \sqrt{x}$ y $y_2 = -\cos x$. La segunda gráfica se construye solamente para $x \geq 0$; es decir, en los límites de la región de existencia de la función $y_1 = \sqrt{x}$. La gráfica de la función dada se construye en estos mismos límites incrementando las ordenadas: $y_1 + y_2$.

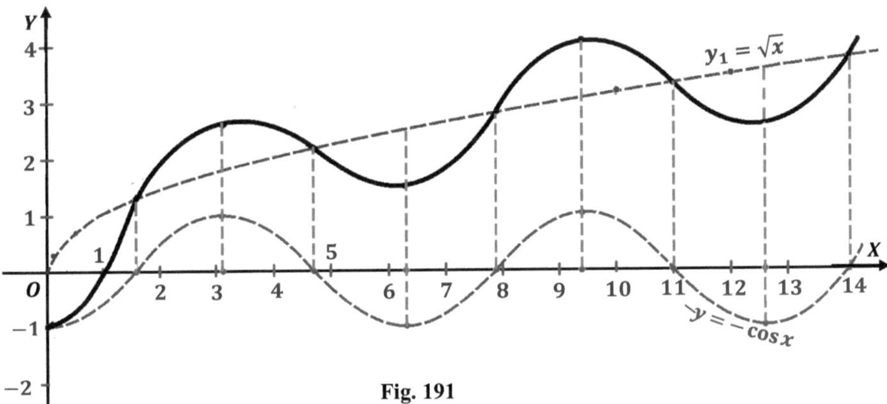

Fig. 191

14. $\boldsymbol{y = \operatorname{arcsen}(\operatorname{sen} x) - \sqrt{x}}$ (fig.192).

Junto a las dos gráficas de apoyo $y_1 = \operatorname{arcsen}(\operatorname{sen} x)$ y $y_2 = \sqrt{x}$, se ha construido adicionalmente una función de apoyo más: $y_3 = -\sqrt{x}$. De los puntos de esta gráfica adicional (y_3) se desplaza las ordenadas de y_1.

Además de ello, se han señalado los puntos A y B, en los cuales la gráfica de las funciones y_1 y y_2 se intersecan, es decir $y = y_1 - y_2 = 0$; estos puntos se bajan al eje de las abscisas.

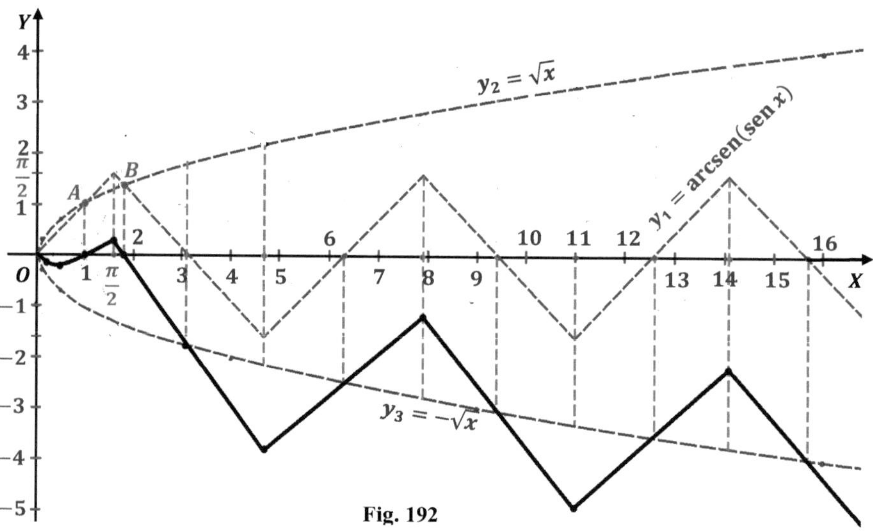

Fig. 192

15. $\boldsymbol{y = \sqrt{x} - a^x}$ para $\boldsymbol{a > 1}$ (fig.193).

Las gráficas de apoyo son: $y_1 = \sqrt{x}$ y $y_2 = -a^x$. Las ordenadas de la función $y_1 = \sqrt{x}$ se trasladan de los puntos de la curva $y_2 = -a^x$.

16. $\boldsymbol{y = a^x + a^{-x}}$ para $\boldsymbol{a > 1}$ (fig.194).

Las gráficas de apoyo son: $y_1 = a^x$ y $y_2 = a^{-x}$.

La gráfica de la función dada se construye sumando las ordenadas de las gráficas de apoyo: $y = y_1 + y_2$.

Para $x = 0$ la función dada tiene un mínimo:

$$y_{min} = a^0 + a^{-0} = 1 + 1 = 2.$$

Hallemos el mínimo de la función dada.

Representemos: $\quad a^x + a^{-x} = k. \qquad (a)$

Observemos que:

1) La región de existencia de la función dada es el intervalo: $(-\infty;\ \infty)$, es decir, la función existe en toda la recta numérica del eje de las equis.
2) $a^x > 0$ y $a^{-x} > 0$ y, en consecuencia, $k > 0$.

Representemos la igualdad (a):

$$a^x + \frac{1}{a^x} = \frac{a^{2x} + 1}{a^x} = k \qquad (b)$$

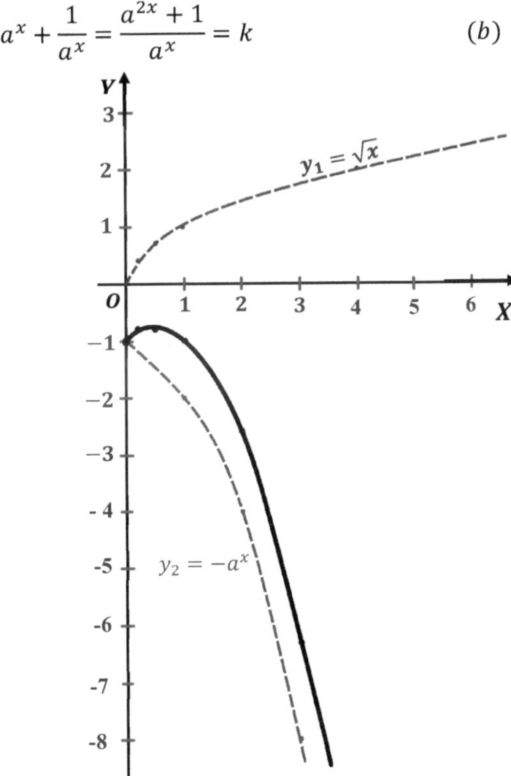

Fig. 193

Por cuanto $a^x \neq 0$, entonces la igualdad (b) es equivalente a la igualdad $a^{2x} + 1 = a^x k$, de donde se obtiene:

$$a^{2x} - ka^x + 1 = 0. \qquad (c)$$

Resolviendo la ecuación (c) en relación a a^x:

$$a^x = \frac{k}{2} \pm \sqrt{\frac{k^2}{4} - 1}. \qquad (d)$$

Observamos que a^x tiene valores reales para $\frac{k^2}{4} \geq 1$, o $k^2 \geq 4$, es decir, $|k| \geq 2$.
Y por cuanto $k > 0$, entonces $|k| = k$ y, en consecuencia, $k \geq 2$.
De esta manera, $k_{min} = 2$, es decir

$$(a^x + a^{-x})_{min} = 2.$$

Sustituyendo en la igualdad (d) el valor k_{min}, hallamos, que

$$a^x = \frac{2}{2} \pm \sqrt{\frac{4}{4} - 1} = 1, \text{ es decir, } x = 0.$$

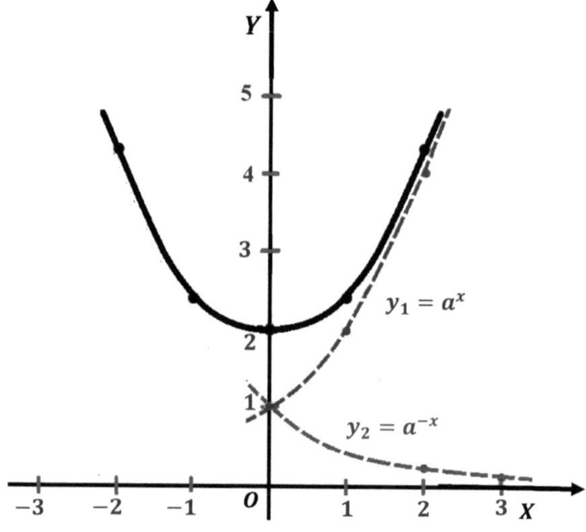

Fig. 194

17. $\boldsymbol{y = \log_a \cos x + \cos x}$, para $\boldsymbol{a > 1}$ (fig.195).

Por cuanto la función dada es periódica, con periodo 2π, entonces la construcción de la gráfica se ha realizado para un periodo: $-\frac{\pi}{2} \leq x \leq \frac{3\pi}{2}$.

Las funciones de apoyo son: $y_1 = \cos x$ y $y_2 = \log_a \cos x$.

La función $y_1 = \cos x$ es interna para la función $y_2 = \log_a \cos x$, esto es considerado para la construcción de la segunda gráfica.

Los valores de frontera son:
Para $x \to \left(-\frac{\pi}{2} + 0\right)$ y $x \to \left(-\frac{\pi}{2} - 0\right)$
$y_1 = \cos x \to 0$ y $y_2 = \log_a \cos x \to -\infty$; consecuentemente, $y \to -\infty$.
Los puntos característicos:
Para $x = 0$, $y_1 = \cos x = 1$; $y_2 = \log_a 1 = 0$; $y = 1$, el punto $(0; 1)$.

Para $\frac{\pi}{2} \leq x \leq \frac{3\pi}{2}$ la función no está definida, porque $\cos x \leq 0$, y la función de apoyo $y_2 = \log_a \cos x$ no existe.

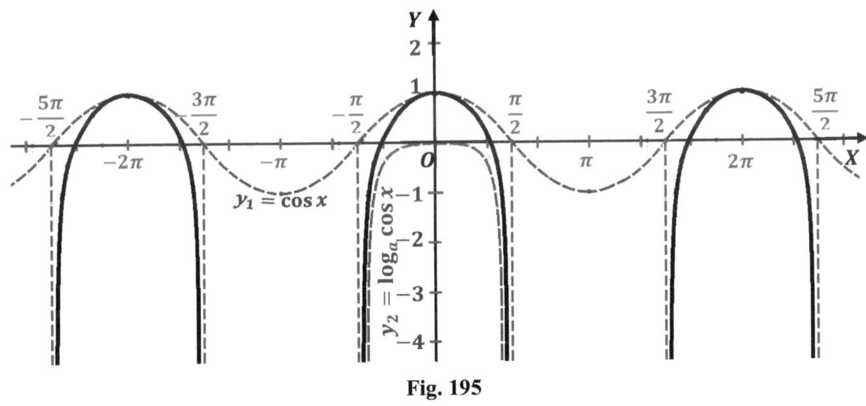

Fig. 195

18. $\boldsymbol{y = \operatorname{tg} x + \log_a \operatorname{tg} x}$, donde $\boldsymbol{a > 1}$ (fig.196).

La gráfica de esta función se construye en forma análoga a la gráfica anterior.

La construcción se ha realizado para un periodo (π): $0 < x < \pi$.

Para $\frac{\pi}{2} \leq x \leq \pi$ la función no existe.

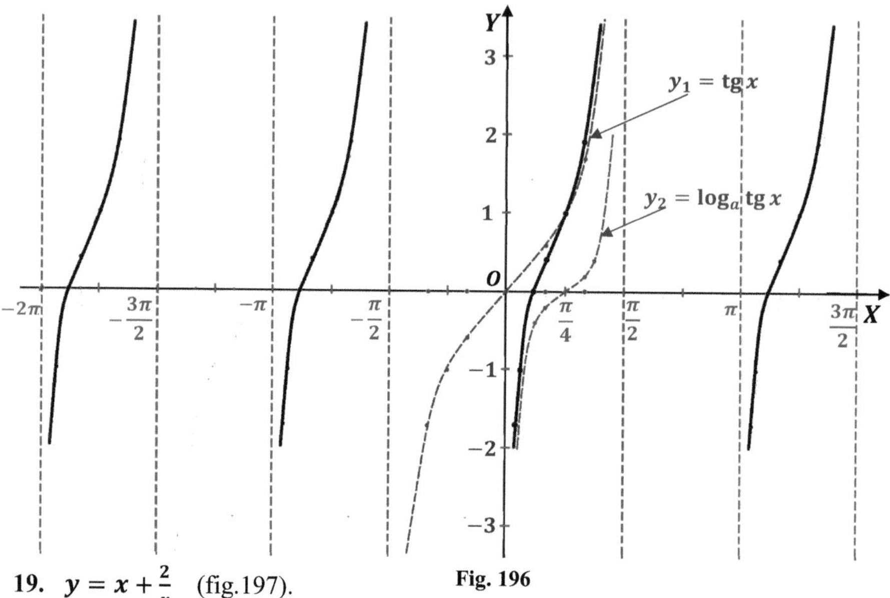

Fig. 196

19. $\boldsymbol{y = x + \frac{2}{x}}$ (fig.197).

La función no es par, porque

$$-x + \frac{2}{-x} = -x - \frac{2}{x} = -\left(x + \frac{2}{x}\right)$$

La construcción de la gráfica se ha realizado para $x > 0$.

Las funciones de apoyo son: $\boldsymbol{y_1 = x}$ y $\boldsymbol{y_2 = \frac{2}{x}}$.

La recta $y_1 = x$ es la asíntota de la gráfica buscada. Además de ello, para $x > 0$ la función tiene un mínimo, que para la función de este tipo puede ser definido de la siguiente manera:

Tomemos la función en la forma general: $y = x + \frac{k}{x}$ para $x > 0$.

Por cuanto la media aritmética de dos números positivos es mayor que a media geométrica de esos números o es igual a esta última, entonces

$$\frac{x+\frac{k}{x}}{2} \geq \sqrt{x \cdot \frac{k}{x}}; \qquad \frac{x+\frac{k}{x}}{2} \geq \sqrt{k}; \qquad x + \frac{k}{x} \geq 2\sqrt{k}$$

El valor mínimo de la suma $x + \frac{k}{x}$ tiene lugar con la condición de que $x + \frac{k}{x} = 2\sqrt{k}$; de donde se obtiene:

$$x^2 + k = 2x\sqrt{k};\ \ x^2 - 2\sqrt{k}x + k = 0;\ \ \left(x - \sqrt{k}\right)^2 = 0;$$

$$x = \sqrt{k} \ \text{ y } \ \frac{k}{x} = \sqrt{k}\,.$$

En consecuencia, para la función dada, tenemos:

$$y_{min} = 2\sqrt{2}\,,\ \text{cuando}\ x = \frac{2}{x} = \sqrt{2}\,.$$

La rama izquierda de la gráfica es coso simétrico de la derecha.

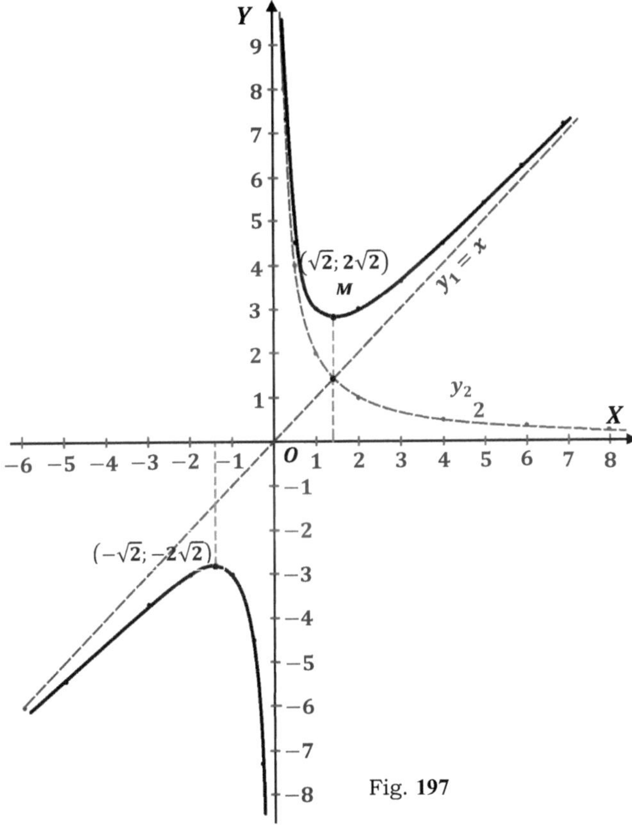

Fig. **197**

20. $\boldsymbol{y = x - \frac{1}{x}}$ (fig.198).

La función es impar. La construcción de la gráfica se ha realizado para $x > 0$. Las funciones de apoyo son: $\boldsymbol{y_1 = x}$ y $\boldsymbol{y_2 = -\frac{1}{x}}$.

Las ordenadas de la gráfica buscada se obtienen mediante la suma algebraica de las ordenadas de y_1 y y_2 . Por cuanto las ordenadas de la gráfica de y_2 son negativos, entonces estos se desplazan hacia abajo de la gráfica de y_1.
La recta $y_1 = x$ es la asíntota de la gráfica buscada, además la rama derecha de la gráfica se aproxima a esta asíntota por abajo. Además de ello, tenemos:

1) cuando $x \to 0$, $y = x - \frac{1}{x} \to -\infty$;
2) cuando $x = 1$, $y_1 = 1$; $-y_2 = -1$; $y = y_1 - y_2 = 0$.

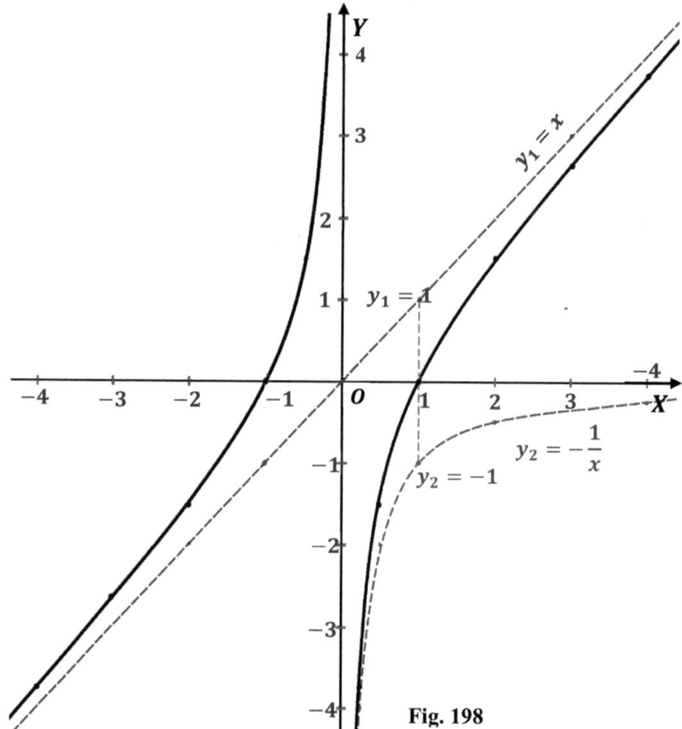

Fig. 198

21. $\boldsymbol{y = \operatorname{sen} x + \cos x}$ (fig.199).

Transformemos la función dada:

$$y = \operatorname{sen} x + \cos x$$
$$= \operatorname{sen} x + \operatorname{sen}\left(\frac{\pi}{2} - x\right) = 2\operatorname{sen}\frac{\pi}{4}\cos\left(x - \frac{\pi}{4}\right) = \sqrt{2}\cos\left(x - \frac{\pi}{4}\right).$$

Construyamos la gráfica de la función transformada: $y = \sqrt{2}\cos\left(x - \frac{\pi}{4}\right)$

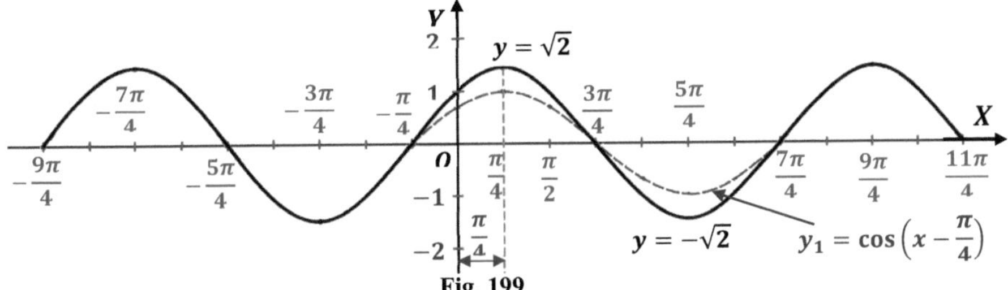

Fig. 199

22. $\boldsymbol{y = \cos x - \sin x}$ (fig.200)

Transformemos la función dada en forma análoga a la anterior:

$$\cos x - \operatorname{sen} x = \cos x - \cos\left(\frac{\pi}{2} - x\right) = -2\operatorname{sen}\frac{\pi}{4}\operatorname{sen}\left(x - \frac{\pi}{4}\right) = -\sqrt{2}\sin\left(x - \frac{\pi}{4}\right)$$

Grafiquemos la función: $y = -\sqrt{2}\sin\left(x - \frac{\pi}{4}\right)$

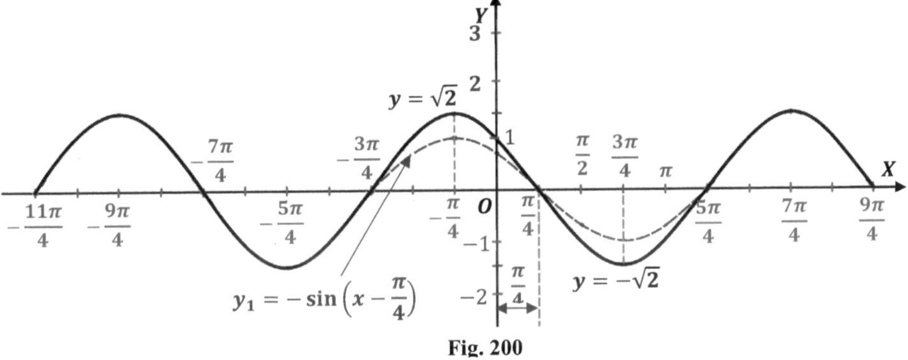

Fig. 200

23. $\boldsymbol{y = \sin^2 x - \cos^2 x.}$

Por cuanto $\sin^2 x - \cos^2 x = -\cos 2x$, entonces la gráfica de la función dada se puede construir como la gráfica de la función $y = -\cos 2x$.

§32. GRÁFICAS DEL PRODUCTO Y COCIENTE DE DOS FUNCIONES

El producto y cociente de dos funciones se ajusta a la investigación general, en base a la cual y puede ser construido la gráfica. Frecuentemente la construcción de la gráfica se simplifica, si anticipadamente se construye la gráfica de la función de apoyo, que entra en el producto o el cociente.

A veces el producto o el cociente se pueden transformar de tal manera, que la construcción de la gráfica de la función transformada resulta más sencilla. Estas y otras estrategias de construcción de gráficas del producto y cociente de dos funciones se ilustran con los siguientes ejemplos.

Ejemplos

1. $\boldsymbol{y = x \operatorname{sen} x}$ (fig.201).

Previamente se construye, y con líneas punteadas, las funciones de apoyo que son parte del producto dado: $y_1 = x$; $y_2 = \operatorname{sen} x$.

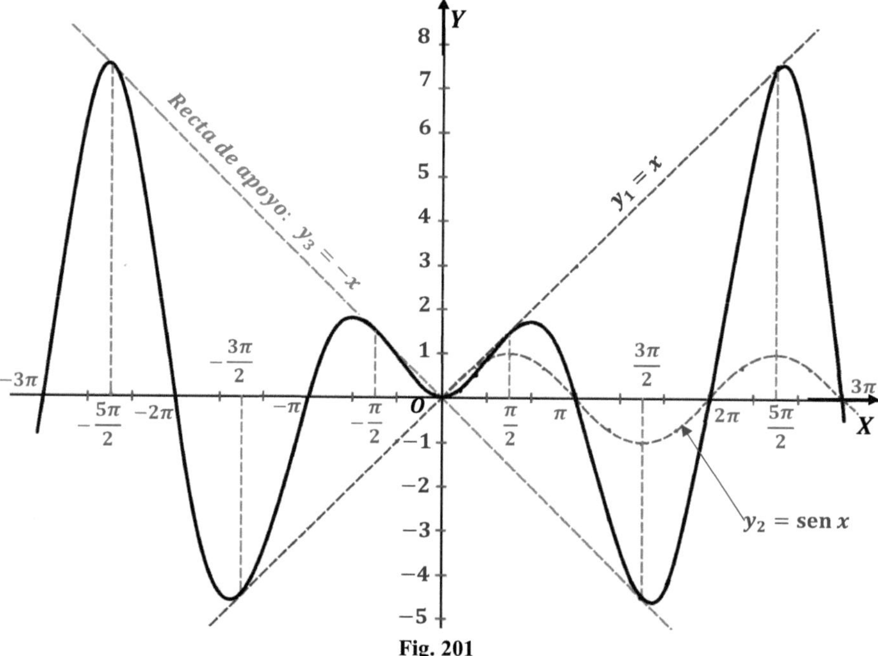

Fig. 201

La multiplicación de estos gráficos se simplifica gracias a que la función $y_2 = \operatorname{sen} x$ periódicamente toma valores 0 y 1. En el primer caso la gráfica buscada $y = x \operatorname{sen} x$ intersecta el eje de las abscisas, y el segundo es tangente a la recta de apoyo: $y_1 = x$.

En vista de que la función $y_2 = \operatorname{sen} x$ periódicamente toma además el valor (-1), entonces la construcción se simplifica, si graficamos además otra función de ayuda $y_3 = -x$ (en la gráfica esta recta fue construida con líneas punteadas).

Para todo $x = 2\pi n - \frac{\pi}{2}$, la gráfica dada es tangente a esta línea de apoyo, debido a que para estos valores de x, $\operatorname{sen} x = -1$.

Por cuanto la función dada $y = x \operatorname{sen} x$ es par $[(-x)\operatorname{sen}(-x) = (-x)(-\operatorname{sen} x) = x \operatorname{sen} x]$, entonces la gráfica indicada se construye solamente para la parte derecha de la gráfica; la parte izquierda de la gráfica se construye luego simétrica a la parte derecha.

2. $\boldsymbol{y = -x\cos x}$ (fig.202)

También, como en el caso anterior, junto a la gráfica de las dos funciones de apoyo: $y_1 = -x$ y $y_2 = \cos x$, que entran en el producto, construimos además una tercera gráfica de apoyo de la función: $y_3 = x$.

En adelante se construye de manera análoga a la anterior.

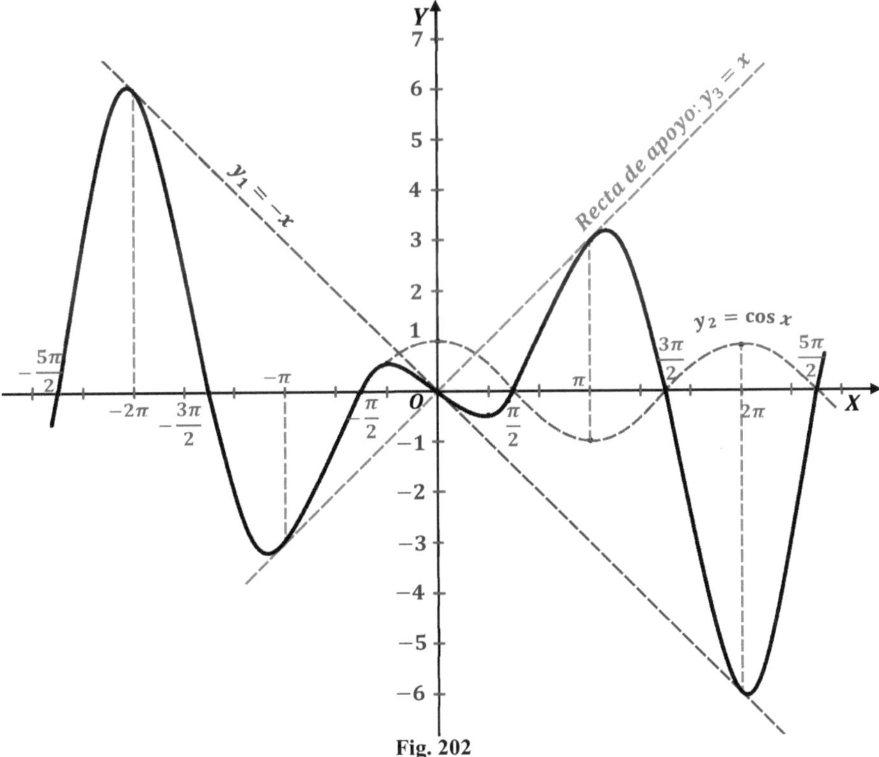

Fig. 202

3. $y = \frac{\sqrt{|x|}}{\operatorname{sen} x}$ (fig.203)

Advertimos, que la función dada es impar, porque $\frac{\sqrt{|-x|}}{\operatorname{sen}(-x)} = \frac{\sqrt{|x|}}{-\operatorname{sen} x} = -\frac{\sqrt{|x|}}{\operatorname{sen} x}$. Por ello, la construcción se realiza solamente para la parte derecha de la gráfica; la parte izquierda de la gráfica se construye luego, como coso simétrico de la derecha.

En la figura se ha construido dos gráficas de funciones apoyo, que son parte del cociente dado: $y_1 = \sqrt{|x|}$ y $y_2 = \operatorname{sen} x$, y la tercera gráfica de apoyo $y_3 = -\sqrt{|x|}$. El resto de la construcción es análoga a las anteriores.

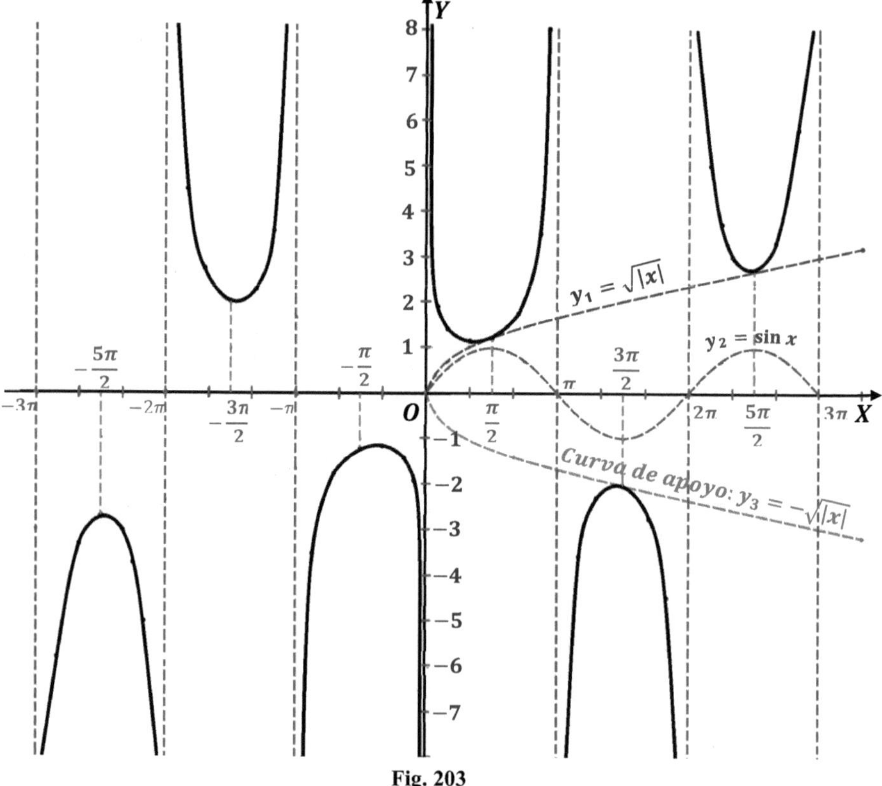

Fig. 203

Es imprescindible explicar la forma de la gráfica cuando $x \to 0$, por cuanto en este caso se obtiene la indeterminación de la forma $\frac{0}{0}$, que es necesario abrir.

Es conocido, que $\lim_{x\to 0}\frac{\sin x}{x} = 1$; es decir, que cuando $x \to 0$, $\sin x \sim x$ (se lee: sen x es equivalente a x). Por lo que, se puede escribir:

$$\lim_{x\to 0} y = \lim_{x\to 0}\frac{\sqrt{x}}{\sin x} = \lim_{x\to 0}\frac{\sqrt{x}}{x} = \lim_{x}\frac{1}{\sqrt{x}} = \infty.$$

4. $\boldsymbol{y = \frac{\sin x}{x}}$ (fig.204).

La función es par, porque

$$\frac{\sin(-x)}{(-x)} = \frac{-\sin x}{-x} = \frac{\sin x}{x}.$$

Las funciones de apoyo son: $y_1 = \operatorname{sen} x$; $y_2 = \frac{1}{x}$; $y_3 = -\frac{1}{x}$.

La gráfica de la función dada se construye como la gráfica del producto:

$y_1 y_2 = \sin x \cdot \frac{1}{x}$.

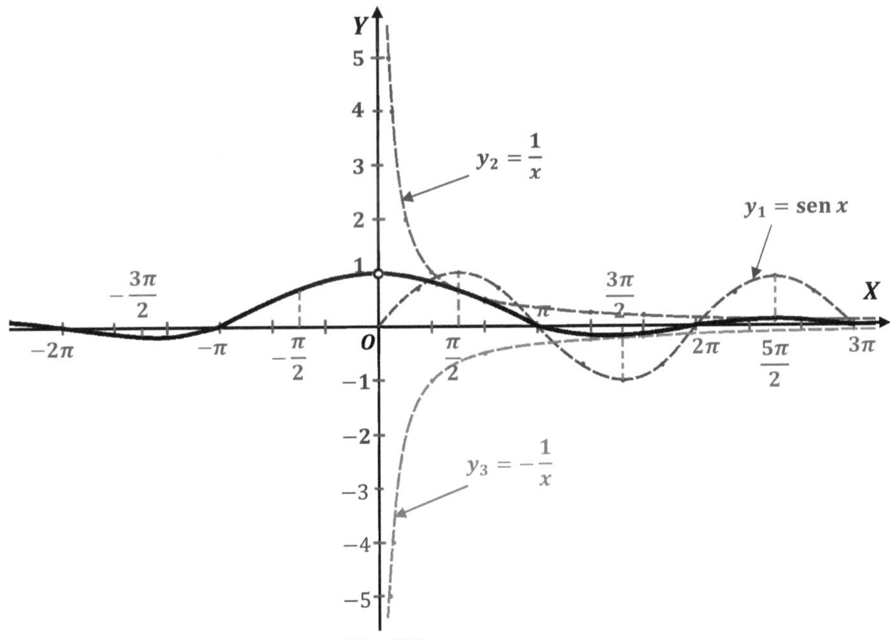

Fig. 204

5. $\boldsymbol{y = a^x \log_b x}$, donde $\boldsymbol{a > 0}$; $\boldsymbol{a \neq 1}$ y $\boldsymbol{b > 1}$ (fig.205).

Las funciones de apoyo son: $y_1 = a^x$; $y_2 = \log_b x$.

Por cuanto la región de existencia de la función $y_2 = \log_b x$ es el intervalo $(0;\ \infty)$, que define la región de existencia de la función dada, entonces la gráfica de la función de apoyo $y_1 = a^x$ se ha construido solamente para $x > 0$.

Notemos, que para $x = b,\ y_2 = \log_b b = 1$ y el producto $y_1 y_2 = a^b$, obtenemos el punto $A(b;\ a^b)$.

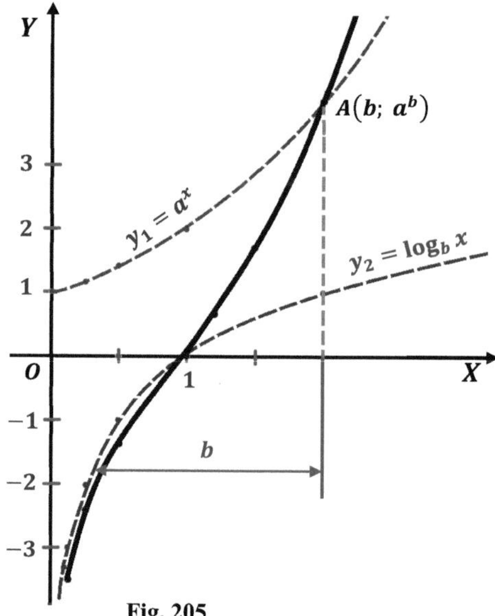

Fig. 205

6. $\boldsymbol{y = |x|\sqrt{x^2 - 1}}$ (fig.206)

La función es par. La construcción se inicia de la parte derecha de la gráfica; la parte izquierda de la gráfica es simétrica a la derecha.

Las funciones de apoyo son: $y_1 = |x|$; $y_2 = \sqrt{x^2 - 1}$.

Para $x = \pm\sqrt{2}$ $\ y_2 = \sqrt{\left(\sqrt{2}\right)^2 - 1} = 1$, por ello la gráfica de la función dada se interseca con la recta $y_1 = |x|$ en el punto $A\left(\sqrt{2};\ \sqrt{2}\right)$.

Para $x = \pm 1,\ y_2 = 0$ y $y = 0$.

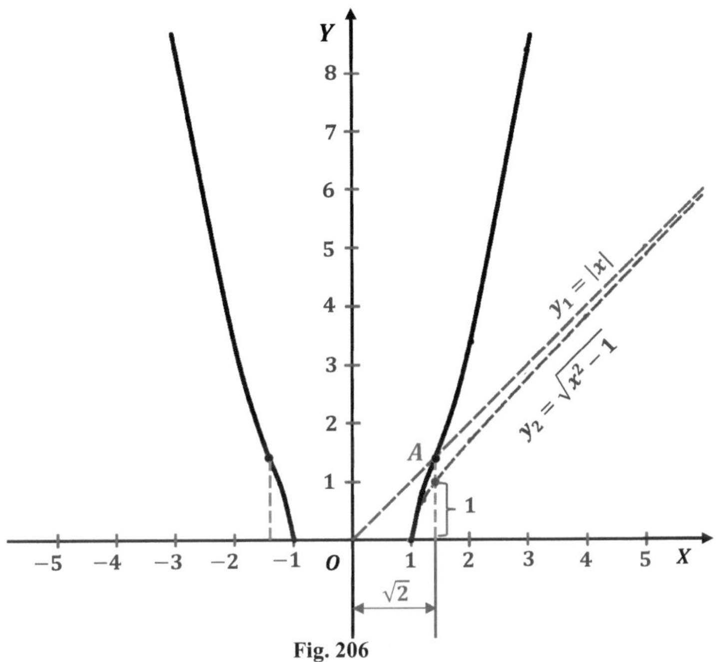

Fig. 206

7. $y = \frac{\operatorname{arctg} x}{|x|}$ (fig.207).

La función es impar, porque

$$\frac{\operatorname{arctg}(-x)}{|-x|} = \frac{-\operatorname{arctg} x}{|x|} = -\frac{\operatorname{arctg} x}{|x|}$$

Por ello, las gráficas de apoyo de las funciones $y_1 = \operatorname{arctg} x$ y $y_2 = |x|$ se han construido solamente para $x > 0$.

Los puntos característicos (para la parte derecha de la gráfica) son los siguientes:

1) $\lim\limits_{x\to+0} y = \lim\limits_{x\to+0} \frac{\operatorname{arctg} x}{|x|} = \lim\limits_{x\to+0} \frac{\operatorname{arctg} x}{x} = \lim\limits_{x\to+0} \frac{x}{x} = 1$, porque cuando $x \to 0$, $\operatorname{tg} x \approx x$;

2) $\lim\limits_{x\to\infty} y = \lim\limits_{x\to\infty} \frac{\operatorname{arctg} x}{|x|} = 0$;

3) Cuando $x = \sqrt{3}$, $y = \frac{\operatorname{arctg}\sqrt{3}}{\sqrt{3}} = \frac{\pi}{3\sqrt{3}} = \frac{\pi\sqrt{3}}{9} \approx 0{,}6$; el punto $(1{,}7; 0{,}6)$.

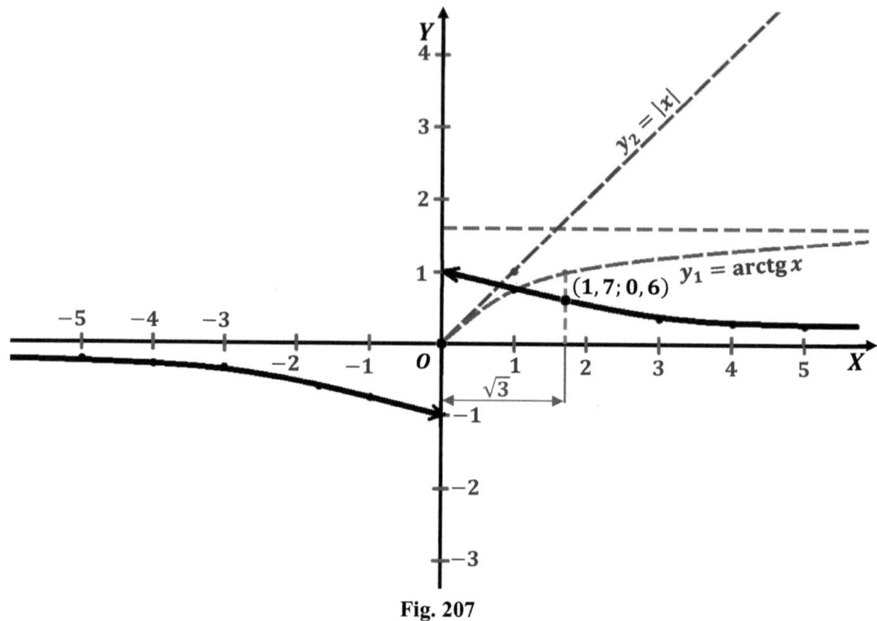

Fig. 207

8. $y = \frac{\cos x}{\log_4 x}$ (fig.208).

Las gráficas de apoyo son de las funciones: $y_1 = \cos x$; $y_2 = \log_4 x$.
Hallemos la región de existencia de la función dada.
El numerador $y_1 = \cos x$ no tiene ninguna restricción para x. Mientras que el denominador $y_2 = \log_4 x$ tiene las siguientes restricciones:

a) $x > 0$,

b) $\log_4 x \neq 0$; es decir, $x \neq 1$.

Consecuentemente, la región de existencia de la función dada consiste de dos intervalos; $(0; 1)$ y $(1; \infty)$.
Por cuanto $x > 0$, entonces la gráfica de apoyo y_1 se construye solamente para el semiplano derecho.
Los puntos característicos son los siguientes:

1) $\lim\limits_{x \to 0} y = \lim\limits_{x \to 0} \frac{\cos x}{\log_4 x} = \frac{1}{-\infty} = 0$;

2) $\lim\limits_{x \to 1} y = \frac{\cos 1}{\log_4 1} = \pm\infty$. La recta $x = 1$ es la asíntota de la gráfica;

3) Para $x = 4 \quad y_2 = \log_4 4 = 1$, por ello la gráfica buscada se interseca con la gráfica de la función de apoyo $y_1 = \cos x$ cuando $x = 4$.

4) Para $x = \frac{\pi}{2} + \pi n \quad y_1 = \cos x = 0, \; y = 0$, en estos puntos la gráfica de la función dada se interseca con el eje de las abscisas.

La gráfica oscila cerca del eje de las abscisas aproximándose a ella.

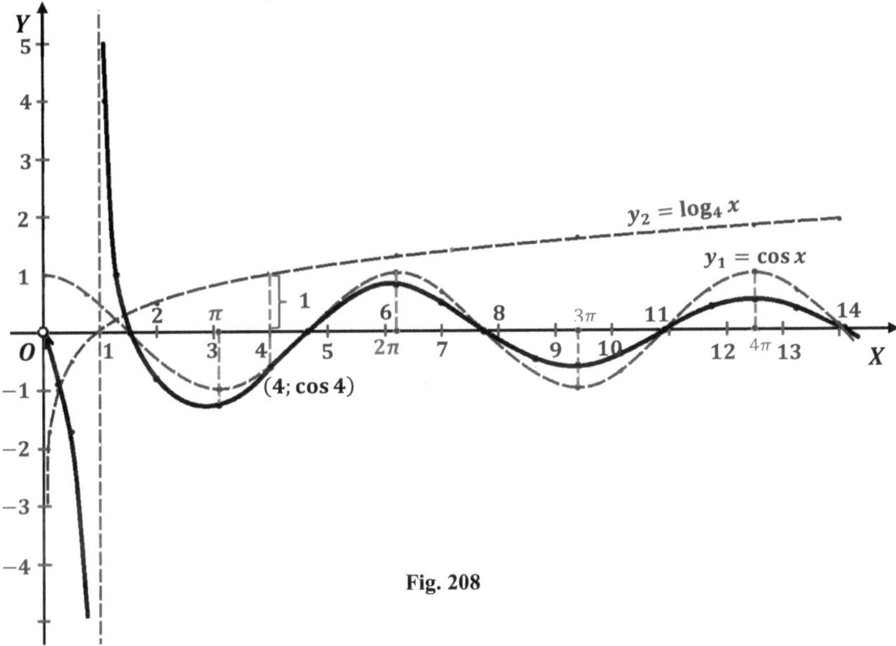

Fig. 208

§33. GRÁFICAS DE FUNCIONES FRACCIONARIAS RACIONALES

La función fraccionaria racional es aquella fracción algebraica, cuyo numerador y denominador son polinomios de cualquier grado. La función fraccionaria lineal (§25) es un caso particular de la función fraccionaria racional, en la cual el grado mayor de los términos del numerador y denominador es igual a 1.

Si el grado del término mayor del numerador es menor que el grado del término mayor del denominador, entonces la fracción algebraica racional se llama propia. En caso contrario la fracción se llama impropia.

Si la fracción racional es impropia, entonces dividiendo el numerador entre el denominador se la puede representar en forma de una suma de la parte entera del polinomio (cociente) y la fracción racional propia.

La matemática elemental no dispone de métodos de análisis de cualquier función fraccionaria racional general. Sin embargo, algunas formas particulares de estas funciones pueden ser investigados mediante los métodos de la matemática elemental. A ellos se relacionan, junto a las funciones racionales lineales vistos anteriormente (§25), las funciones de las siguientes formas:

a) $y = \frac{ax^n+b}{cx^n}$;

b) $y = \frac{a}{bx^n+C} = \left(\frac{\frac{a}{b}}{x^n+\frac{c}{b}}\right) = \frac{A}{x^n+B}$;

c) $y = \frac{ax^n+b}{cx^n+d} = \frac{\frac{a}{c}x^n+\frac{b}{c}}{x^n+\frac{d}{c}} = \frac{\frac{a}{c}x^n+\frac{ad}{c^2}-\frac{ad}{c^2}+\frac{b}{c}}{x^n+\frac{d}{c}} = \frac{a}{c} + \frac{\frac{b}{c}-\frac{ad}{c^2}}{x^n+\frac{d}{c}} = C + \frac{A}{x^n+B}$;

d) $y = \frac{k}{ax^2+bx+c}$.

Y algunas otras funciones.

Ejemplos

Las funciones del tipo (a) se transforman mediante la división término a término del numerador entre el denominador:

$$\frac{ax^n + b}{cx^n} = \frac{a}{c} + \frac{b}{cx^n} = A + \frac{B}{x^n},$$

Después de esto la construcción de la gráfica se simplifica en forma significativa y se realiza por las reglas, desarrolladas en el capítulo IV.

1. $\boldsymbol{y = \frac{1}{x^2} + 2}$ (fig.209).

Se construye la gráfica de la función inicial: $y = \frac{1}{x^2}$. A continuación, el eje X se traslada en (-2) en forma paralela, tal como se muestra en la figura.

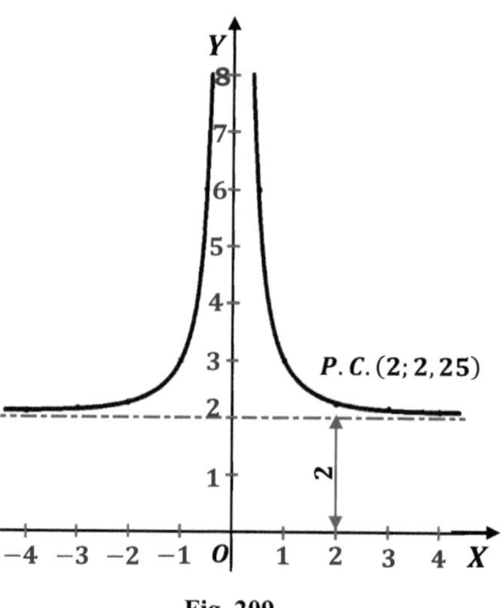

Fig. 209

2. $y = 3 - \frac{1}{0,5x^2}$ (fig.210)

Transformemos la función dada: $y = 3 - \frac{1}{0,5x^2} = 3 - \frac{2}{x^2}$.

La gráfica de la función inicial $y = -\frac{2}{x^2}$ que se muestra en la gráfica con líneas punteadas, se estira por la vertical al doble, después de esto el eje de las x se traslada en (-3).

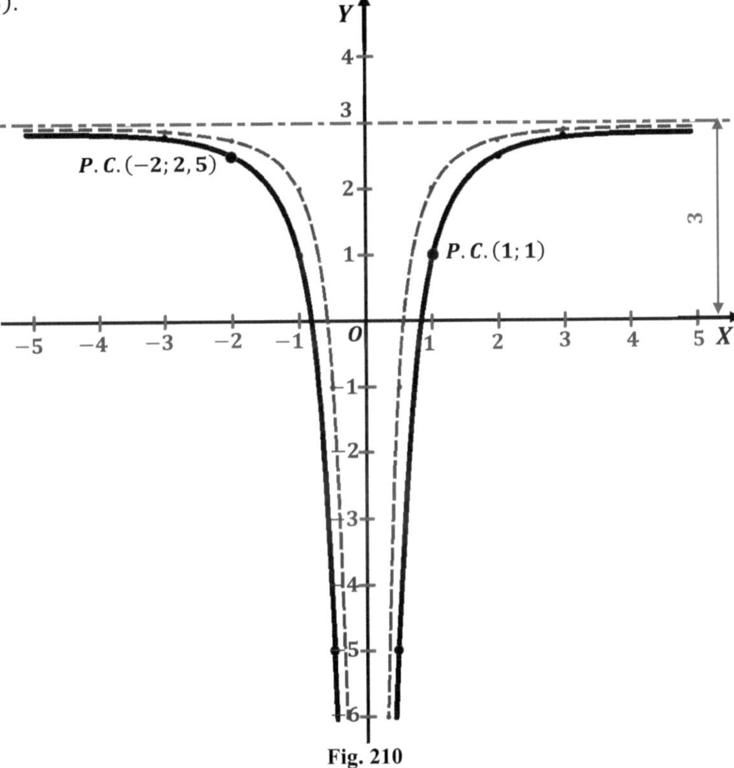

Fig. 210

La construcción de gráficas de funciones del tipo (b) se realiza generalmente en base a la investigación directa de la función dada.

La gráfica de las funciones del tipo (c) se obtiene de la gráfica de las funciones del tipo (b) con la consiguiente traslación paralela del eje de las Y en $(-c)$.

3. $y = \frac{x^2-1}{x^2-2}$ (fig.211).

Separemos la parte entera de la función dada:

$$y = \frac{x^2-2+1}{x^2-2} = \frac{x^2-2}{x^2-2} + \frac{1}{x^2-2} = 1 + \frac{1}{x^2-2}.$$

La región de existencia de la función se determina de la condición: $x^2 - 2 \neq 0$, de donde $x \neq \pm\sqrt{2}$.

Obtenemos los siguientes intervalos de la región de existencia:

$$\left(-\infty;\ -\sqrt{2}\right);\ \left(-\sqrt{2};\ +\sqrt{2}\right);\ \left(+\sqrt{2};\ +\infty\right).$$

Las rectas $x = \pm\sqrt{2}$ son las asíntotas verticales de la gráfica.

La función es par, en consecuencia, la gráfica es simétrica en relación al eje vertical.

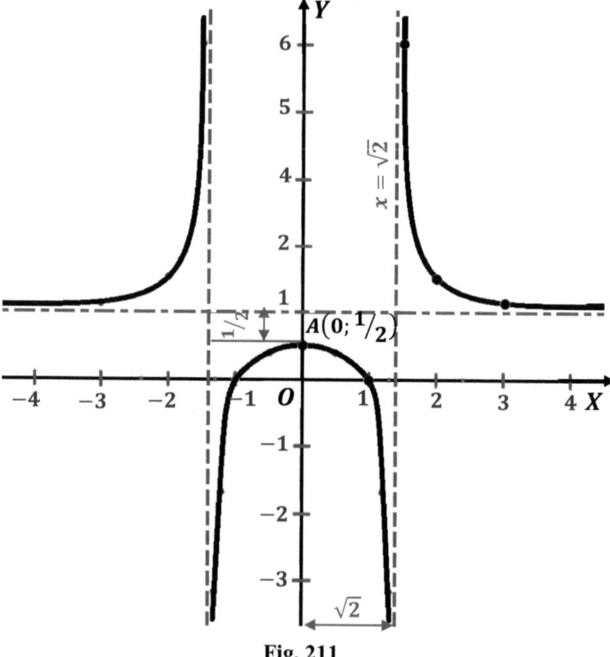

Fig. 211

Los valores de la función en las fronteras de los intervalos de existencia para la parte derecha de la gráfica son los siguientes:

1) $\lim\limits_{x\to\infty} y = \lim\limits_{x\to\infty} \frac{x^2-1}{x^2-2} = \lim\limits_{x\to\infty} \frac{1-\frac{1}{x^2}}{1-\frac{2}{x^2}} = 1$;

2) $\lim\limits_{x\to(\sqrt{2}+0)} y = \lim\limits_{x\to(\sqrt{2}+0)} \frac{x^2-1}{x^2-2} = \frac{2+0-1}{2+0-2} = +\infty$;

3) $\lim\limits_{x\to(\sqrt{2}-0)} y = \lim\limits_{x\to(\sqrt{2}-0)} \frac{x^2-1}{x^2-2} = \frac{2-0-1}{2-0-2} = -\infty$.

Estos resultados se obtienen de manera más fácil, si realizamos el análisis de la función, transformada mediante la extracción de la parte entera.

1a) $\lim\limits_{x\to\infty} y = \lim\limits_{x\to\infty} \left(1 + \frac{1}{x^2-2}\right) = 1$;

2a) $\lim\limits_{x\to(\sqrt{2}+0)} y = \lim\limits_{x\to(\sqrt{2}+0)} \left(1 + \frac{1}{x^2-2}\right) = \infty$;

3a) $\lim\limits_{x\to(\sqrt{2}-0)} y = \lim\limits_{x\to(\sqrt{2}-0)} \left(1 + \frac{1}{x^2-2}\right) = -\infty$.

Del punto (1) vemos, que la recta $y = 1$ es la asíntota horizontal de la gráfica.

Los puntos de intersección de la gráfica con los ejes coordenados son:

1) Para $x = 0$, $y = \frac{0-1}{0-2} = \frac{1}{2}$; el punto $\left(0; \frac{1}{2}\right)$;
2) $y = 0$ cuando $x^2 - 1 = 0$, es decir cuando $x = \pm 1$; el punto $(1; 0)$- para la parte derecha de la gráfica.

4. $\boldsymbol{y = \left|\frac{1}{x^2-2}\right|}$ (fig.212).

La región de existencia se determina de la condición $x^2 - 2 \neq 0$, es decir, $x \neq \sqrt{2}$: $(-\infty; -\sqrt{2})$; $(-\sqrt{2}; \sqrt{2})$; $(\sqrt{2}; \infty)$.

La función es par.

En la figura se ha construido previamente la gráfica de la función $y = \frac{1}{x^2-1}$; es decir, la misma gráfica del ejemplo 3 (fig.211), sólo que en este caso la asíntota horizontal es la misma abscisa.

Luego, parte de la gráfica, encerrado en el intervalo $(-\sqrt{2}; \sqrt{2})$ (en la figura representada con líneas punteadas), se refleja en forma especular en relación a eje de las x.

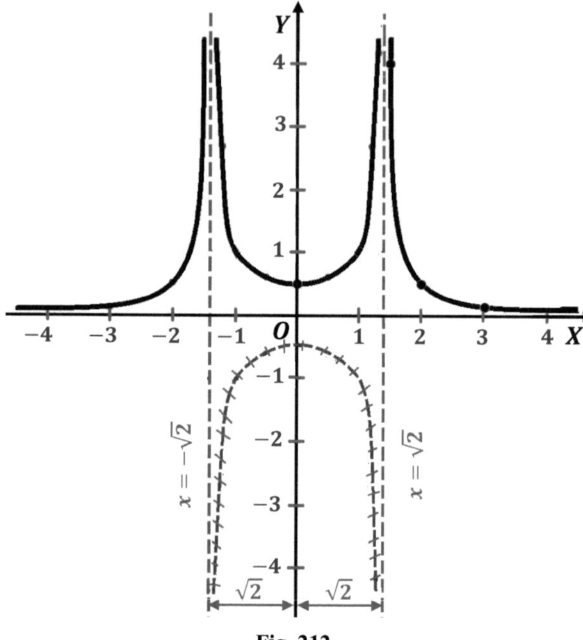

Fig. 212

5. $y = \frac{x^2-1}{|x^2-2|}$ (fig.213).

La región de existencia de la función es la misma, que en el ejemplo 3. La función es par.

Para la mitad derecha de la gráfica tenemos:

1) $\lim\limits_{x\to\sqrt{2}\pm 0} y = \lim\limits_{x\to\sqrt{2}\pm 0} \frac{x^2-1}{|x^2-2|} = +\infty$;

2) $\lim\limits_{x\to\infty} y = 1$ (ver ejemplo 3);

3) Para $x = 0$, $y = \frac{-1}{|-2|} = -\frac{1}{2}$; el punto $A\left(0; -\frac{1}{2}\right)$;

4) $y = 0$ para $x^2 - 1 = 0$, es decir para $x = \pm 1$; el punto $(1; 0)$ – para la parte derecha de la gráfica.

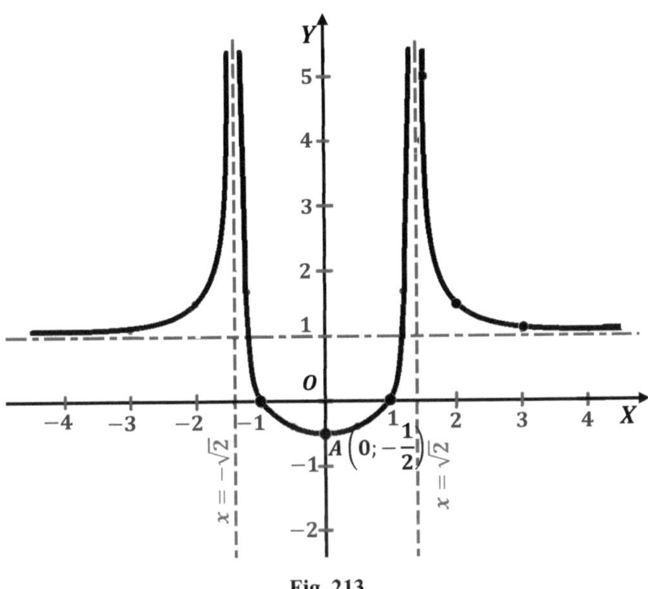

Fig. 213

Para la construcción de las gráficas de las funciones del tipo $y = \frac{k}{ax^2+bx+c}$, desarrollemos dos métodos:

Primer método

Se construye la gráfica de la función:

$$v = ax^2 + bx + c \, .$$

Luego se calcula los valores de $y = \frac{k}{v}$ en los siguientes puntos característicos:

a) en el punto máximo o mínimo del denominador v;
b) en las cercanías de los puntos, donde $v = 0$; es decir, se halla el límite de la función y cuando $v \to 0$ (por la derecha y por la izquierda);
c) se determina el límite, al cual se aproxima la función dada y, cuando $v \to \pm\infty$;
d) en el punto, donde la curva de apoyo v se interseca con el eje de las Y, es decir, cuando $x = 0$.

Este método se ilustra con las siguientes dos graficas de la función

$$y = \frac{k}{ax^2 + bx + c},$$

Donde $a > 0$, los coeficientes son tales, que

a) el denominador $ax^2 + bx + c$ tiene dos raíces reales (fig.214);
b) el denominador no tiene raíces reales (fig. 215).

En las figuras de las gráficas de apoyo de la función v y las asíntotas se han dibujado con líneas punteadas.

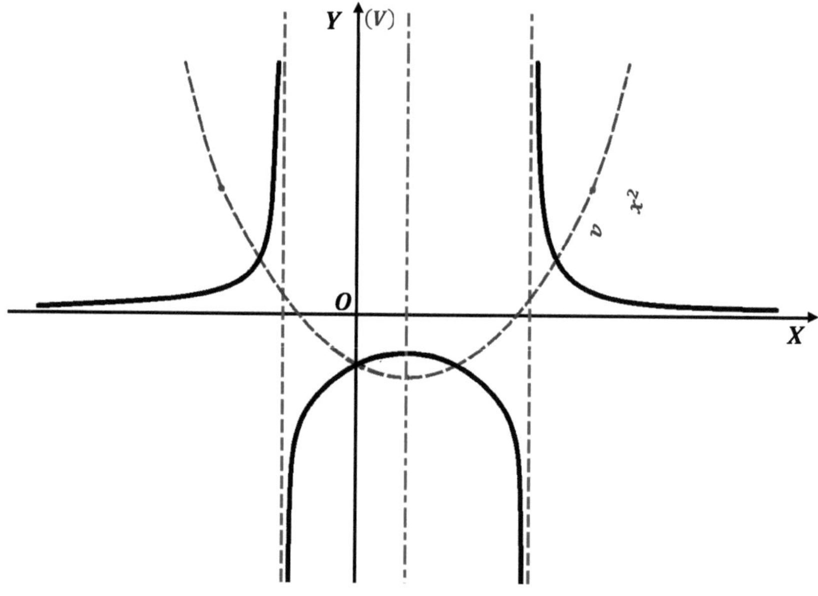

Fig. 214

Segundo método

Este método consiste en el análisis directo de la función. Para ello, el denominador de la función dada se representa en forma de producto:

$v = a(x - x_1)(x - x_2)$, donde x_1 y x_2 son las raíces de la ecuación $v = 0$.

Después de esto fácilmente se determina:

a) la región de existencia de la función dada de la condición:

$$x - x_1 \neq 0 \text{ y } x - x_{21} \neq 0;$$

b) los valores frontera de la función y:

1) cuando $x \to x_1 \pm 0$;
2) cuando $x \to x_2 \pm 0$;
3) cuando $x \to \pm\infty$;

c) los puntos característicos:

1) las coordenadas del vértice de la gráfica para $x = \frac{x_1+x_2}{2}$;
2) El valor de la función y cuando $x = 0$.

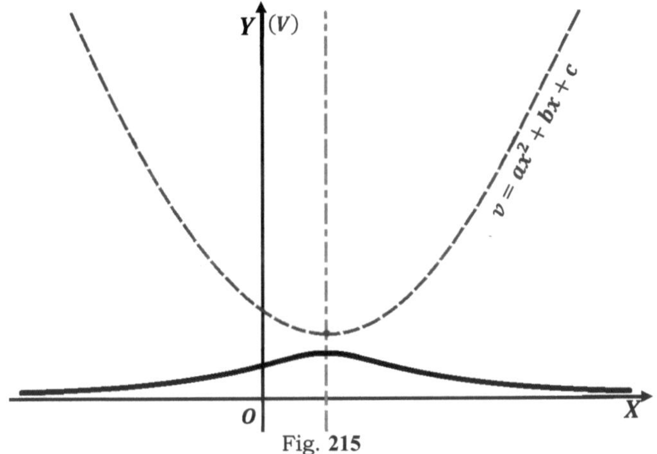

Fig. **215**

6. $y = \frac{x^3+x^2-2x-1}{x^2-2}$ (fig.216).

Separemos la parte entera de esta función:

$$y = x + 1 + \frac{1}{x^2 - 2}.$$

Obtenemos una suma de dos funciones: una lineal $y_1 = x + 1$ y una fracción racional propia $y_2 = \frac{1}{x^2-2}$.

Las gráficas de ambas funciones se han trazado en la figura con líneas punteadas.

La gráfica dada se ha construido sumando las ordenadas de los puntos característicos de ambas gráficas:

$$y = y_1 + y_2$$

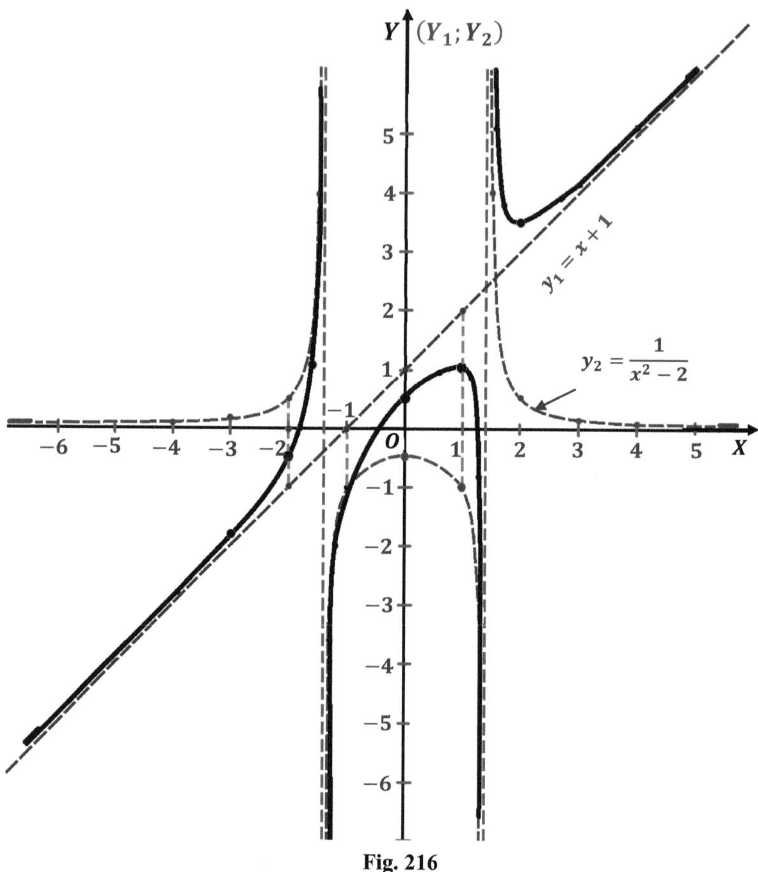

Fig. 216

7. $y = \frac{x+2}{x^2-1}$ (fig.217)

Transformemos la función propuesta en una suma de funciones mucho más simples de la siguiente manera:

$$y = \frac{x+2}{x^2-1} = \frac{(x+1)+1}{x^2-1} = \frac{x+1}{x^2-1} + \frac{1}{x^2-1} = \frac{1}{x-1} + \frac{1}{x^2-1}.$$

De esta manera, $y = y_1 + y_2$, donde

$$y_1 = \frac{1}{x-1}, \quad y_2 = \frac{1}{x^2-1}.$$

En la figura, la gráfica de la primera función (y_1) se ha construido con líneas punteadas de color azul, y la segunda función (y_2) con líneas punteadas de color verde, tal como se indica en la figura.

La gráfica de la función dada se ha construido sumando las ordenadas de los puntos característicos de ambas funciones.

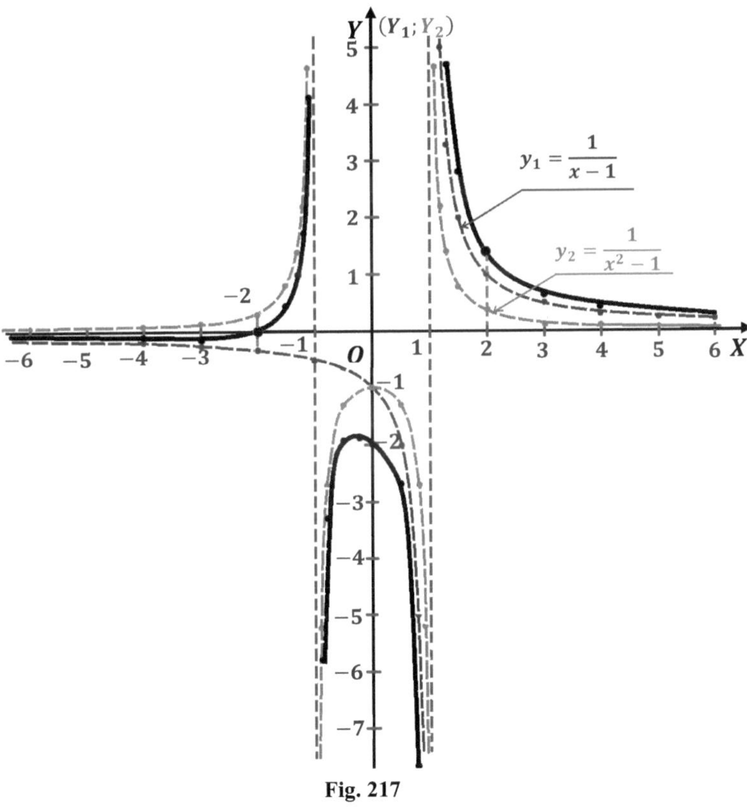

Fig. 217

Capítulo VII

GRÁFICAS DE FUNCIONES IMPLÍCITAS

§34. GRÁFICA DE FUNCIONES DADAS EN FORMA IMPLÍCITA

Si las variables x y y se relacionan entre ellas mediante una ecuación, no resueltas respecto a y, entonces se dice, que la función está dada en forma implícita y se representa por la igualdad $F(x,\ y) = 0$, por ejemplo $xy - xy = 0$.

Ejemplos

1. $\mathbf{sen}^2(\boldsymbol{\pi x}) + \mathbf{sen}^2(\boldsymbol{\pi y}) = \mathbf{0}$ (fig.218).

La región de definición y el conjunto de valores de la función dada se determina en base a los siguientes razonamientos.
La suma de los cuadrados de dos magnitudes puede igualarse a cero solamente si, cuando cada una de estas magnitudes se igualan a cero, es decir

$$\sin^2(\pi x) = 0 \text{ y } \sin^2(\pi y) = 0, \text{ o } \sin(\pi x) = 0 \text{ y } \sin(\pi y) = 0$$

De aquí obtenemos: $\pi x = \pi n$ y $\pi y = \pi k$, donde n y k son cualesquiera números enteros.
Dividiendo ambas partes de estas ecuaciones entre π, hallamos $x = n$ y $y = k$, es decir, la gráfica de la función representa un conjunto de puntos con cualesquiera coordenadas de números enteros.

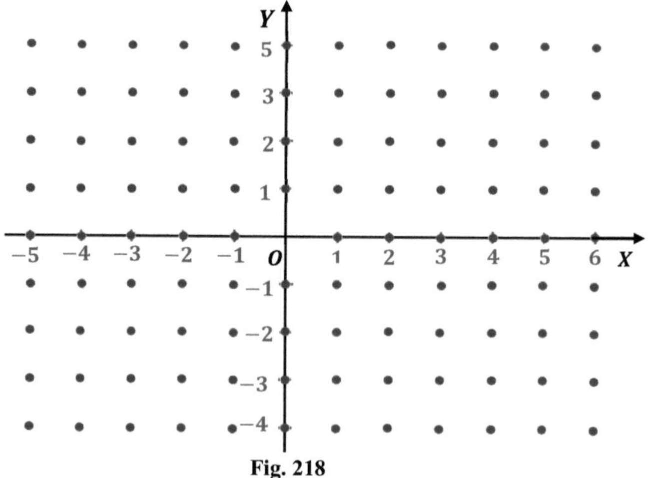

Fig. 218

2. $\sin(x + y) = 0$ (fig.219).

La función es igual al cero cuando $(x + y) = \pi n$, de donde $y = \pi n - x$, donde n es cualquier número entero. En consecuencia, la gráfica de la función dada representa una serie de líneas paralelas, para distintos valores de n:

$$n = 0, \quad y = -x \qquad n = -1, \quad y = -\pi - x$$
$$n = 1, \quad y = \pi - x \qquad n = -2, \quad y = -2\pi - x$$
$$n = 2 \quad y = 2\pi - x \qquad n = -3 \quad y = -3\pi - x$$
$$\ldots\ldots\ldots\ldots\ldots\ldots\ldots\ldots \qquad \ldots\ldots\ldots\ldots\ldots\ldots\ldots\ldots\ldots$$

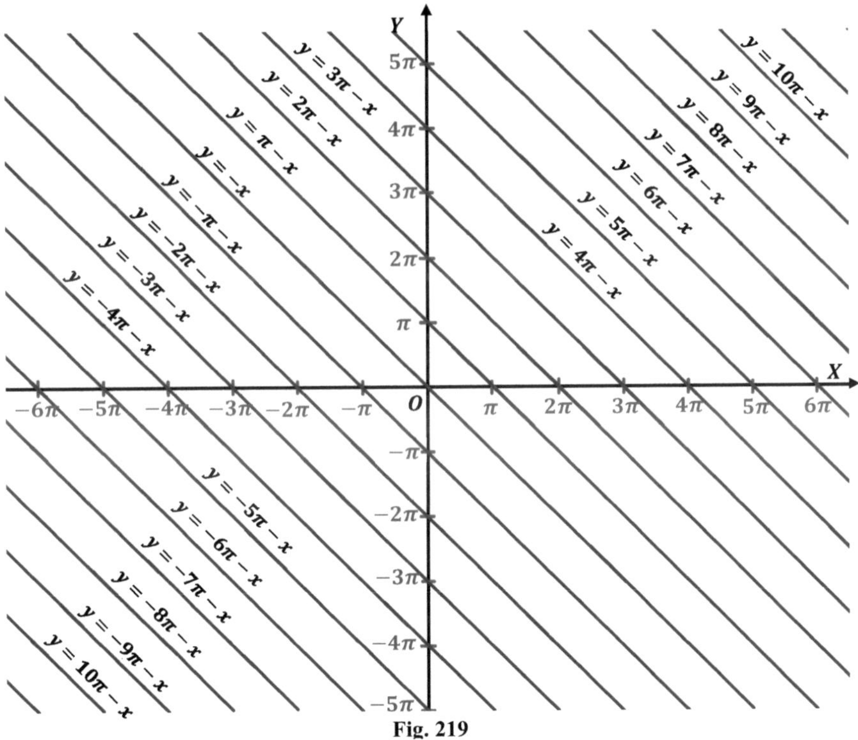

Fig. 219

3. $y = |y| \cos x$ (fig.220)

La función es par, por cuanto $|y| \cos(-x) = |y| \cos x$.

La función dada se puede representar mediante dos funciones más sencillas:

1) cuando $y \geq 0 \quad y = y \cos x$;
2) cuando $y \leq 0 \quad y = -y \cos x$.

En consecuencia, cuando $y > 0$, como resultado de la división de ambas partes de la ecuación $(y = y\cos x)$ entre y, tenemos: $\cos x = 1$, de donde $x = 2\pi n$, donde n es cualquier número entero. De esta manera, cuando $y > 0$ la gráfica representa una serie de semirectas, paralelas al eje Y (dispuestas encima del eje X):

$x = 0 -$ eje de coordenadas	$x = -\pi$
$x = 2\pi$	$x = -2\pi$
$x = 4\pi$	$x = -6\pi$
………	………

Para $y < 0$, como resultado de la división de ambas partes de la ecuación $(y = -y\cos x)$ entre y, obtenemos: $\cos x = -1$, de donde $x = \pi(2n + 1)$, es decir, tenemos una serie de semirectas, paralelas al eje de las Y(dispuestas debajo del eje de las X):

$x = \pi$	$x = -\pi$
$x = 3\pi$	$x = -3\pi$
$x = 5\pi$	$x = -5\pi$
………	………

Para $y = 0$, la función dada toma la forma: $0 = 0\cos x$, de donde hallamos, que x es cualquier número real, es decir tenemos la recta: $y = 0$ que es el eje de las abscisas. En la gráfica se muestra con líneas gruesas.

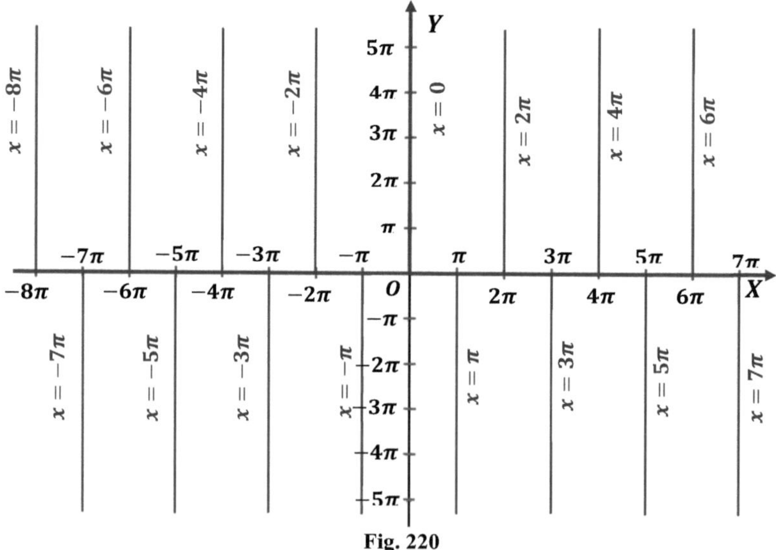

Fig. 220

4. $|x+y|=1$ (fig.221).

La función dada se descompone en dos:

1) $x+y=1;$
2) $x+y=-1;$

La primera ecuación representa a la ecuación de la recta:

$$y=-x+1;$$

La segunda ecuación es la ecuación de la recta: $y=-x-1$

$$y=-x-1\,.$$

Consecuentemente, la gráfica de la función dada representa dos rectas paralelas.

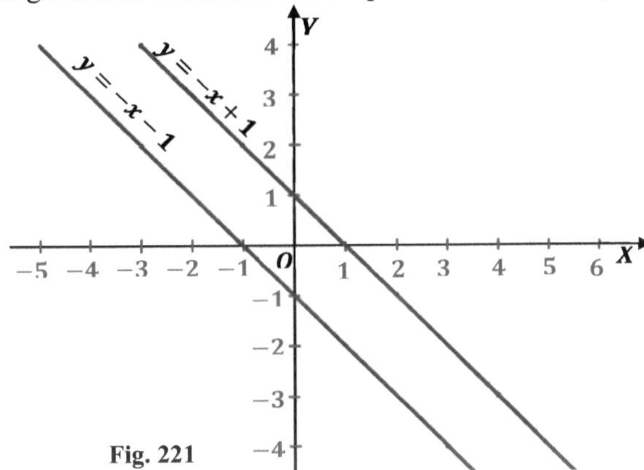

Fig. 221

5. $\cos\left(\pi\sqrt{y^2+x^2}\right)=0$ (fig.222).

La ecuación dada es equivalente a la siguiente ecuación:

$$\pi\sqrt{y^2+x^2}=\frac{\pi}{2}+\pi n\,,$$

Donde, n – es cualquier entero no negativo, por que $\pi\sqrt{y^2+x^2}\geq 0$.

Dividamos ambos miembros de la ecuación entre π:

$$\sqrt{y^2+x^2}=\frac{1}{2}+n$$

La gráfica de esta función equivalente es una serie de circunferencias concéntricas, que tienen las siguientes ecuaciones:

$\sqrt{y^2+x^2}=\frac{1}{2}$; es decir, $R=0{,}5$ (u.);

$\sqrt{y^2+x^2}=1{,}5$; es decir, $R=1{,}5$ (u.);

$\sqrt{y^2+x^2}=2{,}5$; es decir, $R=2{,}5$ (u.);

. . . .

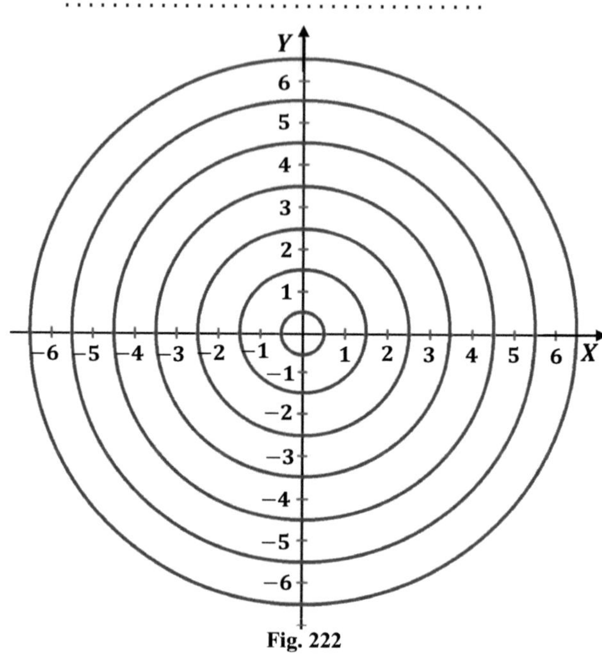

Fig. 222

6. $(x + |x|)^2 + (y + |y|)^2 = 4$ (fig.223).

La ecuación dada se descompone en 4 ecuaciones más simples.

1) Para $x \geq 0$ y $y \geq 0$; es decir, en el primer cuadrante:

$$(x + x)^2 + (y + y)^2 = 4\,;$$
$$4x^2 + 4y^2 = 4\,;$$
$$x^2 + y^2 = 1.$$

Esta es la ecuación de una circunferencia de radio $R = 1$ con centro en el origen de coordenadas. Pero, por cuanto $x \geq 0$ y $y \geq 0$, entonces tenemos $^1/_4$ de la circunferencia en el I cuadrante.

2) Para $x \leq 0$ y $y \geq 0$, es decir, en el segundo cuadrante:

$(x - x)^2 + (y + y)^2 = 4$; $4y^2 = 4$. Considerando, que $y \geq 0$, obtenemos: $y = 1$.

Esta es la ecuación de la recta, paralela al eje de las equis, pero por cuanto $x \leq 0$, entonces tenemos una semirrecta, dispuesta en el II cuadrante.

3) Para $x \leq 0$ y $y \leq 0$, es decir, en el tercer cuadrante:
$(x - x)^2 + (y - y)^2 = 4;\quad 0 = 4$, lo que es imposible. La función no existe.
4) Para $x \geq 0$ y $y \leq 0$, es decir en el IV cuadrante:

$$(x + x)^2 + (y - y)^2 = 4;\ \ 4x^2 = 4;\quad x^2 = 1;$$

Considerando la condición $x \geq 0$, obtenemos la ecuación: $x = 1$.
Esta es la ecuación de la recta, paralela al eje de las Y, y por cuanto $y \leq 0$, entonces tenemos una semirrecta, dispuesta en el IV cuadrante.

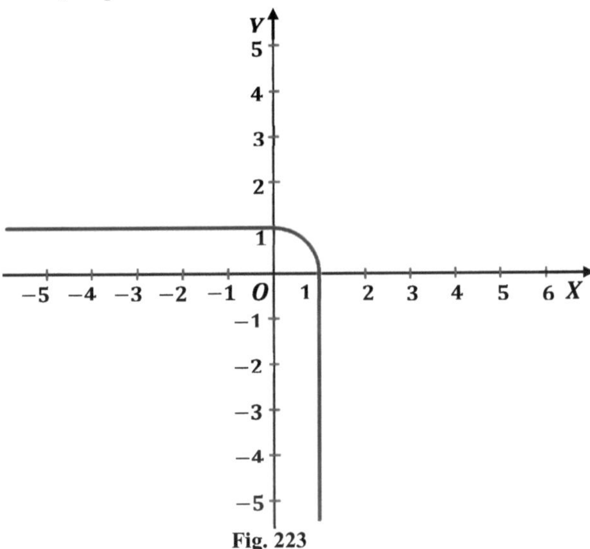

Fig. 223

7. $\mathbf{\cos x - \cos y = 0}$ (fig.224).
Esta función se puede reescribir así:

$$\cos x = \cos y\,,$$

De donde $y = \pm x - 2\pi n$, donde n es cualquier número entero.
Se obtienen dos series de rectas paralelas.

I serie	II serie
$y = x;$	$y = -x;$
$y = x + 2\pi;$	$y = -2\pi;$
$y = x + 4\pi;$	$y = -x + 4\pi:$
………………	………………
$y = x - 2\pi;$	$y = -x - 2\pi;$
$y = x - 4\pi;$	$y = -x - 4\pi;$
………………	………………

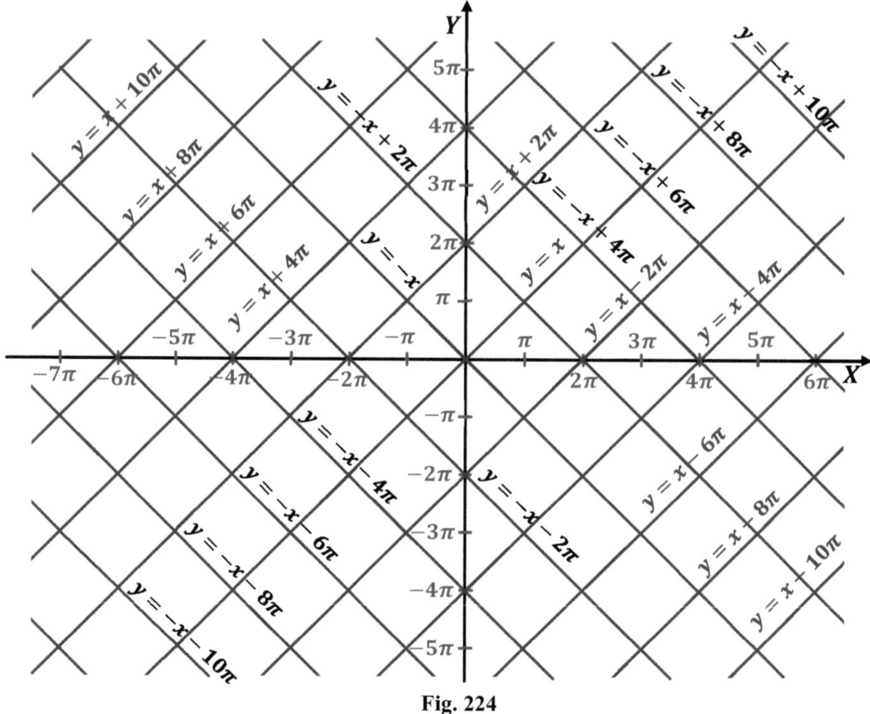

Fig. 224

§35. GRÁFICAS DIVERSAS DE DIFICULTAD ELEVADA

A continuación desarrollamos la gráfica de diversas funciones de alta complejidad que comprenden funciones lineales, cuadráticas, fraccionarias, exponenciales, logarítmicas, trigonométricas, compuestas, implícitas, etc. Los siguientes ejemplos ilustran la mayor dificultad de construcción de gráficas y en progresión en comparación a las desarrolladas en los capítulos precedentes.

1. $|y| + |x| = 1$ (fig.225).

La función propuesta es par, por cuanto $|-x| = |x|$; significa que la gráfica es simétrica respecto al eje vertical.

La función es también simétrica en relación al eje horizontal, debido a que $|-y| = |y|$.

Consecuentemente, es suficiente investigar la función propuesta solamente en el primer cuadrante, es decir, para $x \geq 0$ y $y \geq 0$. En tal caso $|x| = x$ y $|y| = y$, la función dada toma la forma:

$$x + y = 1, \text{ o } y = 1 - x .$$

Es una recta. A la gráfica dada se relaciona el segmento de esta recta, que pasa por el primer cuadrante.

En el resto de los cuadrantes la gráfica se construye simétrica en relación a ambos ejes coordenados.

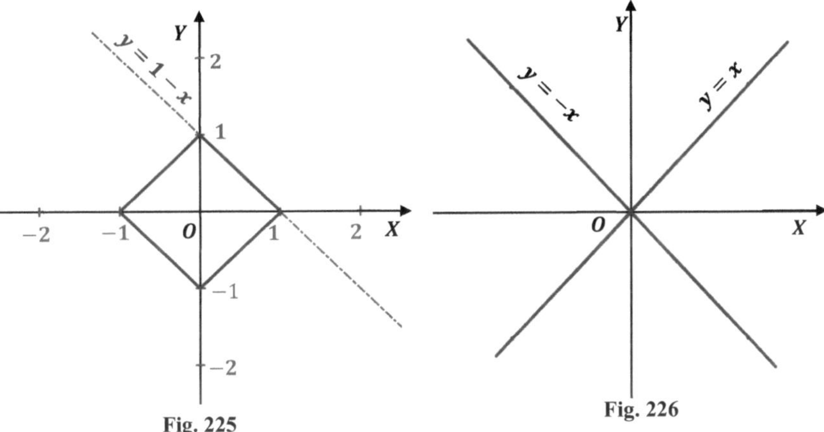

Fig. 225

Fig. 226

2. $|y| = |x|$ (fig.226)

Por cuanto $|x| = |-x|$ y $|y| = |-y|$, entonces la gráfica es simétrica en relación a ambos ejes coordenados.

En el I cuadrante, es decir, cuando $|y| = y$ y $|x| = x$, tenemos la recta, que pasa por el origen de coordenadas: $y = x$.

En el resto de los cuadrantes la gráfica se construye simétrica en relación a ambos ejes.

3. $\boldsymbol{y = \sqrt{(x+1)^2} + \sqrt{(x-1)^2}}$ (fig.227).

Por cuanto $\sqrt{(x+1)^2} = |x+1|$ y $\sqrt{(x-1)^2} = |x-1|$, entonces la ecuación dada es equivalente a la siguiente:

$$y = |x+1| + |x-1| .$$

Veamos cuatro casos en los que la ecuación tiene solución:

1) $\left\{\begin{matrix} x+1 \geq 0 \rightarrow x \geq -1 \\ x-1 \geq 0 \rightarrow x \geq 1 \end{matrix}\right\}$ $x \geq 1$;

$y = (x+1) + (x-1); y = 2x$ -segmento de recta, que pasa por el origen de coordenadas.

2) $\left\{\begin{matrix} x+1 \leq 0 \rightarrow x \leq -1 \\ x-1 \leq 0 \rightarrow x \leq 1 \end{matrix}\right\}$ $x \leq -1$;

$y = -(x+1) - (x-1); y = -2x$ -segmento de recta, que pasa por el origen de coordenadas.

3) $\left\{\begin{matrix} x+1 \geq 0 \rightarrow x \geq -1 \\ x-1 \leq 0 \rightarrow x \leq 1 \end{matrix}\right\} -1 \leq x \leq 1$;

$y = (x+1) - (x-1);\ y = 2$ -segmento de recta, paralela al eje de las abscisas.

4) $\left\{\begin{matrix} x+1 \leq 0 \rightarrow x \leq -1 \\ x-1 \geq 0 \rightarrow x \geq 1 \end{matrix}\right\}$ – sistema contradictorio.

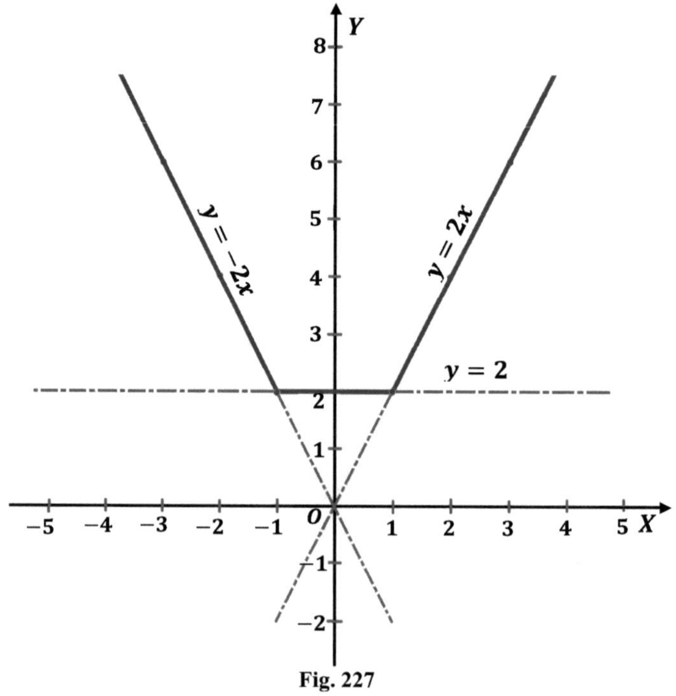

Fig. 227

4. $\boldsymbol{y=\sqrt{x+2\sqrt{x+1}+2}+\sqrt{x-2\sqrt{x+1}+2}}$ (fig.228).

Para la construcción de la gráfica de esta función se realiza la transformación siguiente:

$$y=\sqrt{(x+1)+2\sqrt{x+1}+1}+\sqrt{(x+1)-2\sqrt{x+1}+1}=$$

$$=\sqrt{\left(\sqrt{x+1}+1\right)^2}+\sqrt{\left(\sqrt{x+1}-1\right)^2};$$

$$y=\left|\sqrt{x+1}+1\right|+\left|\sqrt{x+1}-1\right|.$$

La región de definición de la función se halla de la condición:

$$x+1\geq 0;\quad x\geq -1.$$

Bajo esta condición, $\left|\sqrt{x+1}+1\right|=\sqrt{x+1}+1$.

En consecuencia, la función dada se puede escribir de esta manera:

$$y=\sqrt{x+1}+1+\left|\sqrt{x+1}-1\right|$$

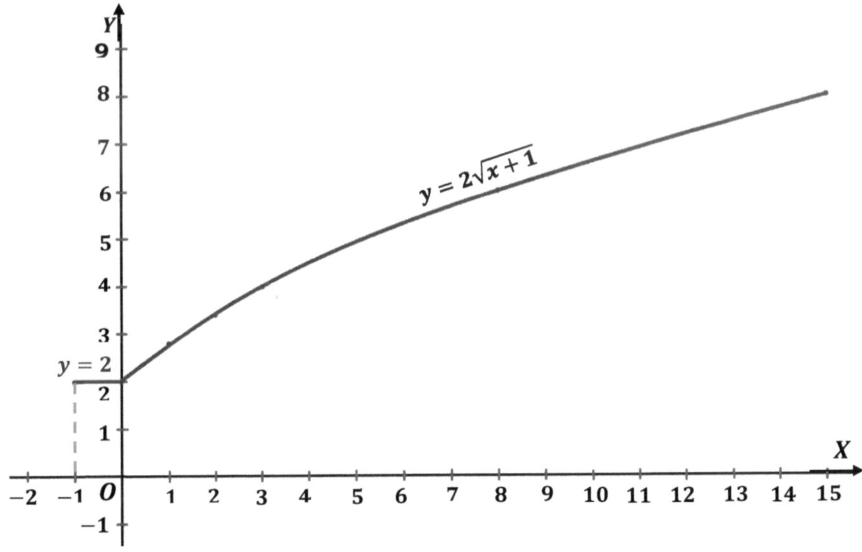

Fig. 228

Para $\sqrt{x+1}-1\geq 0$, que tiene lugar cuando

$\sqrt{x+1} \geq 1$ y $x+1 \geq 1,\ x \geq 0$, de donde $\left|\sqrt{x+1}-1\right| = \sqrt{x+1}-1$, y

$$y = \sqrt{x+1}+1+\sqrt{x+1}-1 = 2\sqrt{x+1}\,.$$

Cuando $\sqrt{x+1}-1 < 0$, que tiene lugar cuando

$\sqrt{x+1} < 1$ y $x+1 < 1\,,\ x < 0$, hallamos:

$\left|\sqrt{x+1}-1\right| = -\left(\sqrt{x+1}-1\right) = -\sqrt{x+1}+1$, entonces

$$y = \sqrt{x+1}+1-\sqrt{x+1}+1 = 2\,.$$

5. $\boldsymbol{y = 2^{\frac{\sqrt{x^2}}{x}}}$ (fig.229)

Esta función se puede escribir así:

$$y = 2^{\frac{|x|}{x}}$$

La región de definición se encuentra de la condición: $x \neq 0$;

$$(-\infty; 0) \text{ y } (0;\ \infty)\,.$$

a) Para $x > 0,\ y = 2^{\frac{x}{x}} = 2$, la recta $y = 2$;

b) Para $x < 0,\ \ y = 2^{\frac{-x}{x}} = 2^{-1} = \frac{1}{2}$. Tenemos la recta $y = \frac{1}{2}$.

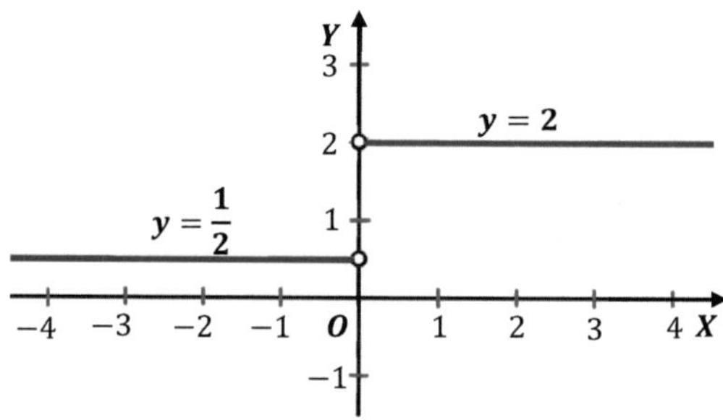

Fig. 229

6. $y = \log_x 2$ (fig.230).

La región de definición encontramos de la condición: $x > 0$ y $x \neq 1$;

$$(0; 1) \text{ y } (1; \infty).$$

A continuación, transformemos la función dada en la forma:

$$y = \frac{1}{\log_2 x}$$

Para $0 < x < 1$, $\log_2 x < 0$ y $y < 0$.

Para $x > 1, y > 0$.

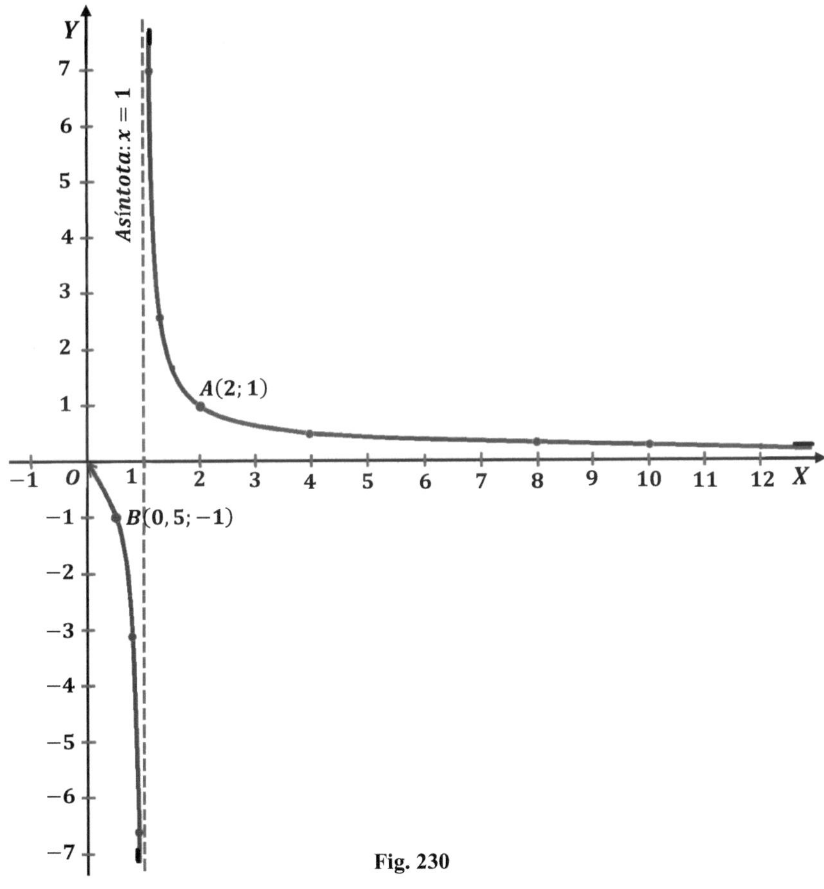

Fig. 230

Hallemos los límites:

1) $\lim_{x\to 0} y = \lim_{x\to 0} \frac{1}{\log_2 x} = \frac{1}{\lim_{x\to 0}\log_2 x} = -0;$

2) $\lim_{x\to 1-0} y = \lim_{x\to 1-0} \frac{1}{\log_2 x} = \frac{1}{\lim_{x\to 1-0}\log_2 x} = -\infty;$

3) $\lim_{x\to 1+0} y = \lim_{x\to 1+0} \frac{1}{\log_2 x} = +\infty\,.$

La recta $x = 1$ es la asíntota de la gráfica.

4) $\lim_{x\to\infty} y = \frac{1}{\lim_{x\to\infty}\log_2 x} = 0.$

Determinemos las coordenadas de puntos adicionales:

$x = 2;\quad y = 1;$ el punto $A(2;1);$

$x = \frac{1}{2}; y = 1;$ el punto $B(0{,}5;\ -1).$

7. $|\boldsymbol{y}| = \boldsymbol{2}^{\sqrt{1-x}}$ (fig.231).

La región de existencia de la función hallamos de la condición:

$$1 - x \geq 0;\ \ x \leq 1$$

Por tanto, la región de existencia – es el intervalo $(-\infty;\ 1]$.

La gráfica es simétrica en relación al eje de las abscisas. Por ello, realizamos la investigación para la parte superior de la gráfica, es decir para $y \geq 0$; en este caso $|y| = y\ ,\ y = 2^{\sqrt{1-x}}$.

a) $\lim_{x\to-\infty} y = \lim_{x\to-\infty} 2^{\sqrt{1-x}} = \infty.$

b) Para $x = 1,\ \ y = 2^0 = 1;$ el punto extremo $(1;1)$.

c) Determinemos las coordenadas de los puntos adicionales:

c1) $x = 0;\ \ y = 2;$ el punto $A(0;2);$

c2) $x = -3;\ \ y = 2^{\sqrt{1-(-3)}} = 2^2 = 4;$ el punto $B(-3;4);$

c3) $x = -8;\ \ y = 2^{\sqrt{1-(-8)}} = 2^3 = 8;$ el punto $C(-8;8).$

La parte inferior de la gráfica se construye simétrica a la superior.

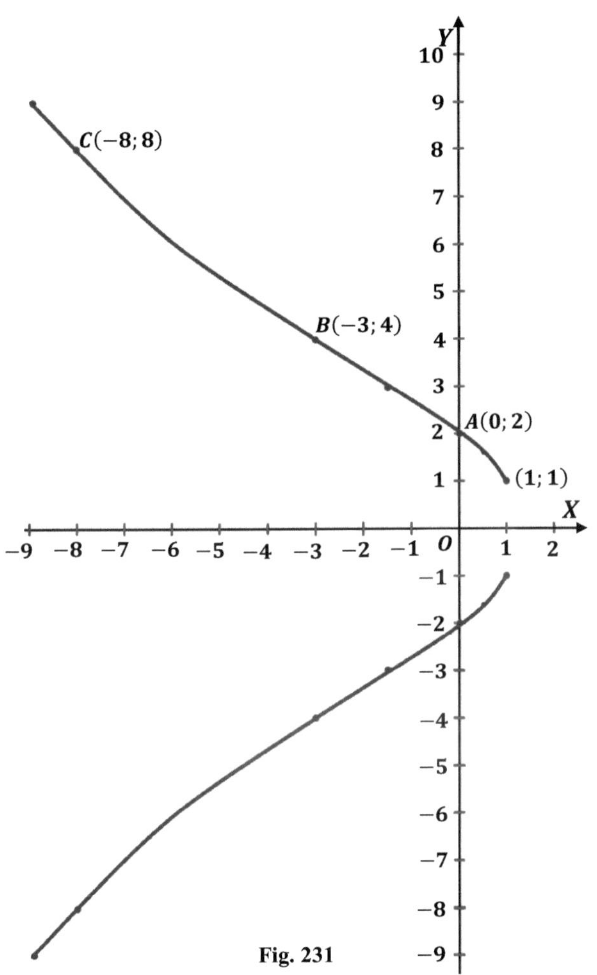

Fig. 231

8. $|y| = \mathbf{sen}\, x$ (fig.232).

La región de definición de la función se determina de la condición:

$$0 \leq \sin x \leq 1.$$

El límite izquierdo se explica con el hecho de que $|y| \geq 0$; es decir, $\operatorname{sen} x$ – es una magnitud no negativa. La región de definición de la función dada es el conjunto de intervalos:

$$2\pi n \leq x \leq \pi(2n+1)$$

Se construye primero la parte superior de la gráfica; es decir, la gráfica de la función $y = \sin x$ en los límites de la región de existencia de la función dada encontrada anteriormente; es decir, para $\sin x \geq 0$.

La parte inferior se construye simétrica a la parte superior.

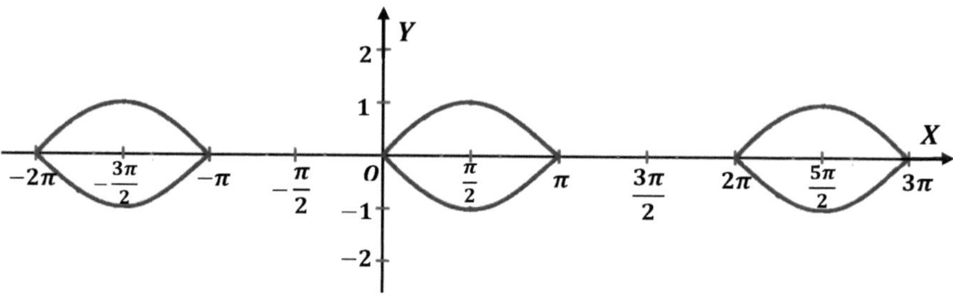

Fig. 232

9. $y = \frac{\operatorname{sen} x + |x| \operatorname{sen} x}{2}$ (fig.233).

Transformemos la función dada en la forma:

$$y = \frac{\operatorname{sen} x}{2}(1 + |x|)$$

Luego construyamos dos gráficas de apoyo de las funciones:

$$\boldsymbol{y_1 = 1 + |x|} \quad \text{y} \quad \boldsymbol{y_2 = 0,5 \sin x}\,.$$

Notemos, que la función dada es impar, por cuanto

$$f(-x) = \frac{\operatorname{sen}(-x) + |-x| \sin(-x)}{2} = \frac{-\sin x - |x| \sin x}{2} = -f(x)\,.$$

Por ello, construyamos las gráficas de apoyo solamente para $x \geq 0$.

Las ordenadas de los puntos característicos de la gráfica de la función dada se determinan como el producto: $y = y_1 \cdot y_2$.

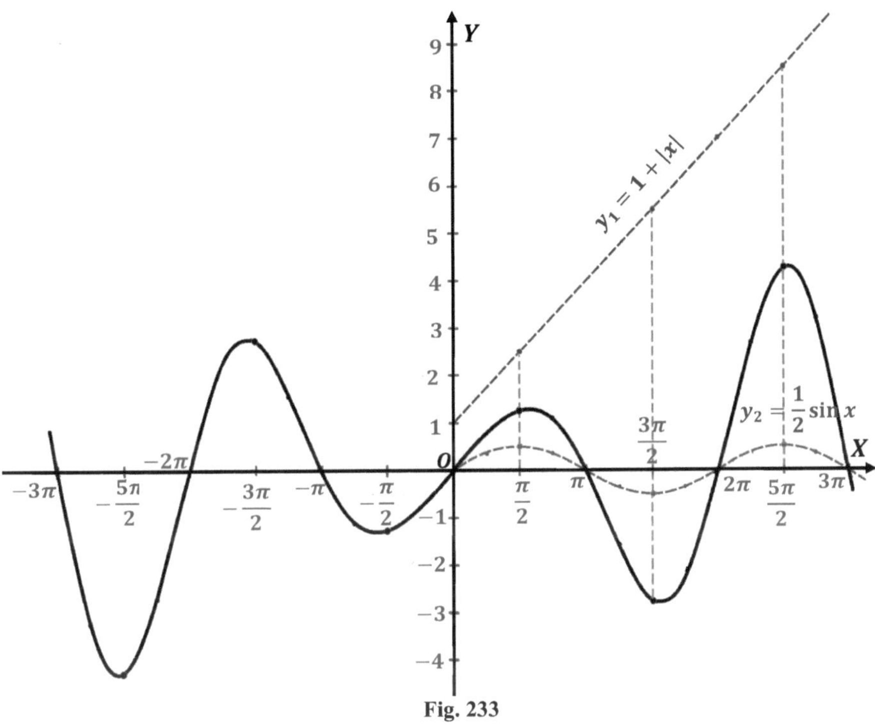

Fig. 233

10. $\boldsymbol{y = \cos^4 x + \sin^4 x}$ (fig.234).

Transformemos la función dada:

$$y = (\cos^4 x + \sin^4 x + 2\sin^2 x\cos^2 x) - 2\sin^2 x\cos^2 x =$$
$$= (\sin^2 x + \cos^2 x)^2 - \frac{1}{2}\sin^2 2x = 1 - \frac{1}{2}\sin^2 2x.$$

Por consiguiente, la función toma la forma: $\boldsymbol{y = 1 - \frac{1}{2}\sin^2 2x}$

Construyamos la gráfica inicial: $y = -\sin^2 x$, lo comprimimos 2 veces por la horizontal. Luego lo trasladamos en dirección vertical moviendo el eje de las abscisas en (-1).

Para graficar la función inicial, se recomienda considerar la gráfica de la función $y = \sin^2 x$, de acuerdo a las recomendaciones dadas para la construcción de la figura 138, luego se toma el negativo de esta función.

La gráfica de la función dada puede ser más sencilla si se transforma la función tal como se muestra a continuación:

$$\sin^2 2x = \frac{1-\cos 4x}{2}$$

$$y = 1 - \frac{1}{2}\sin^2 2x = 1 - \frac{1}{2}\left(\frac{1-\cos 4x}{2}\right) = 1 - \frac{1-\cos 4x}{4} = \frac{3+\cos 4x}{4}$$

$$y = \frac{3}{4} + \frac{1}{4}\cos 4x.$$

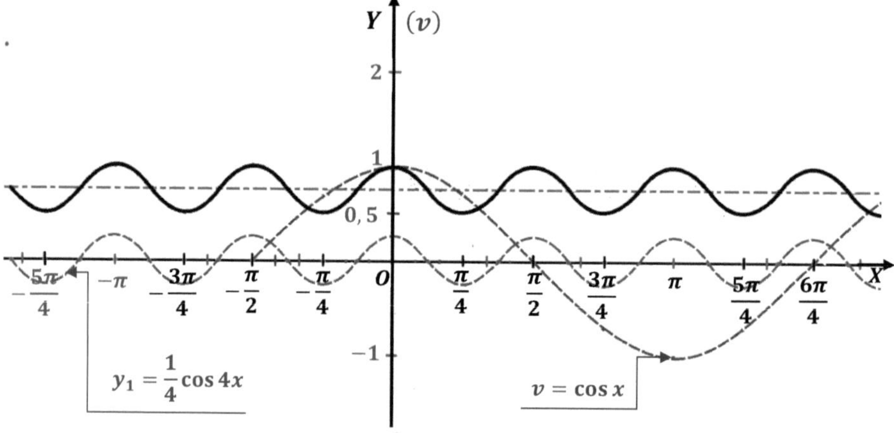

Fig. 234

11. $\boldsymbol{y = \operatorname{arcsen}\frac{2x}{1+x^2}}$ (fig.235).

La región de existencia es el intervalo $(-\infty;\ \infty)$ (ver pág. 14, ejemplo 17).

La función es impar, porque

$$f(-x) = \operatorname{arcsen}\frac{2\cdot(-x)}{1+(-x)^2} = \operatorname{arcsen}\left(-\frac{2x}{1+x^2}\right) = -\operatorname{arcsen}\frac{2x}{1+x^2} = -f(x).$$

Los puntos característicos busquemos solamente para la parte derecha de la gráfica.

a) $\lim\limits_{x\to\infty}\frac{2x}{1+x^2} = \lim\limits_{x\to\infty}\frac{\frac{2}{x}}{\frac{1}{x^2}+1} = 0.$

$$\lim_{x\to\infty} y = \operatorname{arcsen} 0 = 0.$$

b) Para $x = 0$, $y = \arcsen 0 = 0$, la gráfica pasa por el origen de coordenadas.

c) La función tiene valor máximo

$$y = \frac{\pi}{2}, \text{ para } \frac{2x}{1+x^2} = 1, \text{ es decir}$$

$2x = 1 + x^2$; $x^2 - 2x + 1 = 0$; $(x-1)^2 = 0$; $x = 1$; en el punto $\left(1; \frac{\pi}{2}\right)$.

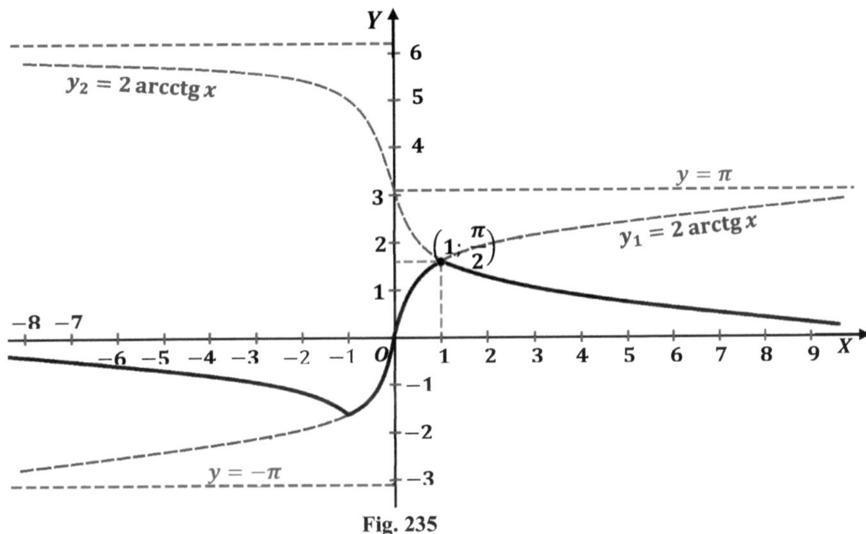

Fig. 235

Precisemos la forma de la gráfica en el intervalo entre dos puntos característicos. Notemos, que la función dada puede ser escrita de la siguiente manera:

$$\operatorname{sen} y = \frac{2x}{1+x^2}.$$

Comparando esta expresión con la sustitución conocida

$$\operatorname{sen} y = \frac{2\operatorname{tg}\frac{y}{2}}{1+\operatorname{tg}^2\frac{y}{2}} = \frac{2\cot\frac{y}{2}}{1+\cot^2\frac{y}{2}},$$

Observamos, que la ecuación de la función se verifica con los valores:

$$x = \operatorname{tg}\frac{y}{2}, \text{ o también } x = \operatorname{ctg}\frac{y}{2},$$

o las ecuaciones equivalentes:

$$\frac{y}{2} = \operatorname{arctg} x, \text{ o } \frac{y}{2} = \operatorname{arcctg} x.$$

Aplicando esta misma sustitución, es necesario tener en cuenta que la función $y = \arcsen f(x)$ varía en los límites:

$$-\frac{\pi}{2} \leq y \leq \frac{\pi}{2},$$

De donde $-\frac{\pi}{4} \leq \frac{y}{2} \leq \frac{\pi}{4}$.

Consecuentemente, la función dada permite las siguientes sustituciones:

Para $-1 \leq x \leq 1$, $\frac{y}{2} = \operatorname{arctg} x$, o $y = 2\operatorname{arctg} x$;

Para $x \leq -1$ y $x \geq 1$, $\frac{y}{2} = \operatorname{arcctg} x$, o $y = 2\operatorname{arcctg} x$.

La parte derecha la gráfica de la función dada será parte de la gráfica $y = 2\operatorname{arctg} x$ para $x \leq 1$ y parte de la gráfica $y = 2\operatorname{arctg} x$ para $x \geq 1$, que se muestra en la figura 251.

La parte izquierda de la gráfica ha sido construida coso simétrico de la parte derecha.

12. $\boldsymbol{y = \operatorname{arctg}\frac{1}{x} + \operatorname{arcctg}\frac{1}{x}}$ (fig.236).

La región de definición de la función es el intervalo: $(-\infty; 0) \cup (0; \infty)$, porque $x \neq 0$. En los límites de la región de existencia, la ecuación dada es equivalente a la ecuación:

$y = \operatorname{arctg} x + \operatorname{arcctg} x$ (para $x \neq 0$). Se sabe que,

$$\operatorname{arctg} x + \operatorname{arcctg} x = \frac{\pi}{2}.$$

Por tanto, la gráfica de la función dada representa la recta $y = \frac{\pi}{2}$, paralela al eje de las abscisas, para todos los valores de $x \neq 0$; para $x = 0$ la función no está definida.

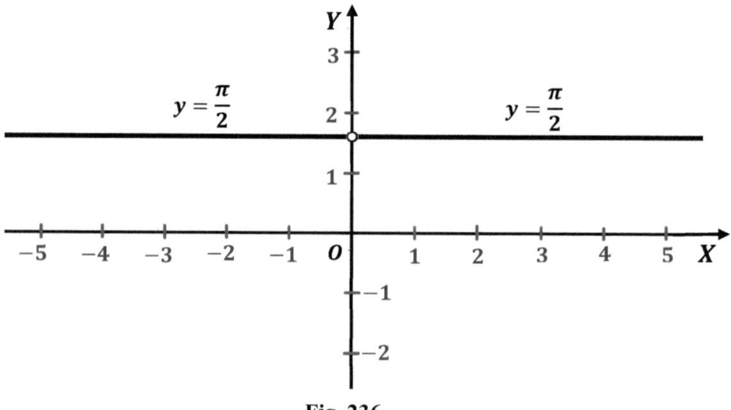

Fig. 236

Ejercicios

Construir la gráfica de las funciones:

91. $y = \log \cos x$.

92. $y = \operatorname{tg} \frac{x^2}{20}$.

93. $y = \operatorname{sen} \frac{1}{x}$.

94. $y = 3^{\log x}$.

95. $y = 2^{\frac{1}{1-x}}$.

96. $y = \log \arctan x$

97. $y = \log(x^3 - 1)$.

98. $y = \log|x^3 - 1|$.

99. $y = \log|1 - x^2|$.

100. $y = \frac{\cos 2x}{\cos x}$.

101. $\cos^2 x + \operatorname{sen}^2 y = 0$.

102. $y = \frac{x^2 + 2}{x^2 - 1}$.

103. $y = \frac{2}{x^2 - 5x + 6}$.

104. $y = \log(x^2 - 3x + 2)$.

105. $y = 3^{\frac{x}{x+1}}$.

106. $y = |x + 2| - |x - 1|$

107. $y = \sqrt{(x+1)^2} - \sqrt{(x-1)^2} + \sqrt{(x+3)^2} - \sqrt{(x-3)^2}$.

108. $\operatorname{sen}(x - y) = 0$.

109. $|y| + y \operatorname{tg} x = 0$.

110. $|x - y| = 2$.

111. $(x - |x|)^2 + (y - |y|)^2 = 9$

RESPUESTAS E INDICACIONES DE LOS EJERCICIOS

1. $(3;\ \infty)$.
2. $(-\infty;\ -2);\ (2;\ \infty)$.
3. $(-\infty; 1{,}25);\ (1{,}25;\ \infty)$.
4. $(-2; 2)$.
5. $(-\infty; 0);\ (0; 1);\ (1;\ \infty)$.
6. $(-\infty; -1);\ (1;\ \infty)$.
7. $(0;\ 1);\ (1;\ \infty)$.
8. $(-\infty;\ -4);\ (4;\ \infty)$.
9. $[3; \infty)$.
10. $[-2; 2]$.
11. $(-\infty; -2\sqrt{3}];\ [-2; 2];\ [2\sqrt{3}; \infty)$.
12. No existe.
13. $[1-\sqrt{2}; \sqrt{2}-1]$.
14. $\left(10^{2n\pi}; 10^{\pi(2n+1)}\right)$.
15. $\left(\pi n - \frac{\pi}{2}; \pi n + \frac{\pi}{4}\right]$; $\left[\pi n + \operatorname{arctg} 3;\ \pi n + \frac{\pi}{2}\right]$.
16. $(-\infty; \infty)$.
17. $(-\infty; -1);\ (-1; 0);\ (0; \infty)$.
18. $x < 0$, además $x \neq -1, -2, -3, \ldots$
19. $\left(2\pi n; 2\pi n + \frac{\pi}{2}\right)$.
20. No existe.
21. $0 \leq y \leq \frac{\pi}{2}$.
22. $0 < y < \pi$.
23. $-\infty < y < \frac{1}{2};\ \frac{1}{2} < y < \infty$.
24. $0 < y < 1;\ 1 < y < \infty$.
25. $\log 2 < y < \infty$.
26. Impar.
27. Impar.
28. Función de la forma general.
29. Forma general.
30. Forma general.
30. Forma general.
31. Par.
32. Par.
33. Simétrica en relación a ambos ejes.
34. Forma general.
35. *Para y simétrica a ambos ejes.* .
36. 6π. .
37. π.
38. π.
39. $\frac{\pi}{2}$.
40. 2π.

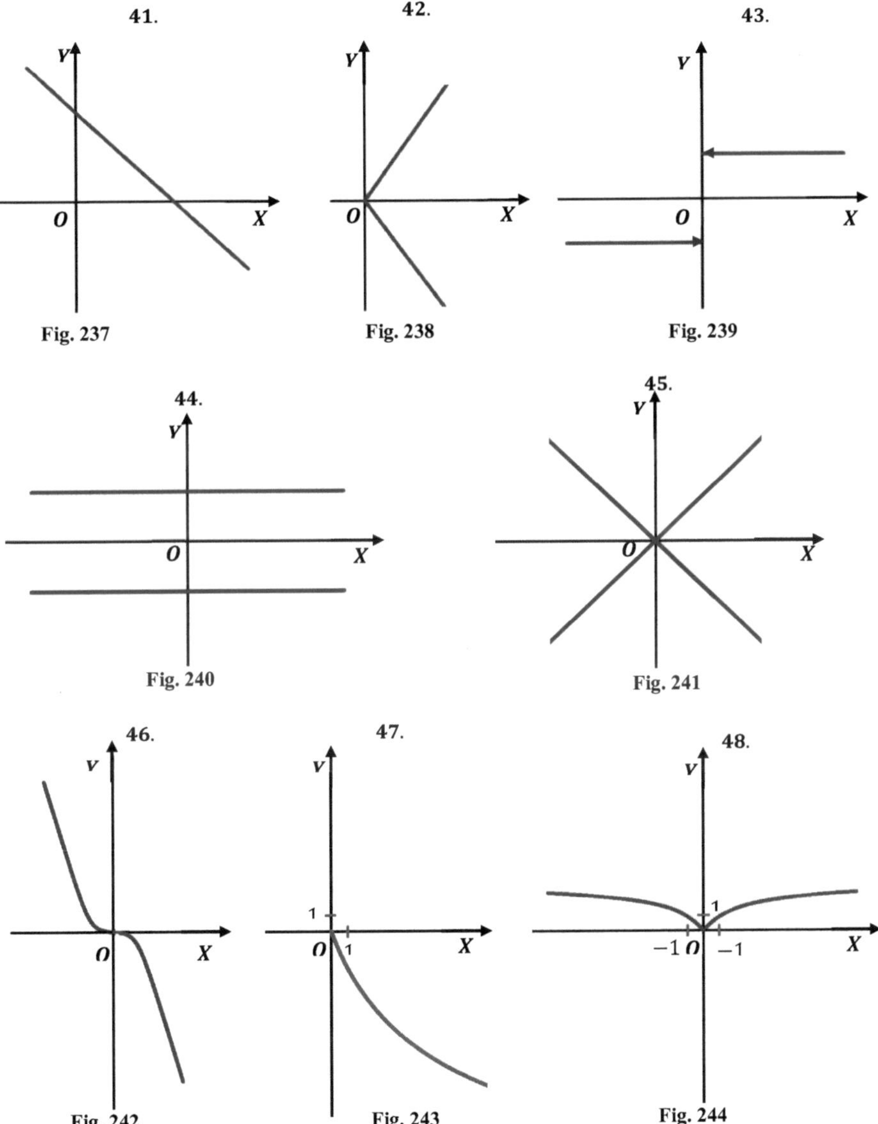

41.
Y
O
X
Fig. 237
42.
Y
O
X
Fig. 238
43.
Y
O
X
Fig. 239
44.
Y
O
X
Fig. 240
45.
Y
O
X
Fig. 241
46.
V
O
X
Fig. 242
47.
V
1
O
1
X
Fig. 243
48.
V
1
−1
O
−1
X
Fig. 244

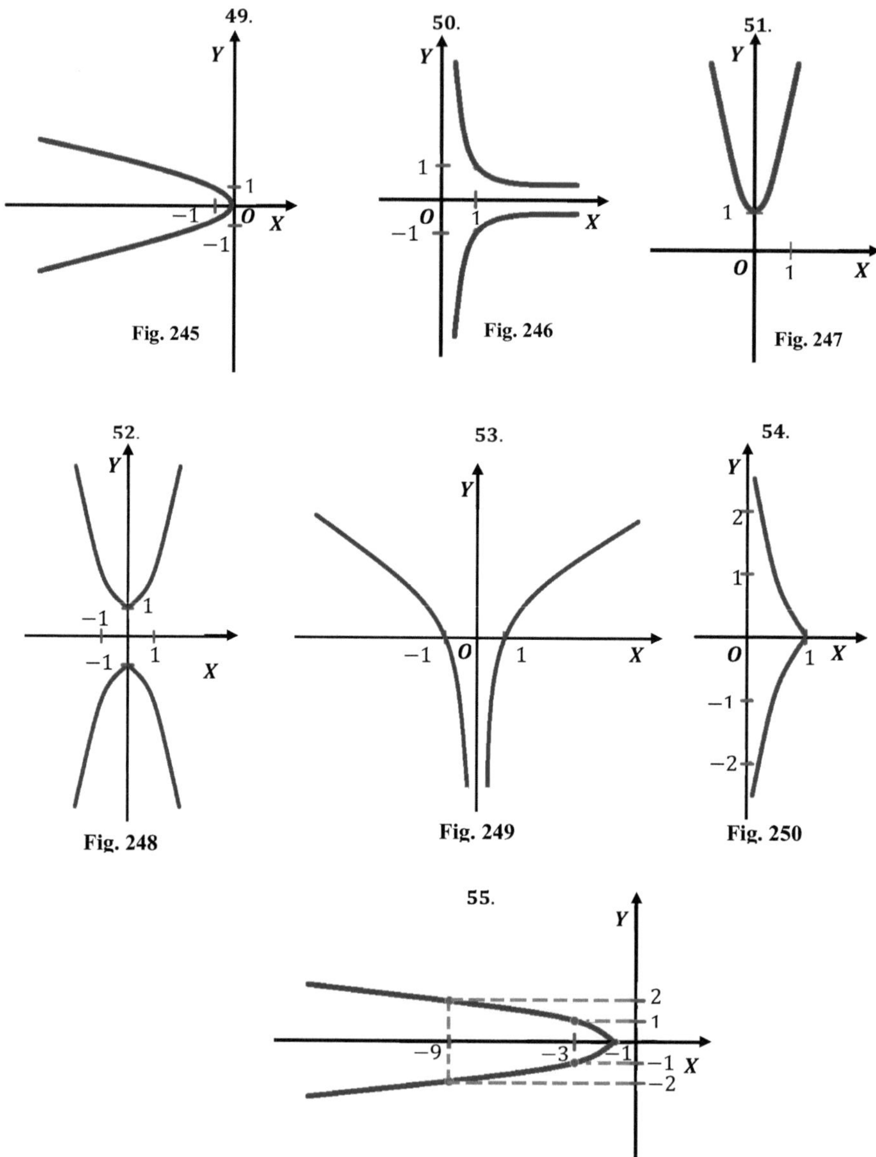
49.
Y
1
−1
O
X
−1
Fig. 245
50.
Y
1
O
1
X
−1
Fig. 246
51.
Y
1
O
1
X
Fig. 247
52.
Y
1
−1
−1
1
X
Fig. 248
53.
Y
−1
O
1
X
Fig. 249
54.
Y
2
1
O
1
X
−1
−2
Fig. 250
55.
Y
2
1
−9
−3
−1
−1
X
−2
Fig. 251

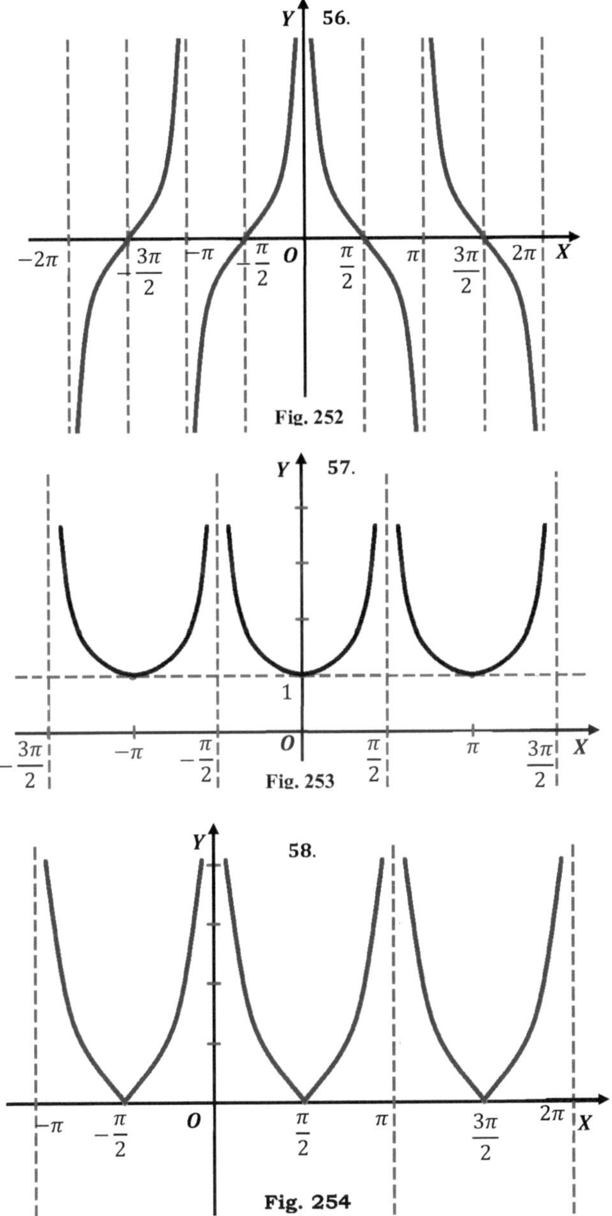

Fig. 252

Fig. 253

Fig. 254

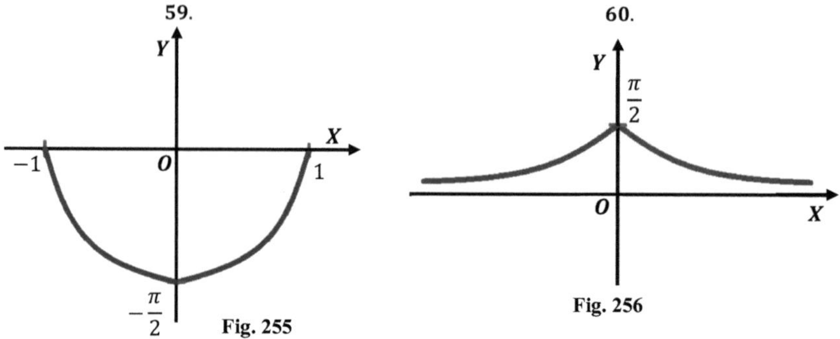

Fig. 255

Fig. 256

61. La función inicial es $y = |x|$; el eje vertical se tralaslada en $(+1)$, y el eje horizontal en (-2).

62. La función inicial es $y = -2|x|$; el eje vertical se traslada en (-1), y el eje vertical en (-1).

63. La función es simétrica en relación al eje horizontal; para $y \geq 0$ $y = 1 - 2x$.

64. En la gráfica de la función $y = 3 - 2x^2$, la parte inferior de la gráfica se traslada hacia arriba- como imagen especular (como imagen de espejo).

65. La función es par; para $x \geq 0$ $y = -x^2 + 3x$.

66. Para $x > -4$ $y = -2x^2 - 3x - 8$; para $x < -4$ $y = -2x^2 + 3x + 16$; para $x = -4$ $y = -28$.

67. Para $x \leq 2$ $y = (2 - x)(x + 3)$; Para $x > 2$ $y = (x - 2)(x + 3)$; para $x = 2$ y $x = -3$ $y = 0$.

68. La función es par, se transforma en: $y = 1{,}5(4 - x^2)$.

69. La función inicial es $y = 3\sqrt{x}$; el eje vertical se traslada en (-1); el eje horizontal en (-2).

70. La función inicial es $y = -\sqrt[3]{x}$; el eje vertical se traslada en (-8); el eje horizontal en $(+1)$.

71. La función inicial es $y = \sqrt{0{,}5|x|}$; el eje vertical se traslada en (-2).

72. Para $x > 1$ $y = \sqrt{2x - 1}$; para $x \leq 1$ $y = 1$.

73. Función par. Para la rama derecha, la función inicial es $y = \sqrt{x}$; el eje vertical se traslada en $(+3)$; el eje horizontal en $(+6)$; la rama inferior de la gráfica se traslada hacia arriba en relación al eje horizontal.

74. Las asíntotas son: $x = 5$ y $y = 1$.

76. Para $x > 0$ $y = \frac{2x-3}{x-2}$; la asíntota vertical es $x = 2$, y la asíntota horizontal es $y = 2$. Para $x < 0$ $y = \frac{2x+3}{2-x}$. Para $x = 0$, $y = 1{,}5$; para $y = 0$ $x = \pm 1{,}5$.

77. La función es par. Para $x > 0$ $y = \left|\frac{x+2}{x-4}\right|$.

78. La función es par. Para $x > 0$ la función inicial es $y = -2^x$; el eje vertical se traslada en (-1), el eje horizontal en (-3). Para $x = 0$ $y = 2{,}5$.

79. La función es par. Para $x > 0$ $y = 2 + 3^{|x-1|}$; la función inicial es $y = 3^{|x|}$, el eje vertical se traslada en (-1), el eje horizontal en (-2). Para $x = 0, y = 5$.

80. La función inicial: $y = \log_2 x^2$; el eje vertical se traslada en (-2).

81. La función es par. La región de existencia: $(-\infty;\ -1)$ y $(1;\ \infty)$. Para $x > 1$ la función inicial es $y = \log_2 x^2$; el eje vertical se traslada en (-1) y el eje horizontal en $(+1)$. Cuando $x \to \pm 1$ $y \to -\infty$.

82. La función inicial es $y = |\log_2 x|$; el eje vertical se traslada en (-3); y el horizontal en $(+1)$.

83. La función es periódica: $\omega = 2\pi$. La función inicial $y = \cos x$; el eje vertical se traslada en $\left(+\frac{\pi}{3}\right)$, la gráfica se estira por la vertical en 2 veces, luego el eje horizontal se mueve en $(+1)$.

84. La función inicial es $y = -|\operatorname{sen} x|$; el eje vertical se mueve en $\left(\frac{\pi}{6}\right)$, el horizontal en (-1).

85. La función inicial es $y = |\sec x|$; el eje vertical se mueve en $\left(-\frac{\pi}{4}\right)$.

86. La función inicial es $y = |\operatorname{sen}|x||$; el eje vertical se mueve en $\left(+\frac{\pi}{6}\right)$.

87. El periodo de la función es $\omega = 2\pi$. Para $x = 0$ $y = 0$; para $x = \frac{\pi}{2}$ $y = 1$; para $x = \pi$ $y = 1{,}5$; cuando $x \to \frac{3\pi}{2}$ $y \to \pm\infty$; cuando $x = 2\pi$ $y = 0$.

88. La función inicial es $y = -|\operatorname{arctg} x|$; el eje vertical se mueve en (-2), el eje horizontal en $\left(-\frac{\pi}{3}\right)$.

89. La función inicial es $y = |\operatorname{arcsen}|x||$; el eje vertical se traslada en (-2), el eje horizontal en $(-\pi)$.

90. La función es par. Para $x > 0$ $y = \arccos(x - 0{,}50)$; para $x = 0$, $y = \arccos 0{,}50 = \frac{\pi}{3}$.

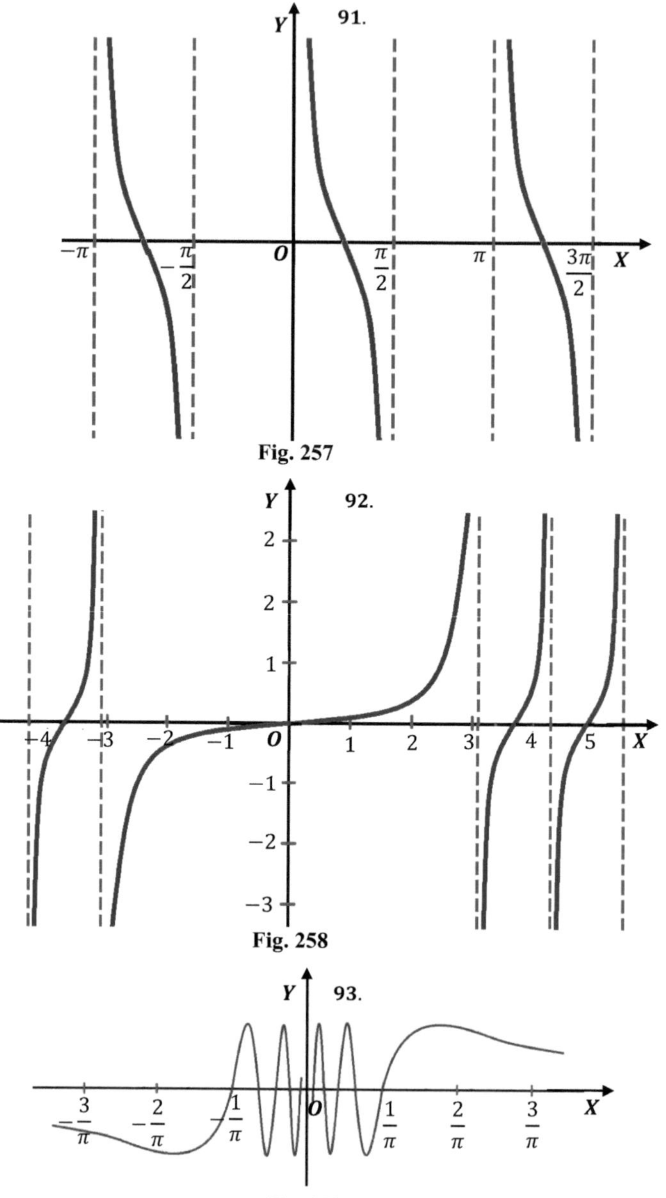

Fig. 257

Fig. 258

Fig. 259

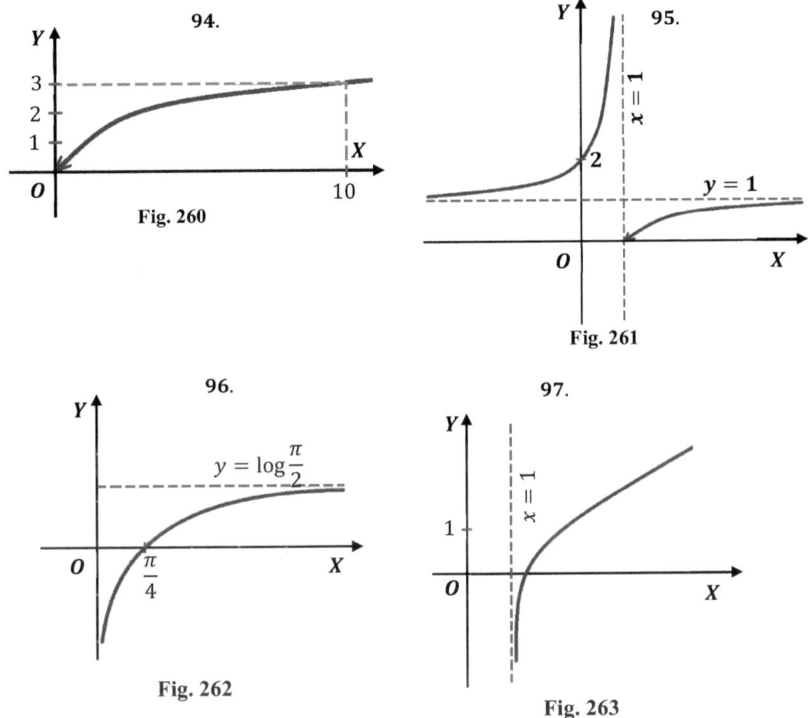

Fig. 260

Fig. 261

Fig. 262

Fig. 263

98. La gráfica es simétrica en relación a la recta $x = 1$; para $x > 1$ tiene la misma forma que la gráfica anterior.

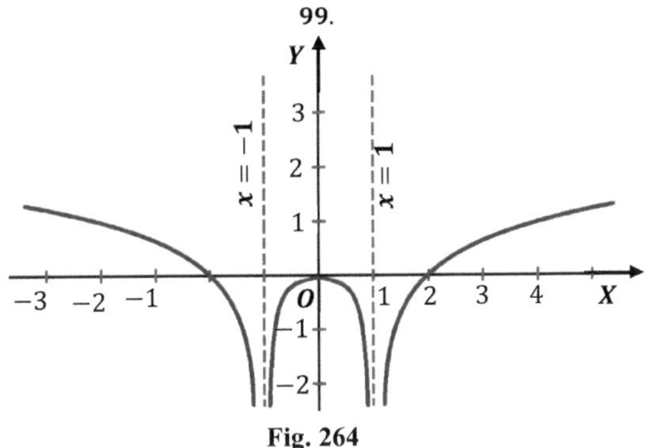

Fig. 264

100.

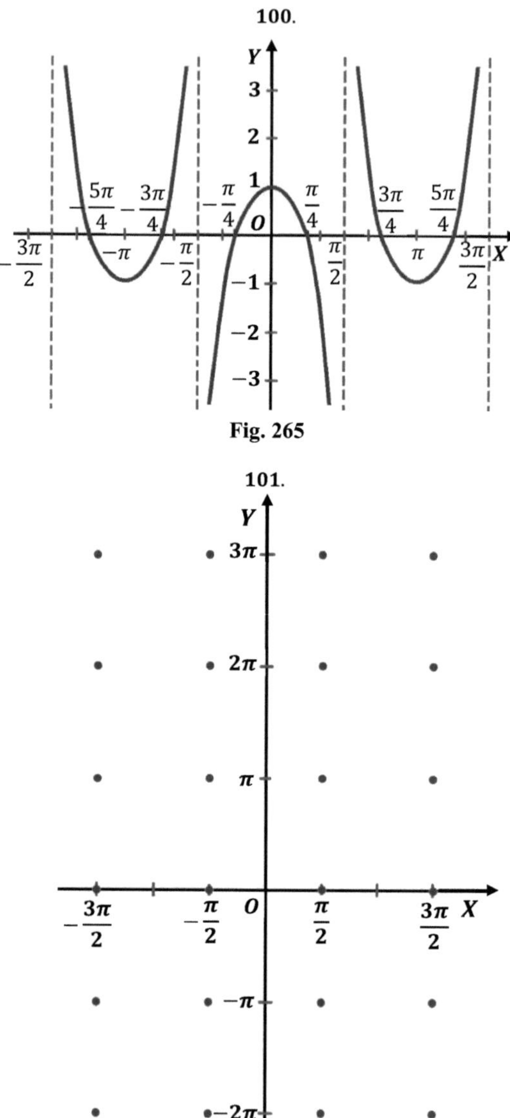

Fig. 265

101.

Fig. 266

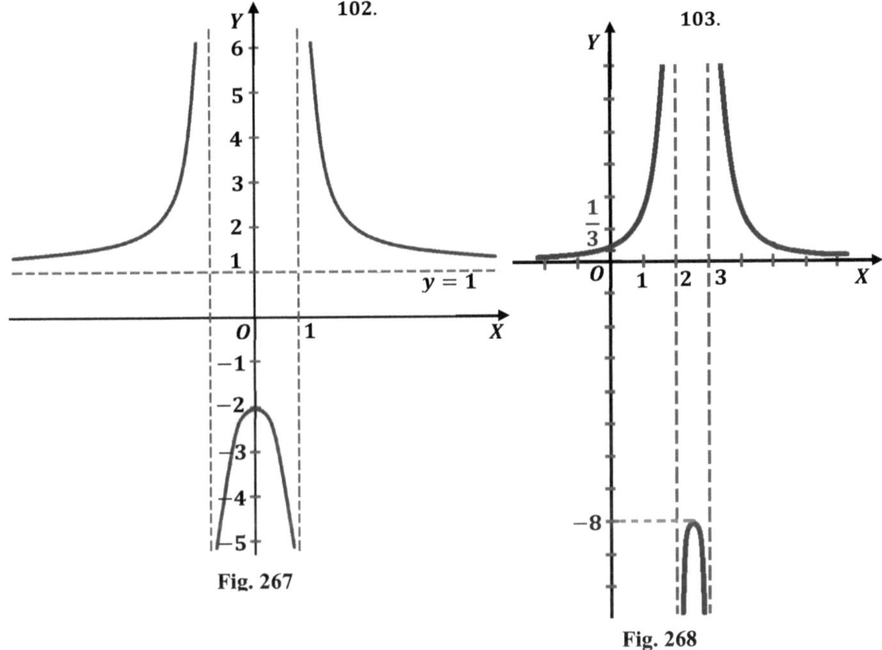

Fig. 267

Fig. 268

104.

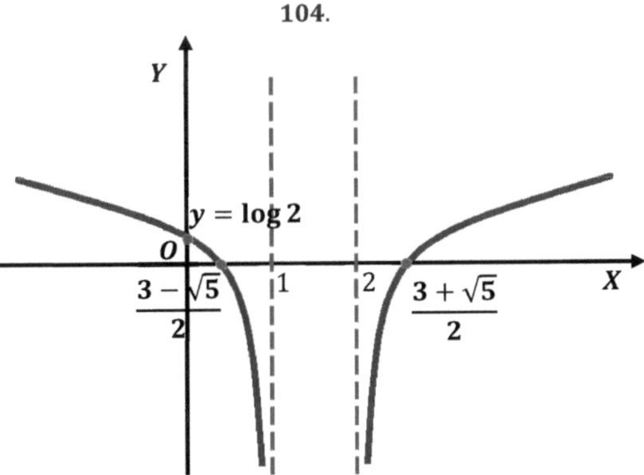

Fig. 269

105.

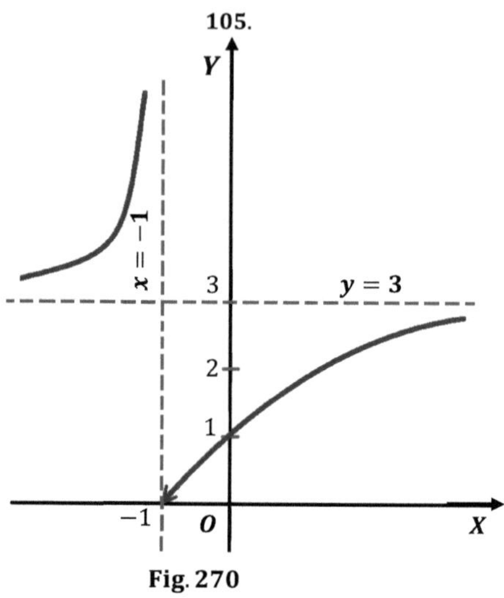

Fig. 270

106.

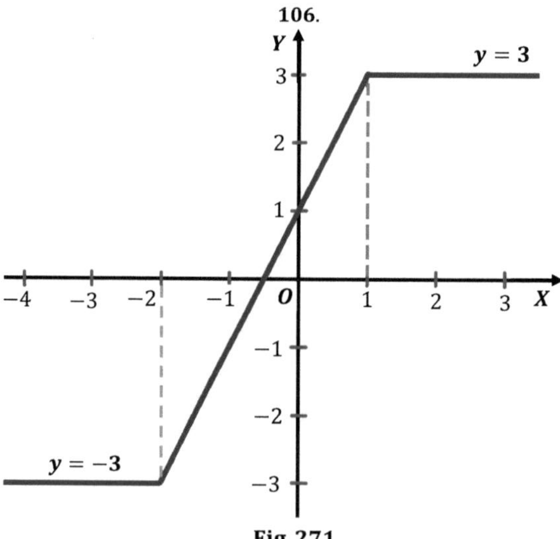

Fig. 271

107.

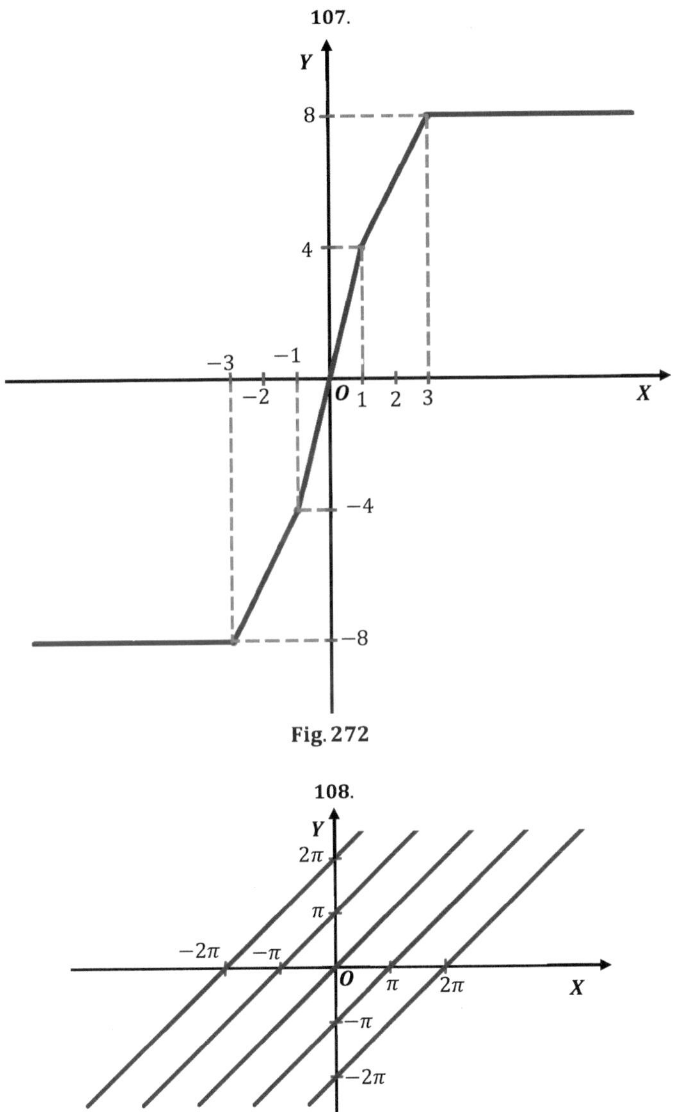

Fig. 272

108.

Fig. 273

109.

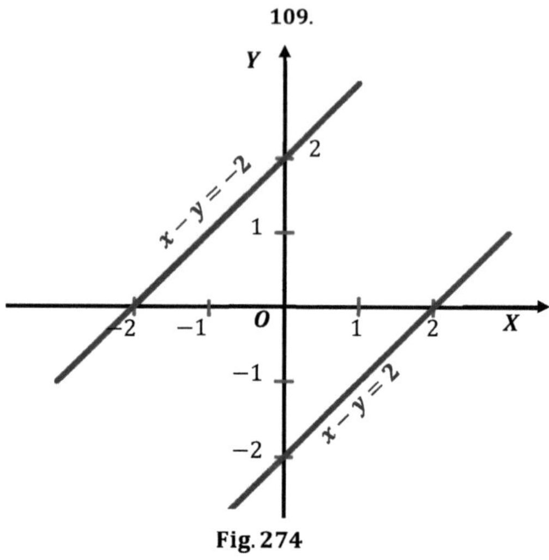

Fig. 274

110.

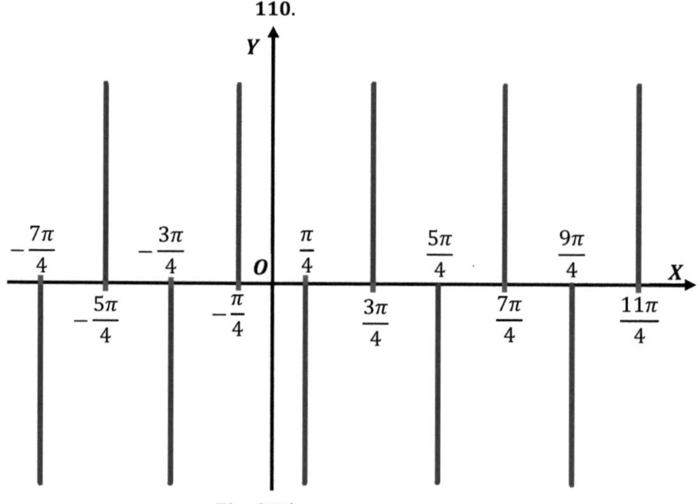

Fig. 275

111.

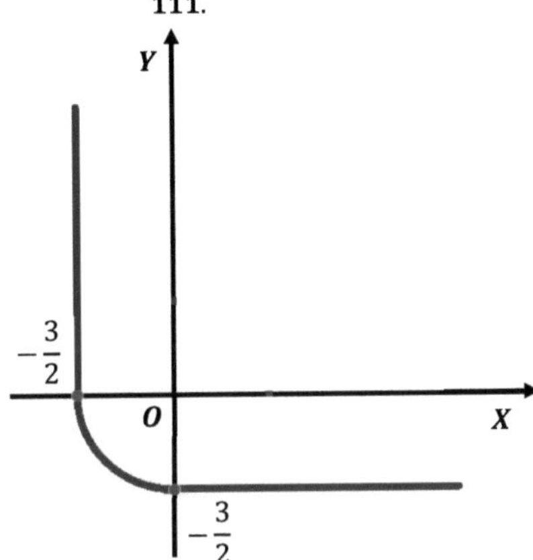

Fig. 276

Bibliografía

BERMANT, A.F.; LUSTERNIK, L.A., (1967): *Trigonometría.* Moscú. Rusia.

En este libro se desarrolla las funciones trigonométricas a profundidad. Muchas de las relaciones trigonométricas del libro se han utilizado en el manual. Los usuarios que tienen dificultades en la deducción de estas relaciones pueden recurrir a este libro.

PISKUNOV, N. (1977). *Cálculo diferencial e integral (T.1).* Mir. Moscú. Rusia

En este libro, para la definición del límite y continuidad, derivada e integral de una función, se utilizan gráficas de funciones algebraicas, trigonométricas, trigonométricas inversas, producto y cociente de funciones desarrollados en el manual. Para una mejor comprensión de estos tópicos de la matemática superior, se recomienda previamente graficar estas funciones, tal como se presentan en el manual.

ZÉLDÓVICH, Ya. YAGLOM, I. (1987). *Matemáticas superiores para físicos y técnicos principiantes.* Mir, Moscú. Rusia.

En el libro se ilustran las gráficas de algunas funciones: lineales, cuadráticas, potenciales y gráficas de funciones mutuamente inversas; asimismo, se desarrolla la transformación de gráficas de algunas funciones. Algunas de estas gráficas se utilizan para desarrollo del límite, la derivada e integral de funciones. Se describen funciones que modelan fenómenos físicos.

AZCÁRATE, C. DEULOFEO, J. (1990). *Funciones y gráficas.* Síntesis. Madrid. España.

En este libro aborda los problemas de aprendizaje de funciones; asimismo, presenta una propuesta didáctica que sirve de guía para el trabajo con funciones. Para ello, toma como hilo conductor el lenguaje de las gráficas como instrumento necesario para la interpretación de la realidad y la presentación en forma visual e intuitiva de la idea global del concepto de función.

BOCCO, M. (2010). *Funciones elementales para construir modelos matemáticos.* Buenos Aires. Argentina.

En este libro se aborda la modelación de situaciones de la vida real y situaciones simuladas mediante funciones lineales, cuadráticas, exponenciales, logarítmicas, logísticas y trigonométricas. Se ilustra la aplicación práctica en ámbitos de la economía, demografía, física y química de algunas funciones graficadas y analizadas en el manual a profundidad.

Printed by Books on Demand GmbH, Norderstedt / Germany